반려견과
소통하기

반려견의 행동이해

반려견과 소통하기

김진영 · 김진만 지음

한가람서원

이 글은 개를 사랑하는 사람들이 틈틈이 공부한 것을 글로 모은 것이며, 내용은 일반인들을 대상으로 작성된 것이다. 하지만 출판을 의뢰받으면서 자료로써 활용가치가 있도록 교과서나 참고서적과 같은 형식을 갖추었다. 그러므로 결국 이 책은 일반인들을 대상으로 했지만, 개를 사랑하고 개에 대해서 진지하게 생각하는 사람들을 위한 것이다.

이 책은 아마도 시중에 판매되는 일반적인 행동학책과는 다를 수가 있다. 국내에 개와 관련된 동물행동학책은 모두 수의(獸醫) 행동학적인 사고방식을 바탕으로 하고 있다. 하지만 이 책은 치료를 위한 것이 아니라 개 자체를 이해하기 위한 목적으로 쓰였다. 그러므로 이 책은 개가 어떻게 생각하고 행동하는가를 좀 더 자세히 다루었고 치료 방법에 대해서는 거의 다루지 않았다.

책을 구성하면서 자료를 찾다 보니 예전의 책을 보관하는 분들을 통해 과거에도 개에 관한 좋은 책이 있었다는 것을 알게 되었다. 하지만, 안타깝게도 이미 많은 시간이 흘렀고, 그 사람들은 이제 활동하지도 않는다. 더 안타까운 것은 책 내용 어디에도 그 주장의 근거를 알 수 있는 참고문헌이 없어 내용을 더 발전시키기 어려웠다.

이 책은 단 한 사람의 노력으로 이루어진 것이 아니라 몇몇 사람의 경험을 바탕으로 정리된 것이며, 특히 훈련사들의 도움이 컸다. 또한 이 책에는 많은 오류가 있을 수가 있지만, 그래도 오류를 줄이기 위해서 노력했다는 점을 이해해 주기를 바란다.

책의 내용 대부분은 외국의 여러 학자들의 책을 참고해서 정리한 것이라고 할 수도 있다. 특히 템플 그랜딘, 레이몬드 코핑거, 제임스 서펠, 존 브레드쇼, 아담 미클로시, 브라이언 헤어, 스탠리 코렌, 알렉산드라 호로비츠 및 마크 베코프 등의 저서에서 깊은 영향을 받았고 많은 학자들의 논문에서도 도움을 얻었다.

반려견의 행동을 이해하기 위하여 이 책을 읽을 것이 아니라 반려견에게 하나씩 하나씩 배우기 위해 이 책을 읽는 것이 맞다고 본다.

○ 차 례

1장 개는 어디서 어떻게 살고 있는가?

2장 반려동물은 왜 중요한가?

3장 개의 가축화, 행동, 그리고 개의 활용의 역사

○ 들어가는 말

개를 오랫동안 생활하면서 관찰하면 개를 이해하는 데는 도움이 되지만, 단편적인 관찰이 아닌 개를 이해하기 위해서는 개의 행동을 진화론적으로까지 설명할 수 있어야 한다.

그러나 모든 것을 진화론적 관점으로 이해한다고 해도 진화론은 생존에 유리한 습성이 발달한 이유를 찾는 것이고, 그러한 이유를 이해하기 위해서는 다시 행동을 세분화해서 이해할 필요가 있다. 이를 위해서 니콜라스 틴베르헌(Nikolaas Tinbergen)[1]이 제시한 4가지 관점으로 생각하면 매우 편리하다. 니콜라스 틴베르헌이 제시한 4가지 질문은 ①어떻게 구조적으로 작용하는가 라는 점을 연구하고, 그 다음은 ②이것이 생태계에서 얼마나 유용한가를 살펴본다. 그 다음은 시간을

구 분	동적인 관점 시간적인 관점에서 현재의 형태를 설명	정적인 관점 현재의 형태에 대한 설명
가까운 이유	발생학(Ontogeny) DNA부터 현재의 형태까지의 발생에 대한 설명	기전연구(Causation) 개체의 구조가 어떻게 작용하는가에 대한 기전에 대한 연구
극적인 원인	계통발생(진화) 연속적인 진화의 역사에서 판단	기능(적응) 현재 환경에서 생존이나, 생식의 문제를 해결

염두에 두고 이것이 ③발생에서 형태가 만들어지기까지 연구하는 것과 마지막으로 ④동물이 어떻게 진화되었는가를 거시적으로 생각하는 것이다.

이를 더 자세히 설명하면, 예를 들어 불독(표준어는 불도그이지만 이 책에서는 대부분의 사람들이 사용하는 대로 불독으로 표현했다)이 왜 현재의 모양으로 변화했는가를 생각할 경우, 우선 현재의 형태가 어떤 장점이 있는가를 확인하는 것이다. 불독은 전체적으로 체구가 두툼하고 체구에 비해 머리가 상당히 큰 견종이다. 다리가 짧고 몸은 다부지며 탄탄한 근육질이고 얼굴은 단두종의 형태를 하고 있다. 특히 아래턱이 위턱보다 앞으로 나와 있다.

기전 연구에서 본다면 이들의 구조는 매우 튼튼한 체력과 강한 무는 힘으로 요약할 수 있겠다. 이것을 적응이라는 측면에서 바라본다면, 불독은 원래 불 베이팅(Bull Baiting)에 사용되었던 개이므로 소의 뿔에 받히지 않도록 작아야 했고, 소를 물 때 주로 소의 코끝 부분을 물 수밖에 없었다. 물린 소는 불독을 떼어 놓기 위해서 강하게 머리를 흔들기 때문에 불독은 매우 강한 턱 힘을 가져야만 했고 그것에 맞게 선별된 것이다. 또한 코를 문 상태에서도 호흡이 편하기 위해서 위턱이 뒤로 물러나게 되었다. 여기에 발생학적인 연구를 한다면 이러한 변화가 일어나게 된 유전자에 대한 연구를 할 수가 있다. 마지막으로 계통발생학적인 연구라면, 왜 영국에서 이러한 변화가 일어났는지, 그리고 불독의 조상이 누구였는가를 연구하는 것이라고 할 수 있을 것이다. 그리고 이 개로 인하여 불테리어가 탄생했을 뿐만 아니라 핏불을 포함하여 불 마스티프, 보스턴테리어, 프렌치 불독, 복서 등에 영향을 끼치게 된다. 사실 모든 동물의 생물학적 현상은 진화론적으로까지 이해가 되어야 완전한 이해가 된다고 할 수 있다.

개에 관련된 행동을 이해하는데 있어서 틴베르헌의 4가지 질문과 관점을 바탕으로 설명할 때, 일반인들이 저지르는 가장 큰 실수는 의인화를 해서 해석한다는 것이다. 개와 사람은 같은 세상에 살고 있다고 해도 그들이 느끼는 감각 세계와 우리가 느끼는 감각 세계 자체가 다르다. 그들이 판단하는 방식과 우리가 판단하는 방식이 다르다는 것을 명심할 필요가 있다.

우리나라는 현재 매우 독특한 상황에 처해 있다고 할 수 있다. 외국에서는 흔히 주인 없는 마을 개(Village Dog)들이 존재했지만, 우리나라는 주인이 있어 마을 개라기 보다는 토종개의 형태로 남아있었다. 이 개들은 사람이 먹다 남긴 음식을 먹고 키워졌으며, 주인이 있기 때문에 추운 겨울을 안전하게 넘길 수가 있었다. 하지만 개체 수를 조절하기 위해서 주기적으로 여름철(특히 복날)에 도축되어 사실상 가축으로 생각되었다.

이러한 문화가 수천 년 이어져 오다 현대사회에 들어오면서 외국의 순종견들이 들어오기 시작했고, 이들 개들은 마을 개가 아니라 애완견, 반려동물, 가정견 및 사역견들로 받아들여졌다. 그로 인하여 개와 관련된 많은 갈등도 생겨났다.

우리 인간은 반려동물뿐만 아니라 모든 자연계의 동물에 대해서 최선을 다하는 것이 바람직하지만, 새로운 문화로의 변화는 법률이 아니라 개에 대한 이해를 바탕으로, 그리고 계몽을 통해서 자연적으로 진행되어야 한다. 특히 동물행동학자의 연구로 인하여 동물복지에 대해서 많은 부분이 개선되고 있다. 그러나 템플 그랜딘 박사가 지적했듯이 지나치게 과격했던 동물권리주의자들에 의해서 동물복지의 개선 노력이 오히려 무산되었다.[2] 햄버거 회사들이 아무리 노력해도 동물권리주의자들은 결국 육류를 사용하는 것 자체가 없어지기까지는 만족할

줄 모르기 때문에 오히려 동물복지 노력을 중단하도록 한 것이다.

　이러한 상황에서 개에 대한 올바른 이해를 위해서 개의 행동에 대한 책이 필요하다고 생각되었다. 특히, 우리에게 필요한 것은 개는 무조건 귀여워해야 한다는 사람들의 글이 아니라 좀 더 넓은 시각을 가진 과학적인 지식이라고 생각된다.

동물행동학의 역사

　17세기 르네 데카르트는 동물과 사람의 몸은 마치 기계처럼 작동하며, 완전히 기계적인 법칙에 따라 행동한다고 결론을 내렸다.

　데카르트 이후에는 다른 과학자들도 동물의 행동을 완전히 물리학, 화학적, 기계적 사건으로만 이해하려고 했다. 그 이후로 300년간 과학적인 사고는 의식이나 자기 인식에 대한 고려 없이 완전히 기계적이라는 관점으로 행동을 이해하거나, 생각과 감정을 가지고 있다는 관점이 서로 교차하면서 지나갔다.

　1859년 다윈의 《종의 기원》에서는 동물 행동의 기계론적인 해석에 대해서 의심을 하기 시작했다. 그는 자연 선택설을 통해서, 동물은 많은 신체적인 특징을 공유하며, 같은 종이라도 개체 간에는 서로 다양성이 존재하고 행동이나 신체적인 특징도 조금씩 다르며, 환경에 따라서 잘 적응한 개체가 살아남는다고 생각했다. 그러므로 필연적으로 동물의 행동이나 신체적 특징이 일부라도 유전된다고 생각했다. 그는 1871년 "인류의 계통(The Descent of Man)"에서 가축의 특징을 유전적이라고 결론을 내렸다. 그리고 그 시대의 다른 학자처럼 개들도 주관적인 감정을 가지고 있고 스스로 생각할 수 있다고 봤다. 다윈의 이론으로 19세기 말에는 이미 기계론적인 관점으로는 동물의 행동을 모두 설명할 수

없다는 것이 명백해졌다. 다윈은 "인간과 고등동물의 차이는 그것이 아무리 크다고 하더라도, 정도의 차이이지 종류의 차이가 아니다"라고 말했다.

다윈의 이론에 영향을 받은 사람들은 이제 본능에 관해서 연구하기 시작했다. 헤릭(Herrick, 1908)은 야생의 새를 연구하였는데 첫 번째로 그들이 학습능력에 의해서 어떻게 본능이 변화되는지, 두 번째로 그들이 가지고 있는 지적인 능력은 얼마나 되는지 알아보고자 했다.

그러나 20세기 중반, 과학자들은 오히려 기계론적인 세계관으로 돌아가는데 그것은 바로 미국에서 행동주의 심리학이 발달했기 때문이다.

행동주의 창시자인 왓슨(J.B.Watson)은 환경의 차이만으로도 행동의 차이를 설명할 수 있다고 생각했으며, 유전학이 행동에 영향을 거의 미치지 않는다고 믿었다. 뿐만 아니라 행동주의 심리학을 대표한다고 말할 수 있는 스키너(B.F.Skinner, 1958)는 그의 저서 《유기체의 행동》에서 모든 행동은 자극 반응과 조작적 조건화(Operant Conditioning)로 설명할 수 있다"고 설명했다.

그는 또한 "우리는 조작적 조건화가 있기 때문에 뇌를 연구할 필요가 없다"고 말하기도 했다. 그 당시는 이처럼 동물의 행동 원인을 지나치게 과소평가했다.

조작적 조건화는 먹이와 체벌을 이용해서 동물의 행동을 훈련시키는 것이다. 흔히 스키너의 상자라고 알려진 작은 상자 내에서 녹색 불이 들어올 때 쥐가 레버를 당기면 음식을 얻게 되고 빨간 불이 들어올 때 쥐가 레버를 밀어 넣으면 전기 충격을 피할 수 있게 된다. 하지만 이러한 행동은 쥐의 다양한 행동 중의 극히 일부였으며, 실험실 밖에서 쥐의 행동은 매우 복잡하다. 뒤에 따로 다루겠지만, 이러한 행동주의 심리학은 실제로는 인간에게도 매우 심각한 피해를 줬으며, 과거 외국에서 갓난아이를 부모와 떨어져서 재우는 것도 바로 이런 행동주의 심리학의 폐해였다.

스키너의 생각은 학습으로 행동을 모두 설명할 수 있다는 것이었다. 하지만 동물을 연구하면서 곧바로 학습만이 아니라 본능이 존재한다는 것이 새롭게 주목받게 되었다. 스키너의 제자였던 켈러 브릴랜드(Keller Breland)와 마리안 브릴랜드(Marian Breland) 부부는 처음에는 모든 행동은 행동주의 심리학으로 설명할 수 있다고 생각하였으나, 수많은 시간 다양한 동물 훈련을 시켜보고는 처음에 가졌던 생각이 틀렸다는 것을 알게 되었다.

그의 실험 중에서 가장 유명한 것이 바로 미국 너구리(라쿤)에 관한 것이다. 미국 너구리에게 동전을 저금통 안에 집어넣도록 훈련을 시도했다. 미국 너구리들은 처음에는 훈련이 되는 듯했지만, 시간이 지나면서 오히려 훈련이 되지 않았다. 미국 너구리가 동전을 저금통에 넣는 것이 아니라 마치 저금통을 물이라고 생각하는 듯이 담갔다가 빼는 동작과 동전을 앞발로 씻는 동작을 반복했다. 이러한 동작은 야생에서 미국 너구리가 음식을 물에 씻고 앞발로 닦아서 먹는 것과 유사하다. 즉 미국 너구리는 동전이 음식과 관련되어 있다고 생각되자 음식을 먹을 때 하는 행동패턴이 자발적으로 나타난 것이다.

그는 이를 통해서 동물에게는 훈련되지 않은 본능이라는 것이 존재한다고 학계에 보고했으며, 이 본능은 다른 행동에 의해서 제거되지 않으며 조작적 조건화와 본능 간의 갈등 상황이 있다는 것을 명확히 했다.

동물행동학의 발달

미국에서 스키너의 심리학이 광풍처럼 휩쓸고 지나가던 시기에 독일에서는 전혀 다른 학문이라고 할 수 있는 동물행동학이 시작되었다.

동물행동학을 의미하는 단어인 Ethology는 자연상태에서의 동물의 행동을 연구하는 학문이다. 그리고 동물행동학을 연구하는 사람들의 근본적인 관심사는 본능적이거나 선천적인 행동이었다. 행동주의 심리학자들과는 달리 이들은 행동의 근본적인 비밀은 유전자에 담겨있고 진화과정 중에 환경의 영향으로 유전자가 어떻게 변화되는가에 관심을 보였다. 초기에 많은 학자들이 시작을 했지만, 가장 유명한 것은 바로 콘라드 로렌츠(Konrad Lorenz)와 니코 틴베르헌(Niko Tinbergen) 박사일 것이다. 이 두 사람은 동물행동학의 연구로 후에 노벨상을 수상한다. 특히 콘라드 로렌츠 박사는 오리가 박사를 따라다니는 사진으로 유명한데, 이것은 그가 발견한 각인(Imprint) 현상을 잘 보여주는 것이다. 그는 그 외에도 여러 가지 책을 남기기도 했는데, 우리나라에도 일부는 번역이 되었고, 특히 《솔로몬의 반지》라는 책은 이미 출간된 지 20년이 지났지만, 스테디셀러로 아직 인터넷 서점에서 구할 수 있다.

그는 틴베르헌 박사와 같이 거위의 알을 굴리는 행동이 학습된 것이 아니라 유전적이라고 생각했다.

둥지에서 벗어난 알을 다시 둥지로 가져오기 위해서 거위는 부리를 이용해서 알을 굴리는데, 이때 알을 보여만 주고 바로 제거해도 거위의 이런 행동은 끝까지 진행된다. 로렌츠와 틴베르헌은 이러한 행동을 "고정행동유형(Fixed Action Pattern)"이라고 이름을 붙였다. 틴베르헌은 거위의 이런 행동이 굳이 알에만 제한되는 것이 아니라 알과 비슷한 물질, 예를 들어 캔과 같은 것을 통해서도 유발될 수 있다는 것을 발견했다.

틴베르헌은 "고정행동유형"을 일으키는 자극을 "신호자극(Sign Stimuli)"이라고 명명했다. 새끼 새들이 입을 크게 벌리면 어미 새가 먹이를 주는 행동을 하는 것도 역시 고정행동유형의 일종이며 새끼 새들이 입을 벌리는 것은 신호자극이다.

이러한 고정된 행동 패턴은 포유류에게서도 발견된다. 예를 들어 쥐가 태어나자마자 걷기에 문제가 없을 정도로 앞발을 잘랐다고 하자. 이미 학습을 경험하기 전이기 때문에 학습된 행동을 할 수가 없다. 그럼에도 앞발을 이용해서 얼굴을 닦으려 할 때 앞발의 일부가 없어서 눈을 감을 필요가 없음에도 불구하고 눈을 감는 것이 확인되었다.

동물행동학과 행동주의 심리학에서 감정과 행동에 대한 연구로

동물행동학과 행동주의 심리학 모두 동물의 감정에 대해서는 언급을 피했다. 그들은 모두 기능적인 접근을 중요하게 생각했다. 뿐만 아니라 동물행동학자와 심리학자 모두 신경과학에 관심을 보이지 않았다.

하지만 신경과학의 연구결과는 뇌의 감정계가 행동을 조절한다는 것이 명확했다. 모든 포유동물은 뇌의 기본적인 구조가 같다. 뇌간(Brainstem), 변연계, 그리고 대뇌피질(Cerebral Cortex)로 구성되어 있다. 대뇌피질은 뇌의 한 부분으로 주로 사고와 문제를 해결하는 능력을 갖추고 있다. 특히 이 부분은 사람이 다른 동물에 비해서 훨씬 크고 복잡하다. 하지만 행동을 유발하는 감정 시스템은 피질하영역(Subcortex)에 존재하며 대부분의 포유동물이 비슷한 시스템을 가지고 있다. 동물 행동 중에서 특히 교미, 먹이를 잡는 포식행동, 새끼를 돌보는 행위 및 둥지를 만드는 행위는 특히 본능 깊숙이 새겨진 것이다.

행동을 유발하는 감정시스템

야크 판크셉은 뇌의 피질의 하부(Subcortex)가 감정이 발생하는 곳이며, 특히 7가지 중요한 감정을 밝혀내었다. 이 중 두려움(FEAR), 분노(RAGE), 당황(PANIC, 분리에 따른 스트레스)과 호기심(SEEK)의 4가지 감정이 더욱 중요하며 성적인 감정(LUST), 돌봄(CARE) 및 놀이(PLAY) 감정을 추가로 소개했다. 이들 기본 감정 하나하나의 시스템은 유전적으로 결정된 피질 하부의 네트워크와 관련되어 있다. 야크 판크셉의 7가지 감정계에 대해서는 후에 자세히 설명하겠다. 야크 판크셉의 7가지 기본 감정을 연구한 결과를 일반인에게 처음으로 소개한 사람은 동물행동학자인 템플 그랜딘(Temple Grandin)으로 그녀는 자신의 저서 《동물이 우리를 사람답게 만든다(Animals Make Us Human)》에서 7가지 감정을 기반으로 동물의 행동을 설명했다.

유전과 감정시스템의 연결

현재에는 유전적인 인자와 감정시스템의 연결에 대하여 많은 연구가 진행되었고 이제 동물행동에 대해 깊은 이해를 하게 되었다.

유전적인 인자가 두려움과 새로운 것을 찾는 호기심에 매우 큰 영향을 주는 것으로 이미 밝혀졌다. 실험을 통해서 살펴본 바에 의하면 쥐에 있어서 암컷은 새로운 것을 추구하는 감정에는 큰 영향을 주지 않았다. 또한 부모를 바꾸어서 키우는 경우에도 새로운 것을 추구하는 감정에는 큰 영향을 미치지 않았으므로 이것은 유전적인 영향이 매우 크다는 것을 의미한다. 호기심이 많은 동물은 뇌의 중격핵(Nucleus Accumbens)의 도파민 활성이 높으며, 두려움도 역시 유전적인 영향을 받는 것으로 알려져 있다. 반면에 임신 중에 스트레스를 많이 받은 개체는 생후 두려움이 커지고 두려움이 강하면 중격핵의 식욕 시스템을 억제한다. 그 뿐만 아니라 슬픔을 느끼는 경향도 유전적인 영향을 매우 많이 받는다고 알려져 있다. 우리가 알고 있는 자연계 동물의 다양한 특징은 7가지 감정을 느끼는 정도에 따라서도 이해할 수 있다. 예를 들어 말은 두려움을 많이 느끼지만, 당나귀는 두려움을 잘 느끼지 못하고 그렇기 때문에 서로 전혀 다른 행동패턴을 보인다. 웅덩이에 말이 빠지면 말은 절망 속에서 허우적거리기 때문에 제때 구조하지 못하면 지쳐 죽지만, 당나귀는 두려움이 별로 없어서 막연히 기다리다가 구조되는 경우가 많다.

이렇게 동물이 느끼는 감정은 행동패턴을 바꿀 수가 있다. 반면 유전자가 행동을 조절할 때는 행동 자체를 직접 조절하는 방법은 없지만, 감정을 유발하는 호르몬은 유전자의 영향을 받으므로 동물의 행동은 사실상 감정과 관련된 물질을 발현하는 유전자와 밀접한 관련이 있다고 볼 수 있다.

1장

개는 어디서 어떻게 살고 있는가?

개에 관한 이야기를 하다 보면 많은 사람들이 오해하는 것이 개가 마치 늑대처럼 사람과 떨어져서 야생에서 사냥하고 살았다고 생각하는 것이다. 하지만 이것은 잘못된 개념이며 개의 행동을 이해하기 위해서는 우선 개가 과연 어떤 동물인지 알아둘 필요가 있다.

　개가 어디에서 살았던 동물인지 모르기 때문에 많은 사람들은 개를 지나치게 인격화 및 의인화시킬 뿐만 아니라, 성견마저도 마치 사람의 아기처럼 생각하고 취급하며 개를 '강아지'라고 부르는 경향이 있다. 개를 올바르게 이해하기 위해서는 특히 개가 생태계에서 어떤 위치를 차지하고 있는지 이해할 필요가 있다.

전 세계의 개는 모두 몇 마리인가?

　개의 마릿수를 측정할 때 있어서 측정하는 시기나 장소 등에 따라서 서로 다른 결과가 나온다. 예를 들어 번식기에 측정하면 개들의 새끼들이 많아지기 때문에 숫자가 늘어나지만, 번식하지 않는 겨울철에 측정하면, 큰 변화가 없을 것이다. 그렇기 때문에 대부분의 개체수 측정은 겨울철에 측정하는 것이 정확하다고 생각한다. 코핑거 교수는 그의 최근 저서 《개는 무엇인가?(What is a Dog)》에서 오래전에 전 세계적으로 개는 4억 마리 정도가 있다고 추산했다. 이 수치는 전 세계적으로 대략 평균적인 몇 곳을 정하고 그것을 기준으로 환산한 것이기 때문에 정확하지 않을 뿐만 아니라 이것도 벌써 오래전 숫자이다. 2013년 논문에서 캐서린 로드(Kathryn Lord)는 약 7억~10억 마리로 추산하고 있다.[3] 즉 사람 10명당 개 한 마리가 있다고 본 것이다. 하지만 이것도 시간이 지났기 때문에 최근에는 많은 사람들이 10억 마리에 이를 것으로 생각하고 있다.

4억 마리라고 해도 자연계의 다른 동물과 비교할 경우 어마어마하게 많은 것이다. 개과의 동물 중 늑대, 코요테, 자칼, 딩고를 모두 합쳐도 5천만 마리에 불과하며 현재 지구상에 개의 조상이라고 알려진 회색늑대의 숫자도 40만 마리에 불과하다. 즉, 전 세계 회색늑대의 숫자는 우리나라에서 키우는 개 숫자의 1/10도 안된다. 개과의 거의 모든 동물이 멸종될 위험에 처해있지만 개과에서 오직 유일하게 개만이 성공적인 번식을 이루어가고 있다.

많은 사람들이 생각하는 것과는 달리 전 세계 개들의 대부분은 주인이 없는 개들이며 흔히 마을 개, 영어로는 "Village Dog"로 분류된다. 캐서린 로드에 의하면 전 세계 개의 17~24%만이 애완동물로 간주되며 나머지는 자유롭게 돌아다니며 인간의 통제나 돌봄을 받지 못하는 것으로 생각했다. 이들은 주로 청소동물로서 살아가며, 치료를 받고 못하고 스스로 번식을 통해서 개체 수를 조절하고 있다. 이들은 주로 쓰레기장을 비롯한 사람의 주거지 근처 자연적인 서식지에서 발견된다.

개는 다른 개과 동물과 번식이 가능한가?

개의 학명은 늑대와 분리된 종으로 간주하는 사람들은 "Canis

Familiaris"라고 하기도 하며, 늑대의 아종으로 주장하는 사람들은 "Canis Lupus Familiaris"라고 한다.

개(Canis Familiaris)는 아직 충분히 종분화된 상태가 아니라서 늑대 (Canis Lupus, Canis Simensis), 코요테(Canis Latrans), 황금자칼(Canis Aureus) 그리고 딩고(Canis Dingo)와 상호 번식이 된다.[4] 즉 엄밀한 의미로는 생물학적으로 이들은 하나의 종이라고 불러도 된다.

그럼에도 불구하고 일반적으로 개를 늑대와 분리된 하나의 종으로 유지하려고 하는 이유는 여러 가지가 있다. 한 가지 고려해야 할 사항은 대부분의 동물보호운동이 종을 단위로 보호하기 때문이다. 만약에 개와 코요테, 자칼과 딩고를 하나의 종으로 묶을 경우 더 이상 이러한 동물이 멸종 위기에 있는 것이 아니라 오히려 개로 인하여 수억 마리가 지구상에 존재하는 상황이 되기 때문에 자연에서 이들을 보호해야 할 법적인 방법이 없어진다는 점이다.

그러므로 생물학적으로는 개는 늑대의 아종이라고 부르는 것이 맞지만, 많은 사람들은 여러가지 이유로 늑대와 개를 다른 종으로 생각한다.

개를 어떻게 부르든 간에 개는 늑대를 비롯한 자연계의 다른 개과 동물들과 이종교배가 가능하고, 또한 많은 숫자로 생태계를 교란시킬 수 있다는 점에서 개를 자유롭게 풀어놓는 것은 그렇게 바람직하지는 않다.

개는 어디에 살고 있는가?

개가 자연에서 존재하는 다양한 모습을 살펴보자. 예를 들어 인도, 태국, 아프리카 대부분의 지역, 멕시코 등의 개들은 사람의 주거지 혹은 주거지 근처에서 주인 없이 스스로 무리를 이루어서 살아간다. 즉 사람의 주거지 근처에서 살지만 사람의 개입 없이 번식해서 살아가는 개들이 의외로 많다.

개의 서식처가 사람의 주거지 주변이라는 것은 사람들이 미처 잘 파악하지 못했던 사실이다.

많은 사람들은 개의 서식처가 사람의 주거지 주변이 아니라, 사람이 스스로 사냥을 하고 살아갈 수 있는 들이나, 숲이라고 생각하는 경향이 있다. 하지만 전세계에서 주인이 없는 개들도 사람의 주거지나 주거지 주변에서 살아가고 있다. 쥐와 바퀴(흔히 바퀴벌레라고 부르는 곤충), 비둘기, 그리고 길고양이 등이 사람의 주거지에서 살고 있다고 해서 이들을 모두 사람이 주인이 돼서 키우고 있다고 생각하지 않듯이, 개도 사람들이 자유롭게 풀어준다고 해도 결국은 주인이 있거나 없는가의 차이일 뿐, 사람과 같이 살아가는 청소동물이다.

최근에는 개가 집 안으로 들어오게 되고 반려동물이 되면서 길가의 사람이 남긴 음식은 길고양이가 차지할 수 있게 되었다. 그뿐만 아니라 축산업이 발달하면서 사람이 주로 가축의 근육만 섭취하게 되고, 그로 인하여 남은 부산물을 이용해 사료를 매우 저렴하게 제조할 수

있게 되었다. 그 결과 길고양이 사료도 저렴하기 때문에 사람들이 주인이 아니면서 길고양이를 돌보기도 한다. 이러한 길고양이의 모습은 예전 개의 모습을 어느 정도 닮았다고 볼 수 있다. 미국에서는 길고양이도 이제 집 안으로 들어오게 되었고, 그다음 자리를 라쿤이 서서히 차지하고 있다. 앞으로 라쿤도 빠르게 가축화될 것이고, 일부는 반려동물이 될 것이다.

하지만 개의 생태가 연구되기 전에는 개는 야생에 살거나, 사람과 같이 살든가 2가지 중 하나로 생각하는 경향이 있었다. 최근에 개봉된 영화 〈야성의 부름(The Call of the Wild)〉은 1903년 출판된 잭 런던의 같은 이름의 소설을 근거로 하고 있다. 이 소설은 비록 개에 관한 가장 유명한 장편소설로 알려졌지만, 개의 생태적인 모습과 행동학적인 모습은 인간이 개에 관해서 얼마나 오해를 하고 있는지를 너무나 잘 보여준다.

개의 생활방식에 따른 분류

전 세계의 개들을 분류하는 방법은 여러 가지가 있다. 하지만, 행동학적으로 볼 때 다음의 분류가 적정하다고 본다.[5]

종류	특징
Wild(야생)	수천 년 동안 야생에서 사는 개들(호주의 딩고 등)
Feral(페랄)	몇 세대 이내 야생에서 살게 된 개들
Free-ranging(자유롭게 돌아다니는 개)	주인이 없는 개들(유기되거나, 유기된 개에게서 태어남)
Free-ranging Village(자유롭게 돌아다니는 마을 개)	마을 사람들 전체가 돌봐주는 개들. 개를 각 개인이 소유하지 않는다.
자유롭게 돌아다니는 개인소유 개	개를 개인 가정에서 소유하지만 집 밖을 자유롭게 돌아다닐 수 있는 개들
개인소유이며, 자유롭게 돌아다니지 못하는 개	개인 소유의 개이지만 주인이 풀어놓고 키우지 않으므로 집안에서는 자유롭지만 집 밖에서 자유롭게 돌아다니지는 못함.

자유롭게 떠돌아다니는 개(Free Range Dog)

주인은 있지만 자유롭게 돌아다니는 개들은 대체로 혼자 사는 것을 좋아한다. 같은 집에서 사는 동물이 아니라면 다른 개들과 집단을 이루는 경우가 흔하지 않다. 즉 개는 사회적 동물이기는 하지만 먹을 것이 풍부하다면 늑대처럼 큰 집단을 이루지는 않는다.

1970년대 연구된 자료를 살펴보면 미국의 도시와 시골에서 주인이 있지만 자유롭게 돌아다니는 개들은 주로 혼자 살며 다른 개들과 접촉을 피한다고 보고되었다. 설사 그룹이 만들어진다고 해도 주인이 있는 개와 주인이 없는 개들이 서로 혼재하고 관계가 일시적이라서 쉽게 헤어진다.

주인이 있지만 자유롭게 돌아다니는 개의 집단 형성 경향은 주인의 영향을 많이 받는다. 주인이 있건 없건 차고 근처에서 사는 개들은 먹이를 얻어먹는 데 도움이 될 수 있다. 이탈리아의 연구에서 마을 개들은 주로 혼자 지내지만 사회적 집단에 종종 참여하기도 하는데, 이들은 다른 집단에 대해서는 공격적이다. 자유롭게 돌아다니는 개들은 많은 나라에서 발견된다.

페랄독은 주인이 있는 개보다 훨씬 더 다양한 사회적 집단을 형성하는 경향이 있다. 이탈리아에서는 페랄독들이 일반적으로 무리를 이루고 있으며, 이들은 서로 다른 무리에 대해서 공격적이다. 무리를 이루면 자연에서는 사냥의 성공률이 높아지기는 하지만, 일반적으로 페랄독의 무리는 사냥 성공률이 낮기 때문에 주로 사람의 거주지 근처에서 살아가는 경향이 있다.

페랄독들은 종종 사람들 특히 어린이와 노인을 공격하는 경우가 있다. 페랄독의 집단 결속력은 매우 약한 편이지만, 일단 결속으로 인하여 새끼를 기르는데 성공하면 점차 결속력이 강해지는 경향이 있다.

이러한 페랄독의 집단 결속력은 만약 시간이 충분하고 사람이 개입하지 않으면 개들이 집단생활을 하게 된다는 것을 암시한다.

호주의 딩고와 같은 야생개들은 페랄독 보다는 보다 안정된 형태의 무리를 이루고 살아간다.

딩고는 5천 년 전, 가축화가 된 개가 다시 야생으로 돌아가서 야생화된 개이다. 딩고의 무리들은 가족으로 이루어져 있다. 무리의 크기는 다양하며 많은 딩고 개들이 혼자 살거나 무리에서 일시적으로 분리되기도 한다. 이들이 자연에서 성공적으로 생존한 이유는 새끼들을 잘 키워내기 때문이다. 딩고는 다양한 먹이를 먹지만 특히 캥거루를 사냥할 때는 서로 모여서 같이 집단으로 행동한다. 하지만 대개 딩고의 무리는 6마리가 최대이다.

사냥 시 집단사냥을 하는 이유는 집단사냥이 혼자 사냥하는 것보다 성공률이 높기 때문이다. 하지만 사냥에 적합한 큰 동물은 훨씬 적으며 이 때문에 무리는 서로 갈라지고 각각 작은 동물을 사냥하게 된다. 딩고는 주로 호주에서 발견되지만 그와 유사한 원시적인 야생개들은 태국, 말레이시아, 필리핀, 라오스, 인도네시아 및 인도와 같은 동아시아에서 발견되고 있다. 하지만 자연에서 자유롭게 돌아다닐 수 있는 개는 점차 줄어드는 추세일 뿐만 아니라, 딩고는 주인 없는 개들에 의해 점차 잡종화되고 있다.

딩고는 길들이기 쉬운 동물이라서 어린 강아지 시기에 데려오면 쉽게 사람을 따른다. 하지만 이미 성장한 개들은 사람 주변에 있어도 자발적으로 사람들의 사회에 들어오지 않는다. 개들이 자연계에서 집단을 이룬다는 사실은 현대의 반려동물들은 주인과 같이 살지만, 시간이 부족한 주인으로 인해 혼자 있는 시간이 많아 개들의 복지에 문제가 있을 수 있다는 우려를 자아내고 있다.

30kg 몸무게를 가진 동물의 영양소 요구량 비교

영양소	사람	개
에너지(MJ/day)	9	15
단백질(g/day)	40	250
라이신(g/day)	2	8
메치오닌 + 시스틴(g/day)	0.8	5
칼슘(g/day)	0.70	10
인(g/day)	0.65	8
구리(mg/day)	1.0	7
티아민(mg/day)	0.9	1.0
리보플라빈(mg/day)	1.2	2.2
비타민 A	1,500	5,000
비타민 D	400	500

개는 단백질 요구도가 매우 높다

개와 사람의 성장기의 에너지 및 영양소 요구도는 다음과 같다.[6]

개는 같은 몸무게로 환산할 경우, 성장기에는 단백질 요구량이 사람보다 6배 정도 더 높다. 이는 늑대가 자연에서 생존하기 위해서는 사냥을 해야 하는 이유이기도 하다.

개는 늑대에서 진화된 것이다. 늑대는 하루에 필요한 고기의 양이 많기 때문에 동물을 사냥해야 하고, 무리를 이뤄서 살기 때문에 작은 사냥감으로는 무리를 유지할 수 없으므로 큰 동물을 사냥해야 한다. 큰 동물을 사냥하기 위해서는 어느 정도 크기 이상으로 성장해야 충분한 힘을 얻을 수가 있다. 그러나 동물이 어느 정도 이상 커지면 장시간 달리는 데는 오히려 힘들기 때문에 현재 늑대의 크기 정도가 최적화된 것으로 생각할 수 있다.

하지만 개는 늑대보다 현저하게 작다. 이는 충분한 먹이를 섭취할 수 없었기 때문에 일어나는 일반적인 현상이며, 이 때문에 가축은 대개 야생에 남아있는 종(Species)보다 크기가 작아진다.

개의 자연에서의 생존율은 얼마인가?

자연에서 개의 생존율은 특히 낮다고 알려져 있다. 흔히 세대교체가 빠르며, 많은 개체가 태어나지만 죽는 개체도 많다. 아래의 그래프는 최근 인도에서 연구된 자료[7]로 인도의 마을 개의 생존기간을 측정한 것이다. 인도의 개들은 거의 대부분 마을 개이며, 이 때문에 그들이 살아가는 공간이 자연적인 서식지라고 볼 수 있다. 결과에 따르면 일반적으로 시골에서보다는 도시에서 생존율이 높으며, 이것은 도시에는 음식물 쓰레기가 풍부하기 때문이다. 7개월을 관찰한 결과에 따르면, 일반적으로 개들은 한 번에 4마리의 새끼를 낳았으며, 7개월 동안 80%의 새끼가 죽음을 맞이했다. 아마도 1년이면 대략 90% 가까이 죽음을 맞

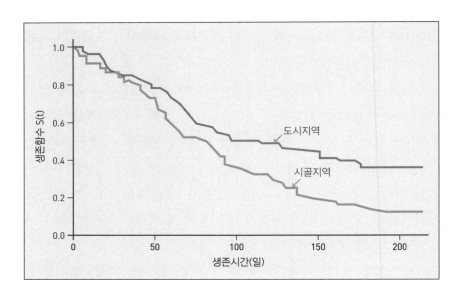

이했을 것으로 추산된다. 인도는 개고기를 먹지 않음에도 불구하고 개가 죽는 가장 큰 원인은 사람 때문이었다. 이런 자료를 근거로 대략 판단하면, 마을 개의 경우 성견의 수명이 약 5년 정도에 불과하고, 새끼는 일 년이 되기 전에 80~90%가 죽음을 맞이한다.

자연에서 개들의 인구 분포를 보면 대개 강아지와 성견은 많지만 중간층을 이루는 청소년기의 개들은 10% 내외로 극히 적은 것을 알 수 있다. 이에 대한 통계는 지역마다 다르기 때문에 종합해서 생각해야 하지만, 탄자니아의 세렝게티 국립공원 근처의 시골에서 사는 개의 나이 분포[8]는 일반적인 마을 개의 전형적인 모습을 보여준다.

청소년기의 개가 적은 이유는 강아지들은 부모견의 도움으로 성장하지만 막상 성장해서 어미와 분리되면, 성견과 경쟁 관계에 놓이게 되고 성견이 모든 면에서 청소년기의 개보다 낫기 때문에 성견이 노견이 되면서 죽음을 맞이하여 빈자리가 생기지 않는 이상, 그 지역 내에서 생존경쟁에서 이기기 어렵기 때문이다.

다시 말해서 개들이 많이 태어나지만 제대로 성장하지 못한다는 것을 나타낸다. 일반적으로 자연에서의 개는 5~7년 정도 생존한다.

선진국으로 갈수록 개들의 영양상태가 좋아지고 있고, 그 결과 수명이 길어지고 어린 동물의 사망률이 낮아졌다. 하지만 사망률이 낮아지면 개의 개체 수가 급격히 증가할 수밖에 없으므로 이를 해결하기 위해서는 중성화를 하거나, 번식을 인위적으로 조절해야 한다.

개는 청소동물

전 세계적으로는 길에 사는 개들이 대부분을 차지하고 있으며, 이 개들이 수천 년간 사람과 더불어 살고 가축화된 개의 원형을 간직하고 있

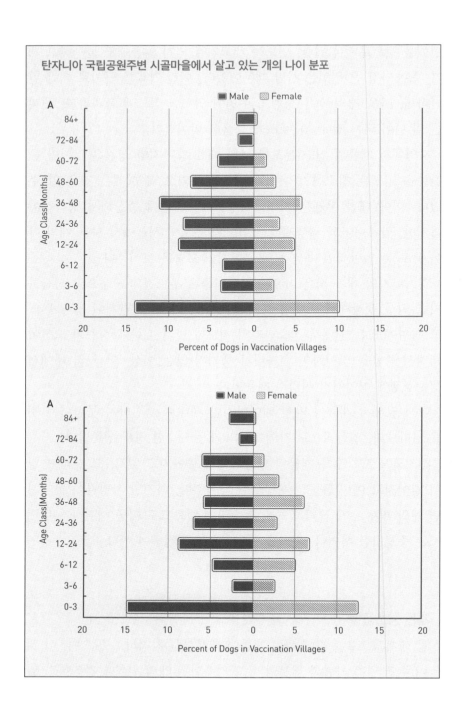

다. 전형적인 개의 모습은 우리나라의 진돗개와 유사하다. 인도의 파리아 독이나, 멕시코시티의 쓰레기 처리장에서 살고 있는 개들, 혹은 에티오피아의 베일 마운틴의 개들이나, 이탈리아의 길거리 개들의 사진을 한 번 본 사람은 개들의 크기가 매우 유사할 뿐만 아니라, 진돗개와 형태가 비슷하다는 것을 알 수 있을 것이다. 이러한 개들이 진정한 개의 본래 모습이라고 할 수 있다.

동물들은 자연계에서 자신만의 생태학적 위치를 가지고 있으며, 그 속에서 어쨌거나, 삶을 이어나간다. 이러한 공간에서 살아가는 개들이 마을개이며, 이러한 마을개들 중에서 지리적으로 고립될 경우에는 토종 견종으로 발전하기도 한다. 이런 마을개와는 달리, 현재의 토이견 혹은 순종견들, 혹은 토이 순종견의 믹스견은 대개 자연에서 오래 살아남지 못한다. 이것은 이들이 이러한 니치(Niche)에 적합하도록 적응된 개체가 아니기 때문이다. 진돗개가 잡종이 아니라 토종개인 것처럼 전 세계의 대부분의 개는 잡종이 아니고 그 지역의 환경에 잘 적응해서 살아가는 마을개이며, 놀랄 정도로 그 크기가 일정하고 모양도 비슷하다. 아마 인간이 살고 있는 환경이 모두 비슷하기 때문일 수도 있을 것이다.

개는 또한 전형적인 청소 동물이다. 청소 동물의 의미는 다른 동물이 먹고 남은 것을 먹는 동물로 흔히 부패하는 것도 먹을 수가 있는 것으로 알려져 있다. 개는 청소 동물이기 때문에 인간의 주변에 살면서 사람이 먹고 남긴 음식을 통해서 생존할 수 있었다. 현재 동물보호단체들은 개들을 사람이 먹고 남은 잔반을 이용해서 키우는 것을 비난한다. 이는 보기에는 썩 좋지는 않지만, 개를 사료로 키운 역사가 짧으며 이렇게 음식물 잔반으로 키웠던 것이 오히려 일반적이라고 할 수 있다.

코핑거(Raymond Coppinger) 교수는 사람이 먹을 것을 주지 않는 개들은 음식물 쓰레기나 인분을 먹고 살게 된다고 지적한 바가 있다. 전 세계의 마을개들의 모습을 다룬 글에서 코핑거 교수는 멕시코 쓰레기장에서 사람과 같이 살아가는 개를 소개했다. 이 개들은 대부분은 주인이 없다. 이러한 개들은 개의 원형을 이해하는 데 많은 도움을 준다. 다만 주의할 것은 멕시코에 이런 개만 있다고 생각할지 모르지만, 오히려 반대로 멕시코 시골의 60%의 가정은 개를 키우고 있으며, 사람과 개의 숫자 비율은 많게는 1:1에서 5:1 정도이다. 즉 사람 1~5명당 한 마리의 개가 있고, 대개 한 가정당 2마리의 개를 키운다. 멕시코에서 마을개는 칼게헤로(Callejeros)라고 불린다. 2001년 자료에 의하면 약 1천만 마리나 되며 전체 개의 62% 정도이다.[9] 멕시코시티의 쓰레기장 개의 사진은 영국의 〈메일온라인〉이라는 사이트의 기사에서 자세히 볼 수 있다.[10]

2장

반려동물은 왜 중요한가?

반려동물의 정의

반려동물이라는 용어는 영어의 컴패니언 애니멀(Companion Animal)을 번역한 단어로, 컴패니언(Companion)이 일반적인 친구보다는 동료라는 단어에 더 가까운 단어이므로 원래는 동료−동물이라는 의미이다.

영어로는 펫(Pet)이라는 단어도 상당히 많이 사용된다. 이 펫이라는 단어는 '애정을 가지고 쓰다듬어 준다'라는 의미가 있으며, 우리 말의 애완동물은 '좋아하여 가까이 두고 귀여워하는 동물'이라는 의미이기 때문에 서로 의미가 비슷하다.

최근에는 펫이나 애완동물과 같은 용어에는 개를 바라보는 사람의 관점만 부각되어 있지 개의 입장이 반영되어 있지 않기 때문에 컴패니언 애니멀이라는 단어를 사용해야 한다는 주장이 제기되었고 지금 널리 이러한 주장이 퍼져 있다. 하지만, 그럼에도 불구하고 아직도 많은 논문에서 펫이라는 단어가 많이 사용되고 있는 것은 펫과 컴패니언 애니멀이 같은 의미가 아니기 때문이다. 이미 여러 곳에서 지적했듯이 친구 동물이라는 용어의 유래는 상당히 오래된 것이다. 흔히 1983년 콘라드 로렌츠 박사의 생일기념 심포지엄에서 반려동물이라는 용어가 유래되었다는 주장이 인터넷을 통해서 널리 알려져 있지만, 이는 학계에서 인정받는 사실이 아니다. 실제로 이 주장은 인터넷에서 검색해보면, 오직 우리나라에서만 찾아볼 수 있고, 영어권은 물론 일본, 중국에서도 찾아볼 수 없는 주장이다.

이러한 주장이 널리 퍼진 이유는 〈두산대백과사전〉의 반려동물 항목에 아래와 같은 내용이 올라와 있기 때문이다.

사회가 고도로 발달하면서 물질이 풍요로워지는 반면, 인간은 점차 자기중심적이고, 마음은 고갈되어간다. 이에 비해 동물의 세계는 항상 천성 그대로이며 순수하다. 사람은 이런 동물과 접함으로써 상실되어가는 인간 본연의 성정(性情)을 되찾으려 한다. 이것이 즉 동물을 애완하는 일이며, 그 대상이 되는 동물을 애완동물이라고 한다. 1983년 10월 27~28일 오스트리아 빈에서 인간과 애완동물의 관계(The Human-Pet Relationship)를 주제로 하는 국제 심포지엄이 동물 행동학자로 노벨상 수상자인 K.로렌츠의 80세 탄생일을 기념하기 위하여 오스트리아 과학 아카데미가 주최한 자리에서 개·고양이·새 등의 애완동물을 종래의 가치성을 재인식하여 반려동물로 부르도록 제안하였고 승마용 말도 여기에 포함하도록 하였다. 동물이 인간에게 주는 여러 혜택을 존중하여 애완동물은 사람의 장난감이 아니라는 뜻에서 더불어 살아가는 동물로 개칭하였다.

— 두산대백과사전 반려동물 항목

위의 설명을 자세히 살펴보면, 주관적인 표현으로 볼 때 전문적인 작성자가 제공한 정보가 아닌 한 개인의 의견에 불과하다는 것을 알 수 있다. 또한 위의 문장을 작성한 사람이 무엇을 참고했는가를 밝히지도 않았다. 그리고 관련 자료도 인터넷에서조차도 찾기 어렵다는 점, 반려동물이라는 단어는 일본과 한국에서만 사용한다는 점에서 일본계 문헌을 참고했을 가능성이 매우 높다.

안타까운 것은 이 잘못된 정보가 정부의 공식문서나 각 대학의 학위 논문 등에 마치 사실인 것처럼 실려 있다는 것이다. 이는 현재 우리나라의 반려동물 문화가 엉터리 정보에 매우 취약하다는 것을 잘 보여준다.

펫이라는 단어는 주인이 매우 귀여워하고 그 동물도 이것을 좋아한다는 의미가 포함되어있지만, 반려동물에는 귀여워한다는 의미는 거의 없고, 같이 일을 하며 살아가는 가족 같다는 의미가 더 강하다. 그렇기 때문에 말(馬)은 원래부터 반려동물은 될 수 있지만 펫은 될 수가 없다.

반려동물이라는 개념으로 역사를 보면 우리나라 사람의 반려동물은 개도 포함되겠지만, 소와 말, 특히 소가 반드시 포함된다고 할 수 있다. 소는 농경생활에서 필수적이며, 밭을 갈고 일을 하는데 도움이 되고 일을 할 때는 사람과 같이 일을 해야 한다. 소가 일을 하는 것은 개가 개썰매를 끄는 것과 유사하다고 생각된다. 물론 사람이 돌봐주기 때문에 먹이를 얻어먹기 위해서 일을 한다고 할 수도 있지만, 본질적으로는 자기가 원해서 하는 것이다. 동물은 멍에를 씌웠을 때, 이를 벗어버리기 위해서 앞으로 나아가려는 본능을 가지고 있다. 이 본능을 이용해서 농기구를 장착하고 밭을 갈았다. 그러므로 소와 주인과의 관계는 주인과 노예(억지로 일하는)의 관계가 아니라 같이 일을 하는 친구 관계라고 할 수 있다. 최근에 만들어진 영화 '워낭소리'에서도 이러한 관계를 잘 확인할 수 있다.

또한 펫이라는 단어의 의미가 안 좋으므로 반려동물(Companion Animal)로 대체해야 한다는 주장도 사실은 설득력이 별로 없다. 〈동물 윤리학 저널(Journal Of Animal Ethics)〉이 2011년 출발하면서 편집자인 린제이(Linzey)가 동물을 애완동물로 부르는 것은 경멸적인 의미가 있다고 말한 것[11]에 대해서 심리학자이면서 동물행동학자라고 할 수 있는 스탠리 코렌과 제임스 서펠교수 등은 린제이 교수의 주장을 반박하고 펫이라는 단어에 큰 문제가 없다고 주장했다.[12] 만약 1983년 반려동물이라는 용어의 제안이 널리 받아들였다면 38년이 지난 2011년 펫이라는 단어에 경멸적인 의미가 있다는 주장에 대해서 학자들이 반발하지는 않았을 것이다. 물론 지금도 펫이라는 단어는 일상생활에서 매우 많이 사용될 뿐만 아니라 학자들의 논문에서도 여전히 널리 사용된다.

반려동물과 펫

역사적으로 반려동물이 사람과 매우 중요한 관계를 형성했다는 증거는 많다. 이미 고고학적인 증거를 통해서 사람의 무덤에서 개의 유골이 발견되기도 하고 그 외에도 다양한 유적과 전설이 전해 내려온다.

예를 들어, 고대인들은 동물이 인간의 생존과 건강 그리고 치료에 있어서 매우 중요한 파트너라는 인식을 가지고 있기 때문에 비록 가축이라고 하더라도 생명을 내어준 가축에게 고마움 마음을 가지고 있었다. 많은 문화권에서 그들의 영혼과 사람의 영혼이 서로 영적인 세상에서 복잡하게 얽혀 있다고 생각한다. 예를 들어 태국의 경우, 개는 윤회과정에서 사람으로 태어나기 직전의 동물이라고 생각한다.

중국에서 유래한 12간지는 개

(출처 : 위키)

가 포함되어 있다. 비록 중국에서 유래했음에도 불구하고 불교의 영향으로 2,500년 전 부처가 12동물을 소집하고 각 동물마다 강점과 약점을 설명해준 다음 다시 세상으로 보내서 사람들을 인도하도록 했다. 비록 이러한 전설이 없다고 해도, 중국에는 반은 사자이고 반은 개인 독특한 조형물인 푸독(Fudog) 역시 중국인들이 사랑하는 전설의 동물이다. 중국 사람은 이 상상의 동물을 개가 그랬던 것처럼 가정과 특히 어린아이를 보호한다고 믿고 있다.

인간이 개를 데리고 사냥을 한 것은 이미 암각화를 통해서 잘 알려져 있다. 리비아의 한 암각화(Tadrart Acacus 소재)는 약 12,000년 전의 그림으로 보이며 여기에 사람과 같이 사냥하는 개의 그림이 선명하게 남아있다.

목줄

전체 개의 모습은 현재의 가나안 개와 많이 닮아 있음.

최소한 8천년 전의 작품으로 추정되는 암각화(출처 : Guagnin et al., J. Anthropol. Archaeol, 2017)

최근에는 이보다 더 확실하게 사람과 개의 사냥에 관련된 암각화가 독일의 막스 프랑크 연구소의 연구원에 의해서 발견되었다. 약 8천 년 전의 암각화로 많은 개와 사람의 모습이 확인되었다.

　이후 역사로 들어서면 개의 이야기는 매우 풍부하다. 고대 이집트에서는 개보다는 고양이가 더 신격화되어 있기는 하지만 개 역시 왕가의 사랑을 받았으며 특히 죽은 후의 삶을 인도하는 동물로 생각되었다. 흔히 사람이 죽으면 먼저 죽은 반려동물이 마중 나온다는 이야기는 이집트의 전설에서 유래되었을 가능성이 높다. 이집트 사람들은 개가 죽으면 주인이 눈썹을 밀고 머리를 진흙으로 바르고 며칠간 큰 소리로 애도한 것으로 알려져 있다. 이러한 반려동물에 대한 애정은 귀족이나 왕가에서만 발견되는 것이 아니라 평민들도 미라를 만들어서 동물 전용 묘지에 묻어주었다.

　아시리아의 유적에도 개의 모습이 매우 흔하게 발견되며, 죽은 사람의 부장품으로 개의 점토 유물이 묻혀 있는 경우가 있다. 아시리아의 왕실에서는 특히 큰 개를 사용해서 사자 사냥을 하는 경우가 있었으며, 아슈르바니팔 왕의 개의 모습이 선명하게 남아있다. 이 개들은 마스티프 견종으로 전투에도 사용되었을 수도 있지만, 경비견 등으로도 활용되었을 것이다.

　그리스 로마 시대에도 개와 관련된 뛰어난 유물들이 많다. 그리스 로마 시대에도 이미 개들이 사냥개, 양치기개, 집이나 양을 지키는 개가 있었지만, 애완동물도 있었던 것으로 보인다. 초기 그리스 문학작품인 호머의 오디세이에는 오디세우스가 트로이에서의 10년간의 전쟁을 마치고 집에 돌아와서(이것도 10년이 걸림) 거지로 변장했기 때문에 아무도 몰랐지만 그의 개 아르고스(Argus)만이 그를 알아봤다고 한다. 그 개는 귀를 낮추고 꼬리를 흔들었지만 변장이 들킬 염려 때문에 오디세우스

아시리아의 위대한 왕이었던 아슈르바니팔(c.668-626BC)의 궁전의 벽에 묘사된 개는 마스티프 종으로 생각된다. 이 왕은 구약성경 에스라 4장 10절에도 나온다. (출처 : Orangeaurochs / Flickr)

대영박물관이 소장하고 있는 작품, 기원후 125년 경의 작품으로 추정된다. (출처 : cc Marie-Lan Nguyen (User:Jastrow), 2007 / Wikipedia)

는 개를 아는 체하지 못하고 다만 남몰래 눈물을 흘렸고 그 개는 그제야 죽음을 맞이한다. 그리스와 로마시대에도 개를 위한 묘지가 있었으며 묘비에 새겨진 글로 개와 주인 간의 친밀한 관계를 알 수 있다.

동양에서도 개는 여러 작품의 주요 소재로 사용되었다. 우리나라의 4~5세기 신라 토기에는 지붕 위에 개와 멧돼지가 올라가 있는 토우가 있다. 이 개는 흔히 동경이라고 알려진 꼬리가 매우 짧은 개다. 또한 우리나라의 대표적인 개와 관련된 설화속의 충견, 오수(獒樹)의 개로 알려진 개가 있으며, '개 오(獒)'자와 '나무 수(樹)'를 합하여 이 고장의 이름을 '오수(獒樹)'라고 부르게 되었다. 오수라는 단어에서 개를 표현하

신라시대의 토기, 개의 모양을 찾을 수가 있다. 오른쪽 토기의 모양은 개가 멧돼지를 사냥하는 것으로 보인다. (출처 : 한국경주개동경이보존협회)

Basse Yutz Flagons 으로 알려진 중국의 술병 (출처 : WordRidden / Flickr)

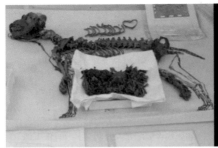

페루 치리바야에서 발굴된 유적

는 단어인 오(獒)는 마스티프 견종을 의미하는 한자어이므로 오수의 개는 마스티프 견종으로 생각된다.

중국에서는 개가 예술품에도 자주 등장한다. 특히 5세기경의 제품으로 추정되는 술병은 개가 오리를 사냥하는 모습으로 선명하게 나타나 있다.

개와 관련된 유적은 남미에서도 발견되는데, 페루에서는 치리바야(Chiribaya) 문화유물을 발굴하는 과정에서 사람의 무덤 옆에 개가 같이 묻혀 있었고 그 숫자가 40마리에 이르렀다. 그 개의 일부는 담요로 덮여 있었고 먹을 것과 장난감이 같이 매장되었다. 이는 약 천 년 전 유적으로 생각된다.

유대인과 이슬람도 동물에게 잘 대해주는 것을 중요하게 생각했다. 탈무드에 의하면 유대인이 이집트에서 노예생활을 탈출할 때(출애굽) 그날 밤 개가 짖지 않았기 때문에 개를 존경해야 한다고 말한다.

가톨릭도 역시 마찬가지로 동물 축복식(Blessing of Animals)를 통해서 개에 대한 관심을 보여주고 있다. 동물 축복식은 동물의 수호성인인 '아시시의 프란치스코'의 축일 전후 진행된다. 이날 동물 축복식을 하는 이유는 아시시의 프란시스코가 새와 동물과도 의사소통을 할 수 있다는 이야기가 전해지기 때문이라고 알려져 있다. 정확한 날짜는 편의에 따라 나라마다 다를 수가 있다. 즉 어떤 나라는 아시시의 프란치스코 축일날 동물 축복식을 하기도 하지만, 어떤 곳은 축일 근처의 토요일날 하기도 한다. 일부 근본주의자 개신교 신자들은 이를 세례식으로 비난하고, 가톨릭에 대해 문외한인 일부 언론에서 동물 세례식으로 부르지만, 가톨릭은 동물에게 세례를 하지 않는다.

중세 이후에는 귀족과 왕가에서 반려동물이 급격하게 증가하게 된다.

아시아 특히 중국에서는 일부 견종은 매우 귀하게 생각되어 개를 위한 시종이 따로 정해지기도 했다. 중국에서 페키니즈는 크기가 작아서 황후는 옷의 소매 안에 개를 넣고 궁궐을 돌아다니기도 했다.

우리나라에서는 특히 숙종이 고양이를 좋아하는 것으로 알려져 있다. 숙종의 금빛 고양이 '금손(金猫)'은 왕의 사랑을 독차지했다. 숙종은 금손이를 밥상 옆에 앉혀놓고 고기반찬을 손수 먹였다고 전해진다. 고양이 팔자에 신하들보다 왕을 더 가까이하는 행운을 누린 것이다. 금손이는 숙종이 세상을 떠나자 식음을 전폐하다 죽었으며 사람들은 그 고양이를 숙종과 인현왕후, 인원왕후가 묻혀 있는 명릉(明陵) 곁에 묻어줬다.[13]

일본에서도 반려동물이 왕가에서 키워졌는데, 침입자에 대해 경고를

프리드리히 대제와 그의 애견 (출처: 퍼블릭 도메인)

하기 위한 목적도 있지만 추운 겨울 침대에서 따뜻한 동물이 도움이 되었기 때문이다. 참고로 우리나라는 개를 방안에 들이지 않았으므로 겨울을 따뜻하게 보내기 위해서 개를 키우지는 않았다.

"개는 사람의 가장 좋은 친구"라는 말은 프러시아의 프리드리히 대제가 한 말로 알려져 있

다. 이 말은 1789년 프리드리히 대제의 저서[14]에서 나온다. 아마도 그가 말한 개는 자신이 아끼던 이탈리안 그레이하운드 였을 것이다.

19세기에 이르면 유럽 전역의 왕실에서 개를 번식시키고 키우기 시작한다. 19세기 빅토리아 여왕은 특히 개를 좋아해서 그녀의 생애동안 총 90마리 정도의 반려동물을 키운 것으로 알려져 있다. 이 시기의 유럽은 중산층이 발달하면서 반려동물도 같이 널리 퍼졌다. 이는 중산층 사람들이 귀족들의 생활을 동경하면서 개를 키운 것도 한 몫을 한다. 이들은 개에게 사람과 같은 성격을 부여하고 화려한 옷으로 사람처럼 치장하기도 했다.

개의 중요성

2018년 농림부에서 발표한 자료에 의하면, 현재 반려동물을 양육하고 있다는 사람은 27.9%이며, 과거 현재 반려동물을 양육해 본 경험이 있다는 사람은 56.5%로 절반이 넘었다. 이를 비롯하여 여러 설문조사를 종합해볼 때 국내 반려동물 사육가구는 약 600만, 반려견 및 반려묘는 약 900만 마리라고 추정하고 있다.[15]

조사기관	반려동물 사육가구	반려견 수	반려묘 수	조사시점	조사대상 인원
한국 펫사료협회	563만가구	660만 마리	207만 마리	2017년 8월	2024명
한국 농촌경제연구원	574만 가구	632만 마리	243만 마리	2017면 8월	2000명
농림축산 검역본부	593만 가구	662만 마리	232만 마리	2017면 11월	5000명
평균	577만 가구	651만 마리	227만 마리		

개는 사람이 존재하는 곳 대부분의 공간에서 도움을 준다. 예를 들어 사냥, 양치기, 썰매 끌기, 집 지키기, 군대, 경찰, 병원 등에서 다양

하게 활동을 할 수 있다. 사람은 개와 함께, 걷고, 달리고, 하이킹을 하며, 캠핑을 같이한다. 그 외에도 어질리티 스포츠나 프리스비, 도그댄싱을 같이 할 수도 있다. 개와 함께 걷는 것이 공중 보건에 도움이 되는가에 대한 연구가 진행되었고, 많은 논문들이 개와 함께 사는 것이 생리적, 심리적, 그리고 사회적인 도움이 된다고 발표하고 있다.[16] 미국 내에서는 움직임에 문제가 있는 사람들을 위해서 서비스 개를 훈련시키는 사업이 성장 중에 있다. 뿐만 아니라, 위로견(Emotional Supports Animals, ESA)이 되기 위한 특별 훈련이 필요한 것도 아니다.

개는 다른 동물에 비해서 인간에게 매우 특별한 존재이다. 이미 지금부터 100년 전에 미국의 어린이들이 작성한 수필에는 개가 다른 동물에 비해서 압도적으로 많이 등장한다. 아이들은 개에게 "그는 나를 좋아한다", "나를 보호한다", "나를 따라와", "나를 보호해", "내가 학교에서 돌아오면 짖는다", 혹은 "나에게 도움이 된다" 등의 개인적인 표현을 했다. 어린이들은 개가 사랑을 표현하고, 점프하고, 자신에게 달려오고, 꼬리를 흔들고 놀자고 하는 것들을 특히 좋아했다.

오늘날 복잡해진 사회에서 가장 의지할만한 대상으로 대학생들은 어머니, 친구 그리고 이성 친구를 찾지만 그다음 순서는 개이다. 그 뒤를 이어서 아버지와 형제들이 차지했다. 하지만 성인이 된 이후 특히 남자와 과부들은 가장 의지할만한 대상으로 이성 파트너 다음으로 개를 우선 순위로 꼽았다.

미국에서 가족 간의 생활공간을 그린 그림에서 사람들의 약 1/3은 다른 어떠한 가족보다 개를 자신과 가장 가깝게 그렸다. 일부 사람들은 개와 사람이 같은 병에 걸렸을 때, 약이 부족해 모든 사람에게 줄 수 없을 때, 모르는 사람보다 자신의 개에게 약을 주겠다는 사람이 대부분이었다. 이는 개를 자신의 가족으로 생각한다는 것을 의미한다.

다음 그림은 가족관계에 관한 논문[17]에서 발췌한 것이다. 이혼하고 어머니가 다른 사람과 결혼한 상태에서 개가 자신과 가장 가깝다고 느끼는 감정이 그림에 그대로 드러나 있다.

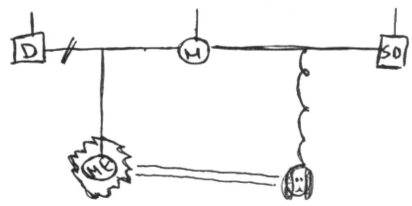

여자 아이가 가족관계를 그린 그림. D는 아버지, M은 어머니, SD는 새아버지를 의미한다. 그림에는 자신과 개가 매우 밀접한 관계가 있음을 두줄의 선으로 표현했다.

개가 오랫동안 사람에게 큰 도움이 되는 가장 큰 이유는 우선 개는 사람을 좋아한다는 것을 적극적으로 표현하는 동물이라는 것이다.

개는 사람 특히 휠체어 등에 앉아있는 사람을 도와주는 서비스 개의 경우 사람의 "명령"에 따라서 이러한 애정을 표현할 수도 있다. 명령에 따라서 마지못해서 하는 것이 아니라, 개는 원래 이러한 특성이 있기 때문에 가능한 것이다. 개가 사람을 좋아한다는 것을 표현하는 방법은 여러 가지이다. 이미 오래전부터 몸을 낮추고 꼬리를 흔들면서 주인에게 애정을 표현하기도 했고, 주인의 손과 얼굴과 귀 부분을 핥아주기도 한다. 이러한 애정표현은 개에게 화가 난 사람도 그 화를 가라앉히는 데 도움이 되고 개가 사람과 같이 살아가는 것에도 큰 도움이 되었다.

그다음 개의 가장 중요한 특징은 충성심이다. 개는 모든 사람에게 친절한 것이 아니라, 주인에게 특히 더 친절하다. 마치 보이지 않은 끈으로 연결된 것처럼 항상 주변에 있으려고 한다. 개들이 보이는 이러한 감정은 개가 신뢰할 만한 동물이라는 느낌이 들게 한다.

마지막으로 개와 사람 간의 관계가 특별한 것은 개와 사람은 신체접촉이 자주 일어날 수 있다는 점이다. 사람이 개를 쳐다보면 옥시토신이 분비되는 것으로 알려져 있다. 뿐만 아니라 개와는 항상 놀이를 같이 할 수도 있다. 최근에는 개와의 관계를 이용한 동물매개치료(Animal Assisted Therapy)도 발달하고 있으며 이러한 치료는 특히 개와 사람 간의 접촉을 통해서 이루어지는 경우가 대부분이다.

우리나라에서는 주변에서 찾아보기 쉽지 않고, 최근 들어 서비스견이라고 불리는 개들이 일부 있긴 하지만, 사회에서 흔하게 볼 수 있는 것은 아니다. 반려동물이 개의 전체를 대표한다고 생각하지만, 한편으론 개를 도움을 주는 파트너(Helping Partner)로 생각하는 분야도 빠르게 확산되고 있다. 즉 개들을 치료용 목적으로 생각하는 치료견(Therapy Dog)은 물론, 퍼실리티 독(Facility Dog)이라고 해서 기존의 서비스 개와는 약간 다른 개념의 치료 목적의 개도 있다. 그 외 반려동물로서의 개는 물론 위로견(Emotional Support Dog) 개념의 개도 존재한다. 실제로 미국의 서던캘리포니아대학(USC) 학생보건센터에는 푸들이 교수로 채용되기도 했다. 이러한 개가 전형적인 퍼실리티 독이라고 할 수 있다.[18]

국내에도 동물매개치료 전공이 원광대에 2014년에 신설되었다.

개의 문제점

미국의 펜실베니아 대학의 제임스 서펠 교수는 개가 반드시 사람의 가장 좋은 친구인 것만은 아니라고 지적한다. 가장 대표적인 문제점은 바로 개에 의해서 교상(물림)이 발생하는 것이다. 일반적으로 전 세계에서 엄청난 수의 교상이 매년 발생하고 있는 것으로 알려져 있다. 미국의 경우, 미국 질병통제예방센터(CDC)에 의하면, 미국에서만 매년 450만 건의 교상이 발생하고, 90만 건의 교상에 의한 감염이 발생하였다. 이를 미국 인구와 비교했을 때, 약 72명 중 한 명이 개에게 물렸다고 볼 수 있다. 가장 사람을 많이 문 11종의 개에는 치와와와 페키니즈, 빠삐용이 포함되어 있다. 뿐만 아니라 우리나라에서 가장 흔한 개의 한 종인 말티즈는 주인을 가장 잘 무는 개로 유명하다. 2016년 미국에서는 개의 교상으로 인한 사고로 41명이 사망했다.

한국의 경우는 아직 통계가 명확하지는 않지만, 몇몇 사례에서 개에게 물려 사람이 죽는 사건이 발생했다. 일반적으로 우리나라에서는 대형견이 드물기 때문에 교상으로 인한 사고의 빈도수가 적지만, 말티즈에 의한 작은 교상은 분명히 자주 일어날 것으로 생각된다. 한국소비자원의 통계에 따르면 개 물린 사고로 인한 신고 접수는 2016년 1,019건, 2017년 1,046건, 2018년 1,962건으로 점차 늘고 있는 추세라고 한다.[19] 또한, 2019년 기사에 따르면 소방청 자료에 따라 최근 3년간 개 물림 사고로 병원치료를 받은 환자는 6,883명으로 매년 약 2천 명 수준[20]이다. 이것은 병원에서 치료받지 않은 사고는 집계가 되지 않았으므로 집안에서는 훨씬 많은 수의 개에 의한 물림 사고가 일어날 것으로 예상된다.

두 번째 문제는 개로 인한 광견병이다. 광견병은 우리나라에서는 흔한 병은 아니지만, 아프리카에서는 개를 불결하게 생각하는 근본 원인이 되는 병이다. 전 세계적으로 매년 약 7만 명이 광견병에 걸린다. 우리나라에서도 개의 광견병은 완전히 사라진 것은 아니며, 휴전선 근처의 지역에서 발생하고 있다.

개에 의해서 전염되는 다른 질병은 여러 가지 있으며 특히 피부병 같은 경우 사람에게 전염될 수도 있다. 현재 전 세계의 사람들 중에서 케

냐의 투르카나에 살고 있는 사람들이 촌충(Tapeworm) 감염률이 가장 높다. 이것은 어린아이와 개가 친하게 놀뿐만 아니라 개가 어린아이의 대변을 먹기도 하고 사람의 식기를 핥기도 하는데, 물이 부족한 이 지역에서 개로부터 사람으로 기생충이 감염된 것으로 생각된다.

또한 시골의 개들은 가축, 특히 닭을 죽이기도 하고 가축을 괴롭히면서 많은 문제를 일으킬 수도 있다.

마지막으로 야생동물에게도 전염병을 전파시키는 등의 나쁜 문제를 일으키기도 한다.

사람과의 관계에서도 사람-동물 유대관계(Human-Animal Bond)가 약해진 개체들은 많은 행동학적인 문제를 일으킬 수 있다. 정상적인 행동임에도 불구하고 사람을 괴롭히는 가장 큰 문제는 바로 개가 짖는 것으로 인한 소음이라고 할 수 있다. 일부는 개가 짖는 것이 당연하다고 하지만, 이러한 문제는 개가 사람과 같이 살면서 교정이나 교육과정을 통해서 줄여야 하는 습성이라고 할 수 있다.

브뤼겔(Pieter Bruegel the Elder), 눈 위의 사냥꾼(Hunters in the Snow. 1565)

브뤼겔. 죄없는 사람들의 대량학살 (c. 1565-1567). 그림에 다양한 개의 모습이 보인다.

그리스 신화의 헤라클레스와 3개의 개의 머리를 가진 세르베루스(Cerberus). 세르베루스는 하데스의 하운드로 불리며 여러 개의 머리를 가진 개의 형태를 하고 있다. (출처 : 위키)

3장

개의 가축화, 행동, 그리고
개의 활용의 역사

개의 가축화의 역사를 이해하는 것은 각 견종마다 왜 성격이 다른가를 아는 데 큰 도움이 된다.

개가 매우 다양하기 때문에 개를 연구하는 초기에 특히 콘라드 로렌츠 박사는 개의 조상이 자칼을 비롯한 다양한 개과 동물이 섞여 있을 것으로 생각했다. 그러나 그 뒤에 체계적으로 진행된 유전자 연구 결과 개는 회색늑대로부터 유래된 것이 밝혀졌다. 현재 이 결과에 대해서는 이견이 없지만, 처음 가축화가 시작된 것이 언제이고 왜 가축화가 시작되었는가에 대해서는 아직도 논쟁 중이다.

고고학적 발견이 계속됨에 따라서 인류의 조상인 호미닌[21]들과 늑대의 뼈가 같이 발굴되고 있다. 프랑스의 니스 근처의 라자레 동굴(Grotte du Lazaret)에서 15만 년 전의 유적이 발굴되었고, 그 뒤로 중국 북부에서 30만 년 전 북경원인의 유적이 있는 주구점(Zhoukoudian, 周口店)에서도 발굴되었고, 영국 켄트의 복스글로브(Boxgrove)에서는 40만 년 전의 유적이 발견되었다. 하지만, 이 시기의 호미닌은 현생인류(Homo Sapiens)가 아니었다는 점도 기억해야 할 것이다.

개가 언제 가축화되었는가에 대한 이론은 1997년 전후로 완전히 바뀌었다. 1997년 이전에는 고고학적 증거를 통해서 개는 대략 1만5천 년 전에 가축화가 되었다고 생각되었다. 하지만 1997년 카를레스 빌라

(Carles Vila)는 미토콘드리아 유전자 분석 결과를 이용해서 최소 10만 년 전에 이미 개와 늑대가 분리되기 시작했다고 주장했다. 이 주장은 개와 늑대의 유전자 분석 특히 미토콘드리아의 돌연변이 분석을 통해서 내린 결론이지만, 고고학적 결과와는 너무나 큰 차이를 보였다. 그 뒤로 가축화 과정의 동물은 유전자 변이 속도가 빠르다는 것과 다른 여러 가지 자료를 근거로 다시 개가 가축화된 것이 대략적으로 2만 년 내외로 잠정적으로 정해지게 되고 최근에는 3만3천년 전이라는 내용이 논문에 많이 실리고 있다.

결론적으로 개는 농경시대가 되면서 사람과 같이 살게 된 것이 아니라, 그 이전 수렵채집 생활을 하는 단계에서부터 이미 사람 근처에서 살고 있었다는 것은 확실한 사실이다. 농경생활을 하는 시기에 개체 수도 크게 증가했다.

가축화와 형태의 변화

가축화가 되면서 몸의 크기가 줄어드는 것은 일반적이다. 이러한 변

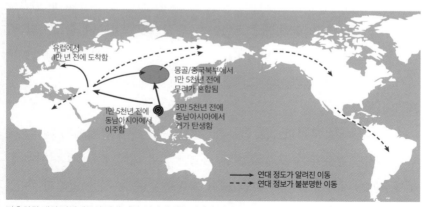

가축화된 개의 전세계로의 전래 과정. 실선의 경우 연대가 대략 확인된 것이며, 점선은 연대가 확인되지 않은 것임.

화가 나타나는 원인의 하나는 가축이 임신한 단계에서 영양이 부족하기 때문이다. 즉, 사람과 같이 살면서 상대적으로 편하고 안전하게 살수는 있지만, 먹을 것이 풍족하지는 못하기 때문에 몸의 크기가 작을수록 생존 가능성이 높아진다. 개도 역시 가축화가 돼가는 과정에서 동물들은 대개 전체적인 크기가 작아지고 머즐 부분이 짧아지며 코 부분(Snout)이 넓어진다. 이빨은 크기가 거의 줄지 않았다면 볼 부분의 치아가 조밀해진다.[22] 얼굴이 작아지는 것은 가축화 초기에 일어나지만 이빨이 작아지는 것은 쉽지 않기 때문에 가축화 초기에 이미 이빨이 매우 조밀하게 배치된다. 시간이 지나면서 이빨도 역시 작아지게 되고, 늑대에 비해서 상당히 작은 치아를 가지게 된다. 털색도 다양해진다. 일반적인 회색 늑대의 색이 아니라, 노란색이 나타나기 시작한다.

1950년대 러시아의 유전학자 벨리아예프가 길들여지는 여우를 선별하여 개처럼 만들려고 시도하였다. 이 실험은 여우 농장에서 우연히 발생한 것이 아니라, 한 개인과 그를 믿어주는 사람들의 평생에 걸친 희생정신으로 알려진 결과이다.

벨리아예프는 늑대와 여우가 가까운 사이라는데 착안해 여우를 가축화할 수 있을 것이라는 가설을 세웠다. 그는 처음에는 탈린에서 연구를 진행했지만, 그 후엔 모스크바에서 동쪽으로 3,000여 킬로미터 떨어져 있는 시베리아의 노보시비르스크 인근의 과학도시 아카뎀고로독에서 진행하게 되었다. 이 도시는 소련 정부가 과학도시로 새로 조성한 곳이었다.

1960년대 다시 본격적으로 연구를 시작할 때, 이미 탈린에서 데려온 8세대가 지난 은여우가 포함되었다. 1963년 새로 태어난 4세대의 새끼 중에서, 한 마리의 수컷이 사람을 보고 꼬리를 흔드는 것을 발견할 수 있었다. 개를 제외하고 사람에게 꼬리를 흔드는 동물은 없다. 하지만 이러한 개체가 2년 동안 나오지 않았으나, 1966년 태어난 7세대 새끼들은 여러 마리가 꼬리를 흔들었다. 8세대 새끼들은 꼬리가 개처럼 올라간 개체가 나타났으며, 1969년 10세대 개체는 개처럼 귀를 펄럭거리는 새끼가 등장했고 얼룩무늬 털을 지닌 새끼도 나왔다. 그 이후로 1973년 태어난 개체 중의 하나인 '푸신카'라는 은여우는 후에 개처럼 짖기도 했다. 벨리아예프가 사망 후에 그의 후계자인 루드밀라 트루트가 이 과정에 대한 자세한 기록을 출판했으며, 이 책은 최근에 번역되었다.[23] 결과적으로 본격적인 연구를 시작한 후 약 20년 후에 여우를 마치 개처럼 만들 수 있었고 성격은 세대가 지나면서 점차 순화되었다. 뿐만 아니라 귀의 형태, 꼬리의 위치, 그리고 주둥이의 모양, 흰색의 어깨 털에도 변화가 일어났다. 머리의 흰색 패턴은 다른 가축화된 개와 유사한 모습으로 바뀌었으며, 개처럼 바뀐 여우의 모습은 마치 보더 콜리처럼 변화했고 사람이 오면 개처럼 꼬리를 흔들게 된 것이다.

　비록 이 연구가 매우 강한 선별과정을 거친 것이고, 늑대가 개가 되는 과정에서는 그런 정도의 강력한 진화의 압력은 없었을 것으로 생각하기

때문에 그렇게 빨리 진화되지는 않았겠지만, 개가 늑대로부터 가축화가 되었고, 이 과정에서 여러 가지 형태학적 변화가 일어났으며 이것이 바로 오늘날 개의 성격을 결정하게 되었다는 충분한 증거는 된다고 생각된다.

드미트리 콘스탄티노비치 벨리아예프

—

일반적인 교과서에 간략하게 언급되는 벨리아예프의 여우를 이용한 가축화 실험은 20세기 가장 위대한 행동 유전학 실험이라고 평가받는다.
그의 위대함은 그가 연구를 진행할 당시 소련이 유전학에 대하여 극도의 반감을 가지고 있었고, 루센코에 의해 유전학자들이 거의 숙청된 과정에서 나온 것이라서 더 의미가 깊다.
사망 후 그의 아내가 그의 전기를 남겼지만, 그 책은 소량으로 만들어져서 친구들에게 배포되었고 지금은 거의 사라진 것으로 알려졌으며, 지금 알려진 내용은 루드밀라 트루트(Lyudmila Trut)라는 그의 제자의 덕분이며, 현재 그녀는 그 뒤를 이어 연구를 계속하고 있다.
그의 형은 그가 20세 때 유전학자라는 이유로 재판 없이 처형되었으며, 그는 자신의 일을 하기 위하여 모피 동물 부서에 취직한다. 그의 경험은 결국 현재 에스토니아의 수도인 노보시비르스크 인근 아카뎀고로독이라는 과학도시 근교의 여우 농장에서 1959년부터 실험을 실시하게 된다. 그의 실험 결과는 이미 대략적인 것은 알려져 있었지만, 레이몬드 코핑거 교수가 소개하였고, 당시 대학원 학생이던 브라이언 헤어 교수가 그 책을 읽고 시베리아를 방문하게 된 계기가 된다.
최근 벨리아예프의 실험을 자세히 쓴 책 《은여우 길들이기》가 번역되었다.

최초의 개의 출현

개가 비록 3만 년 이전에 늑대로부터 서서히 갈라져 나왔다고 해도 그 당시의 개와 사람 간의 유적이 발견된 것은 아니다. 고고학적인 유적은 대략 1만5천 년 전까지 올라가고 있지만, 그 외에도 개와 사람 간의 관계가 매우 오래전부터 친밀한 관계를 유지했다는 것을 잘 보여주는 유골이 발견되었다. 1970년대 발견된 이스라엘의 나투피안 (Natufian) 유적지가 대표적이다. 약 1만2천 년경으로 생각되는 이 유적지의 한 여인의 무덤에서 어린 강아지의 유골이 같이 발견되었다.

이 유적의 사람이 개를 만지고 있다는 점에서 개와 사람 간의 유대 관계를 엿볼 수 있는 대표적인 사례라고 할 수 있다. 이 유적을 통해서 중동지역은 이미 오래전(1만2천 년 전)부터 인간과 개가 매우 밀접한 관계를 형성하고 살아왔다는 것을 알 수 있다.

개가 전파되는 과정에서도 일부 늑대와 사람은 친밀한 관계를 유지한 것으로 보인다. 특히 시베리아에서 발견된 유적은 8천 년 전의 툰드라 늑대와 사람의 유골이 같이 묻혀 있었다.

개의 유골

(출처 : https://www.youtube.com/watch?v=281Il1bTBpY)

한 가지 특이한 것은 늑대의 조상은 북미대륙에서 퍼져나갔지만, 현존하는 개의 유전자는 북미의 늑대보다는 유럽의 늑대 유전자와 더 가깝다. 특히 아메리카 대륙을 정복한 스페인 사람들은 멕시코에서 발견된 개들을 유럽의 개와 섞이지 않게 조심스럽게 번식시켜서 오늘날에 이르게 되었다. 이들의 유전자를 분석한 결과 북미의 늑대가 아니라 유럽의 늑대와 더욱 가까운 것으로 확인되었다.

개의 가축화 과정

늑대가 어떻게 지금의 개로 진화(혹은 가축화)되었는가에 대해서는 아직 명확한 과정을 알 수가 없다. 우선 가장 먼저 제시된 가설은 노벨상 수상자이기도 한 콘라드 로렌츠 박사가 《사람이 개를 만나다(Man Meets Dog)》라는 저서에서 아주 자세히 묘사한 것처럼 사람이 늑대(혹은 자칼)의 새끼를 우연히 데리고 와서 키우기 시작했는데 이 중에서 길들이기 쉬운 개체를 선발해서 개가 되었다는 주장이다. 특히 콘라드 로렌츠 박사는 개의 성격이 늑대와 너무 차이가 크기 때문에 자칼이 개의 조상이 아닐까 추정했었다. 하지만 이것은 최근에는 받아들여지지 않는 이론이다.

그 이유로는, 우선 인간이 가축화시킨 동물 중에서 늑대와 같은 최상위 포식동물이 전혀 없다. 늑대는 사람과 달리 육식을 위주로 하는 동물이며, 늑대 10마리면 매일 사슴 한 마리 정도의 초식동물이 필요하다. 이것은 사람도 먹을 것이 부족한 상황이고 인간이 가축화시킨 동물이 모두 고기를 얻기 위한 목적이 크다는 점에서 초식동물이나, 잡식동물이 아닌 대형 육식동물을 의도적으로 가축화한다는 것은 믿기 어려운 일이다.

또한 새끼들을 데려와 길들일 가능성도 작다고 보는 이유는 생후 21일 이후의 늑대 새끼를 사회화하는 것이 매우 어렵기 때문이다. 늑대를 직접 키운 사람들은 늑대를 사회화 하기 위해서 거의 모든 시간을 같이 보낸다. 즉, 늑대는 개와 달리 사회화 민감기가 더 빠르고 쉽게 지나가기 때문에 사람이 단순히 늑대 새끼를 데리고 와서 길들이기는 거의 불가능했을 것이다.

최근 학계에서 받아들여지고 있는 주장은 다음과 같다. 초기 늑대는 인간의 거주지에 나오는 남은 음식을 먹기 시작하면서 청소부 역할을 했고 이 때문에 늑대들이 탄수화물에 적응하게 되었다. 인간과 의사소통을 할 수 있는 개체가 생존에 유리해졌으며 그 결과 오늘날 개의 원형이 되었다는 주장이다. 늑대와 달리 개들은 사람의 얼굴을 매우 잘 인식할 수 있어서 도주거리를 짧게 유지해도 되며 사람을 겁내지도 않게 되었다. 이러한 점 때문에 사람과 점차 가까워졌다는 것이다.[24]

개가 스스로 사람과 가까워졌다고 해도, 사람이 버리는 음식은 주로 탄수화물 종류였기 때문에 단백질을 쉽게 얻을 수가 없었다. 그 때문에 단백질이 포함된 음식을 매우 중요하게 생각한다. 인도에서 실험한 결과에 의하면 출산 후 이유 시기에 도달한 어미 개는 사람이 새끼강아지에게 탄수화물 과자를 줄 경우에는 새끼가 얻은 간식을 뺏어 먹는 경우가 적지만, 고기 간식을 주면 강아지로부터 뺏어 먹는다는 것을 보여주었다.

또 하나 개와 사람의 관계에 대한 재미있는 가설 하나가 바로 활과 관련된 것이다. 사람이 큰 사슴이나 들소 중에서 약한 개체에 활을 쏴서 이들에게 상처를 입히면 늑대(개)가 이들을 공격한다. 이후에 다시 사람이 늑대를 쫓아내고 고기를 얻게 되고 이 중 일부는 늑대에게 주는 방식으로 서로 진화했을 가능성도 제시되었다. 이것 때문에 초기 인류의 활이 널리 퍼지게 되었을 가능성도 생각해 볼 수 있다.

개의 가축화 과정은 다음과 같은 과정을 거쳤을 것으로 사료된다.

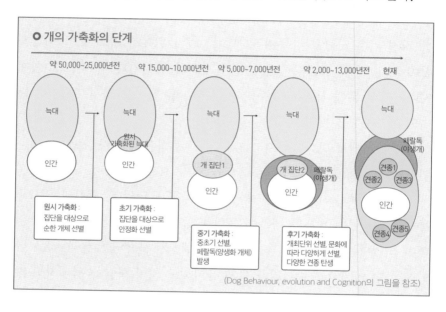

우선 늑대가 사람과 서식지가 겹치면서 사람과 가까운 거리에서도 안심할 수 있는 개체가 나타나는 단계이다. 이 단계에서 일부 늑대는 도주거리가 짧아지게 되면서 사람의 서식지 주변에서 사람이 버린 음식을 먹고 살아간다. 동물에게 사람이 접근할 때, 특정한 거리 이내로 가까워지면 동물은 도망을 가기 시작한다. 이것을 도주거리라고 하는데, 일부 학자들은 도주거리가 짧아지는 것조차도 유형성숙과 관련되어 있다고 주장한다.

이렇게 사람의 주변에서 살아가는 늑대는 인간이 버리는 음식물이 많기 때문에 번식에 성공하고, 번식에 장점을 가지게 될 수 있다. 이 단계에서는 늑대가 사람의 의도를 잘 파악하면 파악할수록 생존에 유리했을 것이다. 뿐만 아니라 사람은 늑대와 달리 단백질 요구도가 높지 않으므로 이에 맞춰서 생존하기 위해서는 유전자의 변화가 일어났을 것이다.

인간들은 아마도 이 단계에서 자신들의 위험을 줄이기 위해서 공격성이 강한 개체들은 제거했을 가능성이 있다. 개체단위의 선발이 아니라 집단 선발 과정을 거쳐야 했기 때문에 오랫 동안 이러한 단계가 지속되었을 것이다.

이러한 기간을 거치면서 선사 시대에 원시형의 개가 나타나게 된다. 이 개체들은 사람들 주변에서 살았을 것이며, 일부는 사람이 데리고 살았을 것이다. 사람이 데리고 살아가는 과정에서 초기 선별이 일어나게 되고 일부는 이 과정에서 새로운 사람의 통제에서 벗어나 호주의 딩고와 아프리카의 바센지 혹은 뉴기니의 싱잉독과 같은 다시 야생 혹은 페랄독의 상태가 된다.

선사시대에 들어서면서 개는 여러 가지 목적에 맞는 브리드가 나타나는 시기이다. 이미 로마시대에 다양한 사역견들이 만들어져서 사용되었다.

마지막으로 현대의 순종화가 일어나는 단계로 이것은 1800년대 영국을 중심으로 이루어졌다.

가축화에 의한 변화

일반적으로 가축화가 일어나는 과정에서 여러 가지 변화가 일어난다.

특히 가축은 대개 외형이 작아지는 것이 일반적이며, 흰색 무늬인 파이발드 패턴(전체에 흰색 패치가 나타나는 것)이 있는 개체가 나타나는 경우가 있다.

구 분	고양이	소	개	당나귀	염소	기니픽	말	마우스	돼지	토끼	양
크기 작아짐	✓	✓	✓	✓	✓	✓	✓	✓	✓	✓	✓
흰 무늬 패턴	✓	✓	✓	✓	✓	✓	✓	✓	✓	✓	✓
흰점 무늬		✓	✓		✓		✓		✓	✓	
곱슬거리는 털			✓	✓	✓	✓	✓	✓	✓		✓
말아올려진 꼬리			✓						✓		
짧은 꼬리	✓		✓								✓
펄럭이는 귀	✓	✓	✓		✓		✓				✓
생식주기 변화	✓	✓	✓	✓	✓	✓	✓	✓	✓	✓	✓

가축화되면 일반적으로 크기가 작아지며 무엇보다 뇌의 크기도 약 15% 정도 같이 작아진다. 특히 가축화가 되는 과정에서는 유형성숙이 일어나는 경우가 많다. 유형성숙이라는 것은 완전히 성숙하지 않은 청소년기에서 성장이 멈춰버리는 것이다. 즉 개의 행동을 늑대와 비교하면 완전히 자란 개의 행동이 아직 청소년기에 해당하는 늑대와 매우 유사하다. 이러한 변화는 인간이 개입하지 않아도 자연적으로 일어날 수 있다.

개가 가축화되면서 늑대와는 달리 다른 무리와 같이 지내는 것이 가능해졌고, 강한 공격성도 사라지게 되었다. 늑대의 가축화가 시작된 것이 언제인지는 명확하지 않지만, 빙하기가 끝나는 시점에서 급속도로 가축화가 일어났을 것이다. 이는 몇 가지 이유가 있다.

일반적으로 날씨가 추워지면, 동물들은 체중 대비 표면적을 작게 하여 열 손실을 줄이는 방향으로 진화가 일어난다. 그 결과 극지방의 동물들은 신체의 크기가 커지는 경향이 있다. 초식동물이 커지면 이를 잡아먹는 포식동물도 같이 커져야 한다. 그러므로 빙하기에는 털매머드를 비롯하여 거대한 초식동물들이 살았고, 당시의 사자는 지금의 사자보다 훨씬 덩치가 컸다. 늑대도 마찬가지인데, 아마도 빙하기에는 늑대도 지금보다 더 컸을 것이다.

늑대는 최상위 포식자이다. 최상위 포식자의 위치에 있는 동물이 전체 초식동물의 60% 정도를 섭취하고 나머지는 다른 포식동물들이 나눠 먹는다고 할 수 있다. 그러므로 인간의 등장은 늑대에게는 매우 심각한 위기였을 것이다. 여기에 날씨가 따뜻해지면서 다른 소형 초식동물이 늘어나고 대형 초식동물의 개체 수가 줄어드는 것 역시 늑대에게는 커다란 위기가 되었을 것이다. 이 과정에서 늑대의 일부가 사람의 주거지 근처에서 사람이 남긴 음식의 일부를 먹기 시작하고, 환경에 적응하기 위하여 몸의 크기가 작아지는 등의 변화가 일어나면서 현재의 개처럼 변화했다고 생각된다.

개와 늑대의 유전적인 차이점

예전에는 개와 늑대가 거의 유사할 것으로 생각했으나, 최근에는 개와 늑대가 상당히 다르다는 점이 부각되고 있다. 사실 이것은 특이한 것이 아니다. 개와 늑대의 유전자는 99.96% 일치하기 때문에 일치도가 매우 높은 것은 사실이지만, 유전자라는 것은 몇 개만 바뀌어도 큰 변화를 일으킬 수 있다. 적은 유전자의 차이로 상당히 큰 행동 방식의 차이가 나타난다. 대표적인 동물로 보노보와 침팬지가 있다.

보노보와 침팬지의 유전자 차이는 적지만 99.6%가 동일하다. 침팬지는 매우 공격적이고 보노보는 대단히 사교적인 동물이다. 그러므로 유전자의 차이가 적어도 행동 방식은 큰 차이를 나타낼 수 있다. 특히, 늑대와 개는 탄수화물의 분해와 관련된 유전자와 성격과 관련된 유전자가 상당히 다르다. 이는 먹이와 행동이 관련되어 있기 때문에 매우 중요한 차이이다.

● 탄수화물의 분해

스웨덴과 미국의 공동 연구진은 코커 스파니엘과 독일 셰퍼드 50여 마리의 DNA와 전 세계에서 취한 늑대 12마리의 유전 정보와 비교했다. 그 결과 '탄수화물 대사'와 '뇌 발달'에 관여하는 유전자에서 중요한 차이를 발견했다.

연구 책임자인 악셀슨 박사는 "늑대의 게놈에는 아밀라아제 효소 관련 유전자 복제본이 각각의 염색체에 한 가지만 있었지만 개의 게놈에는 2~15개의 유전자 복제본이 있었다"면서 "평균적으로 늑대보다 유전자 복제본이 7개는 많았다"고 밝혔다. 그는 이것을 "개가 늑대보다 탄수화물의 영양성분을 사용하는데 효율적이라는 것을 의미한다"고 설명했다.

● 성격

개의 성격은 두 가지 면에서 늑대와 차이가 있다. 하나는 유형성숙이고, 다른 하나는 의사소통과 관련된 유전자가 변화되었다는 것이다. 유형성숙은 개들의 얼굴이 점차 강아지 때의 모습에서 크게 변화하지

않는다는 것이다. 이 경우 단순히 얼굴만 동안이 아니라 성격도 미성숙하다는 특징이 있다. 이것은 가축화의 일반적인 특징이다.

두 번째는 이것과 관계없이 두뇌와 관련된 유전자가 발달하면서 의사소통이 발달하고 그 결과 사람과 협조적인 관계가 되었다.

● 친화성

개는 다른 동물에 비해서 특히 친화성이 높고, 항상 사람을 반겨주는 것이 특징이다. 이러한 개의 성격은 최근 2017년 발표된 논문에 의하면 6번 염색체 일부분의 결실 때문이라고 한다.

개는 GTF21와 GTF21RD1 유전자와 관련이 있으며 이들 유전자의 변형이 개들을 더 쾌활하도록 만들었다. 이러한 유전자의 변형이 덜한 개일수록 더욱 더 늑대와 유사한 행동을 한다는 것이다. 이는 인간에게서도 나타나며 인간은 7번 염색체(정확하게는 7q11.23 위치이다)에 돌연변이가 있으면 윌리엄스-보이렌 증후군을 일으킨다. 이 질병을 가진 사람은 매우 친화적으로 된다.[25]

개의 품종간의 유전적인 변화

● 개가 소형화되는 과정 : IGF-1 유전자

개가 소형화되는 과정에서 주로 IGF-1(Insulin-Like Growth Factor-1)의 유전자가 영향을 주는 것으로 알려져 있다. IGF는 일반적인 인슐린 대사에 영향을 주는 인자로 성장에 매우 중요한 역할을 한다. 소형견들은 거의 전부 IGF-1 유전자에 돌연변이가 있는 것으로 알려져 있다(새로운 서열이 추가되어 있음). 이 유전자의 돌연변이는 늑대에게서는 볼 수 없기 때문에 개만의 특징이라고 생각된다.

● 다리가 짧아지는 변화 : FGF-4 유전자

닥스훈트의 다리가 짧아지는 변화는 FGF-4의 유전자의 변화 때문이다. FDF-4 유전자가 하나 더 상당히 멀리 떨어진 곳에 복제되어 있으며, 이 유전자의 발현이 전혀 다른 조절을 받기 때문에 다리가 짧아지는 변화를 거치게 되었다.

● 개의 털의 구조 및 변화

개의 털은 늑대와 비교하여 매우 다양하다. 이 털에 영향을 주는 단백질은 여러 가지이며, FDF-5, R-spondin-2, 케라틴의 3가지가 가장 널리 알려져 있다.

일반적으로는 위의 3가지의 털이 가장 흔하고 나머지는 Hairless(털이 없는) 유전자와 관련되어 있다.

	대표종	FGF5	RSPO2	KRT71	FOX13	SGK3
단모	바셋하운드	-	-	-	-	-
와이어	스코티시 테리어	-	+	-	-	-
와이어 & 곱슬	에어데일 테리어	-	+	+	-	-
장모	골든 리트리버	+	-	-	-	-
장모 & 퍼니싱	비어디드 콜리	+	+	-	-	-
곱슬	아일리시 워터 스패니얼	+	-	+	-	-
곱슬 & 퍼니싱	비송 프리제	+	+	+	-	-
몸통은 털이 없으나, 머리, 발, 꼬리에 장모털이 있음.	차이니즈 크레스티드 독	+	+	+/-	+/-	-
몸통은 털이 없으나, 머리, 발, 꼬리에 단모털이 있음.	페루비안 잉카 오키드	-	-	-	+/-	-
털이 전혀 없음	아메리칸 헤어리스 테리어	-	-	-	-	+

개가 다양한 색을 나타내는 이유는 일부 유전자의 돌연변이 때문이

다. 같은 검은 색을 나타내는 B 유전자라고 해도 유전자의 일부중 돌연변이가 일어나서 붉은색 계열의 다양한 색이 나올 수가 있기 때문이다. 예전에는 이러한 색의 변화를 확인하는 것이 매우 어려웠지만, 최근에는 인터넷 사이트에서 쉽게 털색을 예측할 수 있는 앱들이 많이 발표되었다.

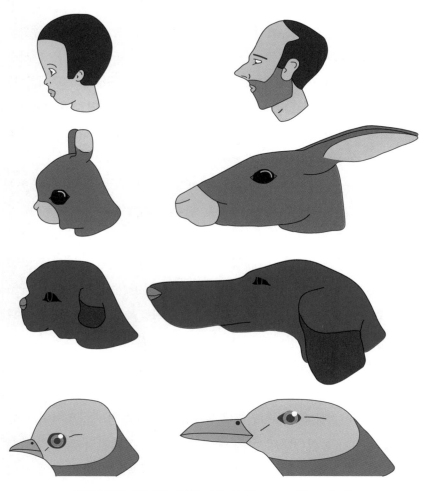

유형성숙이라는 것은 어린 시기의 모습을 성숙한 후에도 유지하는 것을 말함.

유형성숙과 견종별 차이

흔히 동양인은 서양인과 비교해서 동안(童顔)이라고 한다. 이처럼 어려 보이는 얼굴 형태를 가지는 것을 유형성숙이라고 한다. 유형성숙이라는 것은 특정한 종이 원래 있던 모습에서 세대가 지나면서 동안으로 바뀌는 현상이다. 개의 경우, 사람들이 새로운 품종을 만들면서 점차 마치 어린 강아지의 모습이 더 많이 남은 개체를 선발하게 되면서 성견이 되어도 어릴 적 모습에서 많이 벗어나 있지 않게 되었다. 유형성숙 자체는 별문제가 아닐 수가 있지만, 유형성숙과 함께 성격과 감정도 미성숙한 상태에 머물러 있다는 점이 많은 반려동물에게서 문제가 될 수 있다. 개의 경우 모든 개가 같은 수준으로 유형성숙된 것이 아니다. 퍼그나 불독은 유형성숙이 많이 되어 있지만 시베리안 허스키는 유형성숙이 덜 일어난 대표적인 견종이다.

개의 유형성숙은 늑대와 비교할 때 개들이 늑대의 어릴 적 모습(청소년기 정도)으로 성체가 된다는 것으로, 단순히 외형만 미성숙한 것이 아니라 여러 가지 행동 패턴도 다르게 나타난다.

특히 공격성과 관련되어 유형성숙이 덜 일어날수록 공격성도 약하지만, 반대로 방어적인 동작도 잘 드러나지 않아 불필요한 갈등을 초래할 수도 있다. 이를 영국의 저명한 동물행동학자인 브레드쇼가 관찰한 결과 공격성과 방어적인 행위는 다음과 같다.

일반적으로 공격적인 행위에는 다음과 같은 것이 있다.

- 으르렁거리기 : 낮은음으로 으르렁거리는 것
- 자리 뺏기 : 상대방이 자원이나 목표를 이루지 못하도록 밀쳐내는 것
- 몸 누르기 : 상대방의 몸에 붙어서 머리를 상대편의 몸에 대면서 움직이지 못하게 하거나, 혹은 더 심하면 발을 상대방의 몸에 올려서 상대가 움직이기 힘들게 하는 것

- 약하게 물기 : 상대방의 몸을 물기는 하지만 완전히 입을 다물지는 않는 것
- 완전히 일어서기 : 완전한 크기로 일어서고 등은 활처럼 굽은 형태로 머리를 들고, 목 뒤의 털이 일어날 수도 있다.
- 바디 레슬링 : 상대방이 뒷발로 몸을 지탱하고 앞발로 레슬링 동작을 하도록 하는 것
- 공격적인 입 벌림 : 입을 반쯤 벌리고 입술이 올라가며 이빨이 드러나는 것
- 이빨 드러내기 : 이빨을 드러내는 행위
- 응시 : 상대방의 눈을 직접 응시하는 것

방어적인 행위는 다음과 같은 것이 있다.
- 머즐 핥기 : 상대방의 머즐을 핥아주는 동작, 때로는 머즐에 접촉하지 않을 수도 있다.
- 시선 돌리기 : 상대를 직접적으로 쳐다보지 않는 동작
- 웅크리기 : 머리를 낮추고 몸을 웅크리는 동작, 종종 꼬리를 다리 사이에 감춘다.
- 서브미시브 그린 : 아래턱은 벌리지 않고 입술을 뒤쪽으로 당겨서 이빨이 드러나게 하는 동작
- 수동적인 복종 : 등을 대고 눕는 행위
- 적극적인 복종 : 꼬리를 감추거나 웅크리는 모습으로 공격적인 개에게 다가가서 머즐을 핥는 행위

이러한 위의 동작은 모든 개에서 나타나는 것이 아니라 유형성숙이 일어난 견종에서는 보기 어려운 경우가 많다.[26]

구분	CK	NT	SS	FB	CS	ML	LR	GS	GR	SH
공격성										
으르렁거리기	+	+	+	+	+	+	+	+	+	+
자리뺏기	+	+	+	+	+	+	+	+	+	+
몸 누르기					+	+	+	+	+	+
약하게 물기						+	+	+	+	+
완전히 일어서기		+			+	+	+	+	+	+
바디 레슬링					+	+		+	+	+
공격적 입벌림		+					+	+	+	+
이빨 드러내기								+	+	+
응시										+
방어적 동작										
머즐 핥기		+					+	+	+	+
시선피하기				+	+				+	+
웅크리기						+	+	+		+
서브미시브 그린									+	+
수동적 복종							+		+	+
적극적 복종										+

* CK: 카발리에 킹 찰스; NT: 노포크 테리어; SS: 셔틀랜드 쉽독; FB: 프렌치 불독; CS: 코카 스패니얼; ML: 문스 터랜더; LR: 래브라도 리트리버; GS: 저먼 세퍼트; GR: 골든 리트리버 ; SH: 시베리안 허스키

    표를 살펴보면, 견종별로 늑대에 더 가깝게 생긴 견종이 늑대의 행동학적 특징을 더 많이 가지고 있다는 의미이다. 예를 들어 보면 으르렁거리는 현상은 모든 견종에서 발견되지만, 적극적 복종(Active Submit) 동작은 시베리안 허스키 말고는 잘 안 보이는 동작이다. 또한 서브미시브 그린(Submissive Grin)이라는 동작도 마찬가지이다. 이러한 동작은 골든 리트리버와 시베리안 허스키 외에는 다른 견종에서는 잘 보이지 않는다.

체형과 성격

    돼지의 경우 등 지방이 적은 개체는 보통 몸통의 길이가 길며 날씬한 체형을 가지고 있다. 이러한 돼지들은 질병에 더 취약한 것으로 알려

져 있다. 이는 근육의 구조가 활성산소를 제거하기 더 어렵기 때문이다. 아마도리(Amadori)교수의 논문[27]에 따르면 등 지방이 얇은 돼지의 평상시 산화스트레스 수준은 마라톤 선수가 운동 시에 발생하는 수준과 거의 같다고 주장한다.

　이런 경우에는 당연히 면역력도 약해지고 성격도 달라질 것이다. 또한 등 지방이 적은 개체는 저울 위에서 더 심하게 움직인다. 즉 동물의 체형은 성격과도 깊이 관련되어 있다.

이와 유사하게 몸통이 가늘고 긴 형태의 개들이 건장한 체격을 가진 개에 비해서 쉽게 흥분할 뿐만 아니라, 이러한 형태의 개들이 두려움이 많다고 알려져 있다.

털색과 기질도 연관이 있다. 일반적으로 아고티 색(털이 하나의 색으로 된 것이 아니라 갈색과 검은색 등이 띠를 이룸)은 많은 동물에서 흔히 볼 수 있다. 쥐를 이용한 실험에서 아고티 유전자의 변형으로 인하여, 검은색, 알비노, 파이볼드 및 다른 색들이 나타났다. 이들 중에서 검은색 쥐가 가장 길들이기 쉽다. 검은색 쥐는 흥분하면 이빨을 이용해서 클릭 소리를 내지만 물려고 하지는 않는다. 하지만 알비노 쥐는 매우 오랫동안 선택(인공 선택)을 해도 쉽게 길들여지는 개체를 만들어낼 수 없었다. 일반적으로 고양이도 마찬가지이다. 사람들은 검은 고양이를 선호하지 않지만, 검은 고양이가 많은 것은 다른 색의 고양이보다 사람에게 잘 길들여지기 때문이다.

여우도 마찬가지다. 은색 여우는 도주거리가 약 200야드이며 백금색은 100~200야드, 앰버색은 3~100야드이다. 색이 짙어지면서 길들이기 쉬워졌고 여우를 번식시키면서 다양한 색상이 나올수록 더 쉽게 길들여졌다.

이렇게 털색과 성격이 연결되어 있는 것은 부신의 무게와도 관련이 있다. 부신의 무게가 감소하고 체중이 증가할수록 여우들은 더 쉽게 길들여졌다.

털색에 영향을 주는 것은 멜라닌 색소이다. 멜라닌을 만드는 회로가 신경전달물질을 합성하는 회로를 공유하기 때문으로 생각된다.

털색이 개의 생리, 형태 및 행동에도 영향을 미친다는 것은 특히 코카 스파니엘을 이용한 연구에서 밝혀졌다. 연구에서 잉글리시 코카 스파니엘의 경우, 골든 색이 가장 우위성이 높았으며, 그 뒤를 이어서 검

은색이었고 가장 우위성이 낮은 것은 파티컬러 개들이었다.[28] 이 결과
는 1996년 제임스 서펠 교수가 발표한 내용[29]과 거의 일치하는 것으로
당시에 단색의 잉글리시 코카 스파니엘이 파티컬러보다 공격성이 강하
다고 밝혔다.

견종별 신경전달물질의 분비 패턴의 차이

견종별로 신경전달물질의 분비 패턴이 차이가 나는 경우가 있다. 견
종들은 특히 도파민 계열은 개들의 성격에 따라 분비패턴이 다르다.[30]
보더 콜리는 3종류의 개 중에서 가장 분비량이 많았고, 샤페이는 양을
지키는 개로 성격이 느긋하며 예상대로 도파민의 농도가 가장 낮았다.
하지만 보더콜리와 시베리안 허스키의 믹스종은 뇌의 중격에서 이 두
종보다 훨씬 높은 도파민 생성량(2.482)을 보였다. 그러므로 믹스종의
성격을 예측하기 매우 어렵고, 믹스종은 단순히 부모 2종의 평균값이
나타나지 않는다는 것을 알 수 있다.

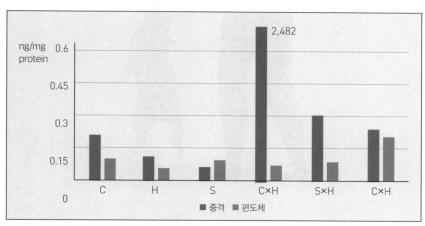

*C: 보더 콜리, H:시베리안 허스키, S:샤페이 CxH: 보더콜리+시베리안 허스키, SxH: 샤페이 x 시베리안 허스키
 CxS :보더콜리+샤페이

4장

견종의 분화

로마시대

개가 오랫동안 사람들에 의해서 길러졌지만, 역사적으로 볼 때 로마시대에 들어서, 개에 대해서 가장 많은 관심을 가지고 체계적으로 번식시켰다. 이미 로마시대에 개의 기능을 구분하고 각 기능에 맞는 개에 대해 기록하고 있다. 기원전 15세기에 그들은 이미 목양견, 스포츠견, 전쟁견, 투견(Arena Fighting), 후각 사냥, 시각 사냥견에 대해서 묘사하고 있다. 뿐만 아니라 부자들은 작은 "집"개를 키우고 있었다. 이것은 아마도 최초의 반려견이라고 할 수 있을 것이다. 이때 언급된 개들은 오늘날의 용어로 표현하면, 마스티프, 스피츠, 시각 하운드(그레이하운드), 사냥개, 쉽독(Sheep Dog)이다. 마스티프는 티베트지역의 개였으며 나중에 바빌로니아와 앗시리아, 페르시아, 그리고 그리스에서 전쟁 중에 사용되었다. 스피츠는 오늘날 잘 알려진 것처럼 극지방의 개이며 마을 개를 제외하면 가장 원형의 개 형태를 유지하고 있다. 오늘날 그레이하운드와 비슷한 시각 하운드는 가장 오래된 사역견의 하나로 이집트에 이미 존재했으며, 메소포타미아의 그릇의 문양에서 확인될 수 있다. 포인터 타입들은 작은 사냥감을 사냥하기 위해서 그레이하운드로부터 개량된 것이며, 쉽독은 유럽의 다양한 지역에서 각각 만들어졌다.

오늘날의 순종은 이러한 로마시대의 기능을 중심으로 한 개들에게서 만들어진 것이다. 예를 들어 셔틀랜드 쉽독은 비록 현재에는 도시 혹은 교회에 살고 있는 경우가 많아 한 번도 양을 본 적도 없겠지만, 양을 치는 사역견의 특징을 많이 가지고 있기 때문에, 가족이 키우는 고양이를 쫓아다니거나, 같이 놀자고 어린애들을 따라다니기도 한다.

참고로 현재는 하운드가 사냥개를 가리키는 말이지만, 고대 영어에서는 후각을 이용해서 사냥하는 개는 하운드라 불렸고, 시각으로 사냥하는 개는 독(Dog)이라고 불렸다. 그렇기 때문에 그레이하운드는 이름과는 달리 독(Dog)이었으며, 폭스하운드는 하운드이며 독(Dog)이 아니었다.[31] 하지만 지금 몇몇 전문가들이 사용했던 이러한 용어를 잘 알고 있는 사람들은 거의 없다. 그리고 현재는 이제 영국에서조차도 특별히 구분하지는 않는다.

중세시대

이 시대에는 사냥은 땅을 소유한 귀족에게만 한정될 수밖에 없었고, 사냥감에 따라서 이에 적합한 다양한 개들이 품종개량되었다. 예를 들어 디어하운드, 비글, 헤리어, 폭스하운드, 각종 테리어종 등이 이때 만들어지고 이 시기의 끝부분에서 많은 스포츠독(Gun Dog)이 만들어졌다. 당시의 품종개량은 철저하게 기능을 위주로 진행되었기 때문에 족보와 자신의 개의 기량에는 관심이 있기는 했지만, 지금처럼 순종이라는 개념은 아니었다.

불 베이팅

불독은 매우 독특한 과정을 거쳐서 형성되었는데, 이는 18세기 말에 영국에서 성행한 불 베이팅 때문이다. 황소를 말뚝에 묶어 놓고 개와 싸움을 벌이는 것을 불 베이팅이라고 하는데, 이러한 유형의 싸움 원형은 황소가 아니라, 사자와 곰과 같은 동물이었다. 곰 베이팅은 특히 셰익스피어 소설에도 나올 만큼 인기가 높았으며, 영국 사람들이 매우 좋아한 것으로 알려져 있다. 불 베이팅에 적합한 개들은 후에 불 베이팅이 금지된 이후에도 투견에서도 활용되기도 하였다. 가장 대표적인 견종이 핏불이다.

다윈 이후

중세시대에 아무리 다양한 견종이 만들어졌다고 해도 그 견종이 만들어지게 되는 방법에 대해서는 이해를 하지 못했다. 하지만 다윈이 진화론을 주장하면서 품종개량에 대한 이론적인 무장이 되면서, 전혀 다른 종류의 개념이 만들어졌다. 바로 "순종"이라는 것이다. 다윈 이전에는 개들은 목적을 위해서 교배되었기 때문에 비록 같은 견종이라고 해도 그 안에서 형태가 서로 상당히 차이를 보이는 경우가 많았다. 하지만 다윈 이후에는 견종의 시조들을 정해놓고 이들의 후손들만 순종이라고 결정하면서 많은 순종이 유전적인 질병을 가지게 되었다.

지금의 순종 개념이 탄생한 것은 19세기 중반이었다. 이 시기에 오면 기능에 의한 품종개량은 줄어들고 항상 일정한 형태가 나타나는 것을 중시하는 것으로 바뀌게 된다. 순종이 만들어지게 되는 기준은 4가지이다. 첫째는 그 종의 조상견이 존재 및 확립되어야 하며, 다른 품종의 견종과 분리되어 번식되어야 하며, 자체의 품종 내에서 인브리딩(Inbreeding)이 형성되어 항상 일정한 형태의 개가 나와야 하며, 마지막으로 '브리딩 타입'으로 결정된 형태와 가장 유사한 개체를 선별해야 한다.

이러한 순종이 만들어지기 위해서는 필수적으로 족보가 필요하게 되었으며, 순종을 등록시키는 조직들이 만들어지게 된다. 뿐만 아니라, 이러한 과정에서 새로운 품종이 많이 만들어지게 되었다. 그러므로 현재의 대부분의 개들은 사실은 지난 150년간의 품종개량으로 만들어지게 된 것이다.

최초의 브리드 클럽은 1800년대에 만들어지게 된 것도 바로 이런 이유이다. 이들은 특히 혈통을 중요시 여기며 항상 품종의 '이상적인' 모습과 가장 가까운 '표준'적인 모습을 갖춘 개를 선별하기 위해서 노력한다. 이러한 규정 때문에 결국 품종은 그 종이 만들어지게 된 조상견의 후손들과만 교배가 이루어지게 하므로 많은 유전적인 질병을 앓고 있는 순종들이 만들어지게 되는 것이다.

기능에 의해서 품종개량되어 왔을 때 특정한 기능을 향상시키기 위해서 몸의 형태에도 변화가 있었다. 예를 들어 같은 하운드 계열이지만, 시각 하운드에 속하는 그레이하운드는 몸매가 매우 날렵하고 달리기에 적합한 것에 반해, 바셋하운드는 코의 모양이 냄새를 맡기에 최적화되도록 변화했다. 특히 바셋하운드는 이러한 특징을 이용해서 작은 사슴이나 토끼 사냥에 이용되었다.

많은 오늘날의 반려동물은 각자가 필요한 기능에 의해서 만들어졌기

때문에 비록 이러한 기능이 필요 없어진 지금에도 품종마다 가지고 있는 습성을 잘 이해해야만 개의 행동학적인 문제의 근원을 이해할 수 있게 된다.

도그쇼의 등장

최초의 도그쇼는 1859년 영국의 뉴캐슬에서 진행되었으며, 당시에는 포인터와 세터밖에 없었다. 이후 1873년에 설립된 영국 켄넬 클럽(Kennel Club)이 도그쇼와 개의 견종을 표준화시켰다. 이 당시 견종의 표준을 정할 때, 단순히 기능적인 면만을 묘사하는 것이 아니라, 크기, 색, 몸의 형태, 움직임의 일정함까지 엄격하게 결정하였다. 즉 그전까지는 형태가 조금 달라도 기능을 위해서 개를 키웠지만 도그쇼가 등장한 이후에는 견종 표준과 형태가 거의 동일한 개를 추구하게 되었다.

견종의 구분

개들을 분류하는 여러 가지 방법이 있지만, 계통별로 분류한다면, 스피츠, 마스티프, 시각 하운드, 후각 하운드, 테리어, 건독, 목양견, 토이 브리드 정도로 나눠볼 수 있다. 참고로, 영국에서는 조렵견을 건독(Gun Dog)이라고 하고 미국에서는 스포츠독(Sporting Dog)이라고 부른다. 또한 우리가 목양견이라고 부르기는 하지만, 일반적으로 가축과 관련된 개는 가축보호견과 가축몰이견으로 나눠볼 수 있다.

유전학으로 확인된 개의 분화과정

전체 견종에 대한 현대의 체계적인 연구를 통해서 많은 개에 대한 계통도가 완성되었다.[32] 이러한 분류는 기존의 견종 분류와 큰 차이가 없지만, 견종의 역사 연구에 많은 도움이 될 뿐만 아니라 견종의 특징을 이해하는 데 큰 도움이 된다.

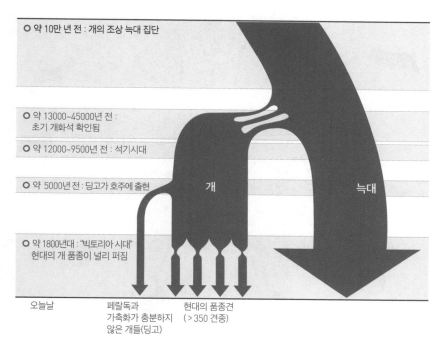

약 10만 년 전 : 개의 조상 늑대 집단

약 13000~45000년 전 :
초기 개화석 확인됨

약 12000~9500년 전 : 석기시대

약 5000년 전 : 딩고가 호주에 출현

개

늑대

약 1800년대 : "빅토리아 시대"
현대의 개 품종이 널리 퍼짐

오늘날

페랄독과
가축화가 충분하지
않은 개들(딩고)

현대의 품종견
(> 350 견종)

구분	견종
조렵견	포인터 : 저먼 숏헤어 포인터, 포인터, 와이어헤어드 포인팅 그리폰 세터 : 잉글리시 세터, 골든 세터, 아이리시 세터 리트리버 : 골든 리드리버, 라브라도 리트리버, 플랫 코티드 리트리버 스패니엘: 브리타니 스패니얼, 코커스패니얼, 잉글리시 스프링거 스패니얼
하운드	후각 하운드 : 바셋 하운드, 비글, 블러드하운드 시각 하운드 : 보르조이, 그레이하운드, 휘핏
사역견	아키타, 알라스칸 말라뮤트, 복서, 그레이트 데인, 마스티프, 뉴펀들랜드, 로트와일러, 시베리안 허스키
테리어	보더 테리어, 불테리어, 미니어쳐 슈나우져, 파슨 러셀 테리어, 스무드 폭스 테리어, 와이어 폭스테리어
토이 브리드	카발리에 킹 찰스 스패니얼, 치와와, 말티즈, 페키니즈, 포메라니안, 푸들, 퍼그, 시추, 요크셔테리어
목양견	오스트레일리안 셰퍼트, 벨기안 터부런, 보더 콜리, 콜리, 저먼 셰퍼드 독, 펨브로크 웰시 코기, 세트랜드 쉽독

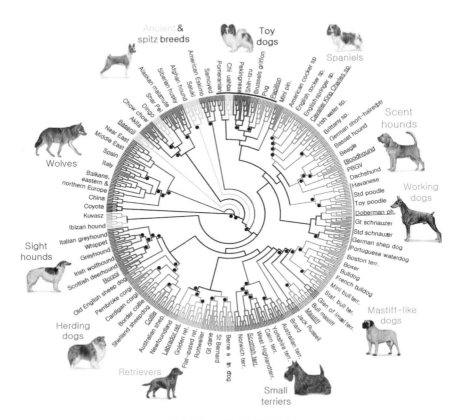

Ancient & spitz breeds

Toy dogs

Spaniels

Scent hounds

Wolves

Working dogs

Sight hounds

Mastiff-like dogs

Herding dogs

Retrievers

Small terriers

현재 견종에 대한 계통학적인 분류

5장

현대의 개의 거시적 분류

개들의 성격을 이해하기 위해서는 우선 개들이 어떤 종류가 있고 어떻게 진화되었는지 파악할 필요가 있다.

현대의 개는 늑대로부터 분화되었지만, 늑대와 개 사이에서 번식이 가능하기 때문에, 개를 늑대의 아종으로 분류해야 한다는 의견이 있으나, 개는 늑대와 생활환경이 상당히 다르다는 것이 오히려 현대의 동물행동학자들의 생각이다.

개를 분류하는 방법은 여러 가지가 있지만, 견종에 의한 분류는 지구상의 개들을 모두 포함시키지 못하기 때문에 보통은 다른 방식으로 분류할 수도 있다. 레이몬드 코핑거 교수는 다음의 5가지로 구분한다.[33]

마을 개

지구상의 개의 대부분은 사실상 주인이 없는 마을 개라고 할 수 있다. 마을 개는 간단히 요약하면, 사람이 사는 마을의 주변이나 마을 안에서 살아가는 개들을 말한다. 사람들은 이들의 삶에 깊이 개입하지 않으며, 스스로 인간의 음식물 쓰레기를 주로 먹고 살아간다. 이들의 번식 성공률은 매우 낮다고 알려져 있다. 레이몬드 코핑거 교수는 오직 마을 개만이 진짜 개라는 기사[34]를 발표한 적이 있다. 그는 기사에서 순종견들은 생물학적인 종의 정의를 만족시키지 못한다고 지적하는데 이는 사람의 도움 없이 스스로 생존할 수 없다는 것을 의미하는 것 같다. 이러한 관점은 지극히 생태학적인 관점이기는 하지만, 생물학자들이 모두 동의하는 관점은 아니다. 다만 그가 말하려고 하는 것은 흔히 길에 사는 개들을 사람이 버렸다고 생각하는데 그렇지 않다는 것이다.

● 생태

2018년 아프리카 리비아에서 독일의 맥스 프랑크 연구소의 연구원들에 의해 약 12000년전의 암각화(Rock Art)를 발견하였다. 이 암각화에서 많은 개의 그림이 발견되었는데 연구원들은 이 개들이 오늘날의 카나안 독을 닮았다고 생각했다. 상당히 많은 개가 그려져 있었고 모양이 일정했기 때문에 사람들 중 일부는 브리딩을 한 것으로 추정했다. 이러한 암각화를 살펴보면 사냥을 같이 하고 있다는 것을 알 수 있으며 이를 통해서 일찍부터 사냥을 하는데 개를 사용했음을 알 수 있다. 이 암각화의 그림이 약 12000년으로 설정된 이유는 인간이 길들인 다른

쓰레기 매립장에서 살고 있는 개

가축이 보이지 않았기 때문이다. 이때부터 이미 사람과 밀접한 관련을 맺고 있었다. 그렇다고 해서 모든 개가 주인이 있었다는 것은 아니라고 할 수 있다.

지역에 따라서 마을 개의 밀도는 큰 차이가 있다. 예를 들어, 1970년 대 초에 발표된 자료에 의하면 미국의 메릴랜드주 볼티모어에서는 약 4만 마리의 마을 개가 있으며, 1980년대 초에 발표된 자료에 의하면 이 탈리아에서는 마을 개가 약 80만 마리에 이르는 것으로 생각된다. 1989 년 1월 베네수엘라의 무쿠치스(Mucuchies)라는 마을에는 사람이 겨우 2 천명이지만, 개는 800마리나 되어 사람 2.5명당 한 마리의 개를 키우는 것으로 나타났다. 1994년 짐바브웨에는 인구가 619만명이지만, 개는 136만 마리로 사람 100명당 22마리의 마을 개가 있었다. 일반적으로 개발도상국의 경우 개는 100명당 8.1마리에서 35마리로 다양하다. 특히 멕시코의 쓰레기장은 먹을 것이 풍부하기 때문에 1평방 킬로미터에 개가 700마리나 살고 있다.

길에 살고 있는 전세계의 마을 개들은 형태가 매우 일정하기 때문에 학자들은 이러한 개가 버려진 개가 아니라 환경에 적응한 자연의 일부라고 생각한다.

마을 개의 생태는 잔지바르, 에티오피아, 남아프리카, 인도 및 이탈리아 등지에서 다양하게 연구되었다. 특히 탄자니아의 자치령인 잔지바르는 아프리카 동부 해안의 섬이다. 이 지역의 대부분의 사람들이 개를 불결한 동물로 간주하여 개들이 병에 걸려 있거나 입과 기도에 기생충이 살고 있다고 생각한다. 이러한 고정관념은 개의 기생충 약인 이버멕틴이 나오기 전에는 거의 사실이라고 할 수도 있다. 사람들은 개의 코가 젖어 있는 것이 감염된 것이며, 이러한 개를 만지는 것을 매우 불결하게 생각했다.

동부 아프리카에는 아직도 광견병이 만연한 편이다. 특히 개가 사람의 배설물이나 시체를 먹기 때문에 개를 피하며 시체를 매장할 때, 관을 돌로 덮는 것도 개가 시체를 파서 먹는 것을 방지하기 위해서이다. 줄루-나탈 지역에서는 땅에 돌이 많아서 깊이 매장할 수가 없기 때문에 이것은 때로는 심각한 문제이기도 하다. 일부 지역에서는 시체를 강에 떠내려 보내는 장례를 치르는데, 이 경우도 지역의 마을 개에 의해서 시체가 먹히기도 한다. 아프리카의 대부분 지역에서 개들은 광견병의 원인으로 간주한다.

에티오피아에서 무슬림 지역은 다가오는 외부인을 경계하지만, 기독교 지역에서는 개들이 외부인을 무시하는 경향이 있다. 이는 두 지역에서 개를 생각하는 문화가 다르다는 것을 보여준다.

● 형태학적 특징

아프리카의 섬의 하나인 잔지바르의 개들은 전세계 다른 지역의 마을 개와 거의 동일한 형태이다. 몸무게는 12~16kg 정도로 털색은 단색이거나 파이볼드 무늬를 하고 있으며, 털색 자체는 가능한 모든 형태가 나타난다. 형태가 조금씩 다른 것은 환경에 적응한 것도 하나의 이유이지만, 지역의 조상개 특징이 이어지고 있거나, 혹은 집에서 키우는 개의 유전자가 흘러들어가기도 한다. 종종 베네수엘라의 무쿠치스에서는 마을 개를 유럽의 개, 특히 피레니안 마운틴 독이나 세인트 버나드와 같은 종의 개와 번식시켜서 마을 개를 우수하게 만들기 위해서 노력한다.

이탈리아의 마을 개들은 종종 이탈리아의 마렘마 세퍼드 독과 매우 닮아있는 경우가 있으며 파타고니아에서는 그레이하운드를 닮은 마을 개도 있다고 알려져 있다. 남아프리카에서도 줄루족들은 종종 그레이

하운드를 마을 개의 번식에 참여시킨다.

뉴기니의 싱잉독(노래하는 개)은 오랜 기간 섬에 고립되어 마을 개로 살아오면서 여러 가지 독특한 형태학적인 특징을 가지게 되었다. 이후 뉴기니 섬에 유럽의 개들이 들어오면서 마을 개로의 싱잉독은 사라진 것으로 보인다. 지금의 뉴기니 싱잉독은 단지 14마리도 안 되는 집단의 후손들이다. 14마리가 적다고 생각할 수도 있지만, 우리나라에서 인기 있는 시츄는 3마리에서 간신히 유지시킨 견종이라는 것을 생각하면 앞으로 뉴기니 싱잉독을 유지하는 것이 불가능한 것은 아니다.

● 행동

① **먹이행동** : 마을 개들은 마을 주변의 쓰레기 더미, 그리고 화장실 주변에서 살아간다. 또한 시장, 항구(포구), 도축장과 같이 사람이 먹는 음식을 가공하는 곳 주변에서도 쉽게 볼 수 있다. 마을 개들은 대개는 가축을 죽이지 않는다. 사람들은 개에게 종종 먹을 것을 주기도 하지

만, 대부분의 경우 개들은 사람이 직접 주는 먹이가 없어도 살아갈 수 있다.

멕시코 시티의 음식물 쓰레기장에도 많은 개가 살고 있다. 이곳은 음식물이 많기 때문에 개들이 일정하게 유지되는 것은 먹이 부족 때문은 아닌 것으로 생각된다.

우리나라에서는 사실상 들개라고 불리는 개들의 숫자가 적은데 이는 겨울이 있어서 먹이가 부족하기 때문이라고 생각된다. 일본의 오래된 이야기에 의하면 마을 개로 살던 시바이누들이 겨울철에는 사람의 집에 들어와서 살았다고 한다. 만약 이 이야기가 사실이라면 초기 개들이 어떻게 인간과 관계를 맺었는지를 잘 보여주는 사례가 될 수도 있다.

② 번식 : 대부분의 마을 개는 자유롭게 번식하기 때문에 특별히 사람의 개입은 없다고 볼 수 있다. 암컷 개는 여러 마리의 수컷 개와 교미를 하는 경우가 많다. 대개 마을에서 무리를 짓고 있는 개들을 보면 발정기의 암컷과 이를 따라다니는 수컷들인 경우가 많다. 한 배의 새끼들은 서로 다른 수컷의 새끼일 수도 있다.

암컷은 새끼들을 사람이나 수컷의 도움 없이 키우지만 아주 드물게 수컷이 도와주는 경우가 있다. 일반적으로 마을 개들의 번식 성공률은 매우 낮은 것으로 알려져 있다. 많은 경우 개의 번식률이 높아지고 개체 수가 많아지면 종종 사람들에 의해서 도태된다. 하지만 일부 마을에서는 개를 키우지 않거나, 반려동물로 키우는 동물이 마을 개가 되지 않는다는 점에서 개의 번식 성공률이 낮다고는 해도, 상황에 따라서 개들 스스로 개체 수를 유지하는 것으로 보인다.

③ 위험 회피 : 야생개와 일반 개과 동물의 가장 큰 차이점은 개의

도주거리가 다른 개과 동물에 비해서 현저하게 짧다는 것이다. 개를 싫어하는 잔지바르 지역의 개들이 비록 사람과 떨어져서 지내기는 해도 종종 사람 주변으로 다가와서 먹을 것을 얻어먹기도 한다. 하지만 개를 만지거나, 손으로 대는 것은 어렵고 만약 시도할 경우 개는 으르렁 거리면서 위협을 가한다.

에티오피아의 개들은 마을마다 개들의 도주거리가 다르다고 알려져 있다. 아마도 마을 사람들이 개를 대하는 태도에 영향을 받는 것으로 생각된다.

개들의 숫자가 많아지면 개들은 사람에 의해서 죽음을 당하는 경우가 많다. 예를 들어 잔지바르의 펨바 섬에서는 개들의 숫자가 증가하면 군인들을 불러 개들의 개체수를 조절한다.

④ **진화** : 잔지바르섬의 사람들은 개에게 특별히 호의적이지도 그렇다고 특별히 악의적이지도 않다. 이러한 사람들의 태도는 중석기 시대

의 사람들의 태도와 비슷할 것이다. 그들의 삶의 모습을 통해 야생의 개과 동물이 개로 진화하는 것을 가늠해 볼 수 있다. 신석기 시대가 되면서 마을이 커지게 되고, 새로운 생태학적인 위치가 만들어 지면서 그곳에서 생존할 수 있도록 개과 동물이 스스로 진화를 하게 되었다. 이 종들은 성공적으로 사람의 주거지에 들어왔으며 빠르게 적응했다. 현재에도 이러한 생태계를 이루는 곳이 존재하고, 사람들이 이들 개에 대해서 특별히 강한 영향을 주지 않았기 때문에 개들이 스스로 적응하고 진화한 것으로 생각된다.

개들이 사람의 집 근처에서 살면서 먹을거리, 기후, 그리고 환경적인 영향으로 지금의 형태가 된 것으로 보인다. 대부분의 마을 개의 크기와 형태가 비슷한 것은 그들이 처한 환경이 유사하기 때문이다. 쥐와는 달리 개는 사람에게 큰 피해를 입히지도 않기 때문에 사람과 개의 관계는 개가 일방적인 이득을 얻는 편리 공생관계에서 시작되었다고 볼 수 있다.

일부는 개들은 음식물 쓰레기를 처리하는데 도움이 되고, 종종 식량이 될 수도 있으며, 외부의 침입과 같은 안 좋은 일이 다가오면 짖음으로 사람에게 알려줄 수 있지만, 많은 사회에서 이러한 것들이 큰 의미를 가지는 것은 아니다. 오히려 현대에서는 이러한 습성 때문에 개들을 귀찮은 존재로 여기는 사람들도 많다.

가축보호견

일반적으로 개들이 사람과 같이 살면서 가장 처음 사역동물로 쓰이게 된 것이 가축보호견이라고 생각된다.

그중 양치기 개는 2종류로 구분할 수 있다. 양치기 개는 양들이 생활하는 패턴에 거의 영향을 주지 않는 개들로 이들이 바로 가축보호견이라고 할 수 있다. 이외에도 양치기 개들 중에는 양몰이견(Herding Dog)이 있다. 이들은 양들의 움직임을 통제하고 원하는 곳으로 이동하도록 한다. 일반적으로 우리가 알고 있는 보더 콜리와 같은 개들은 모두 양들의 움직임을 통제하는 개들이다. 양들을 보호하는 개들의 가장 대표적인 견종은 각 지역의 마을 개와 더불어 아나톨리아 쉐퍼드(Anatolian Shepherd), 코몬도르(Komondor), 그레이트 피레니즈(Great Pyrenees), 쿠바츠(Kuvasz), 마렘마 쉽독(Maremma Sheepdog) 등이 있다.

● 생태학적 지위

가축보호견은 세상에서 가장 흔한 사역견이다. 미국을 제외하면 목축을 하는 사회에서 가축보호견이 없는 나라는 거의 없다. 미국은 가축보호견이 없지는 않지만, 매우 드물다. 가축보호견은 원래는 마을 개이며, 사람과 더불어 가축과 함께 사회화가 되어서 가축을 보호할 수 있는 개들로 진화된 것이다. 현대의 개념으로 본다면, 이 개들은 순종이나 견종이라고 불릴 수는 없다. 왜냐하면, 현대의 순종 개념은 조상이 되는 개들이 명확히 알려지고, 그 몇몇 개들 사이에서 태어난 개들만 순종이나 견종으로 인정하기 때문이다. 그러므로 이러한 세상에 살고 있는 대부분의 가축보호견들은 모두 토종개라고 분류된다. 하지만 일부 국가에서는 이들 중 전형적인 개들을 국가에서 관리하고 순종으로 등록시키기도 했다. 그렇다고 해서 이들 순종견이 토종개를 전부 대표한다고 볼 수는 없다.

가축을 보호하는 개에 대한 고고학적인 자료는 이미 기원전 4천 년 전 중국에서 개와 돼지가 같이 발견되었고, 개와 소와 양은 기원전 3200년 전 유적에서 발견된다.

그레이트 피네니즈도 가축보호견이다. (출처 : Don DeBold /flickr)

마렘마 쉽독과 양떼 (cc Federica Giusti on Unsplash)

● 형태학적인 특징

가축보호견은 형태학적으로 차이가 많이 난다. 유라시아 지역에서 목축업을 하는 경우 계절을 따라서 이동을 하게 되며, 이러한 혹독한 기후나 환경에서 살아남기 위해서는 25kg 정도의 큰 체격이 필요하다. 남아프리카 고원지역 레소토 왕국(Lesotho)의 가축보호견도 유라시아의 가축 보호견처럼 덩치가 크다. 하지만 미국의 남서부의 나바호족이 살고 있는 사막 주변이나, 건조지대에서 키우는 가축보호견(나바호독)을 비롯하여, 중앙아프리카의 양을 보호하는 개들이나, 마사이 캐틀독(Masai Cattle Dog)은 크기가 작아 12~16kg 정도로 진돗개(수컷은 18~24kg) 보다 작다. 신체의 크기는 특히 기후와 고도의 영향을 많이 받는다.

개들의 고유한 특징, 예를 들어 피모, 털색, 털색의 패턴 등이 선호되는 경우, 태어나는 강아지 중에서 이러한 특징이 없다면 도태시키는 경우가 많다. 예를 들어 마렘마 쉽독은 여러가지 털색이 나올 수 있지만 지역 사람들은 흰색 개만을 키운다.

● 행동

① **먹이 찾기** : 마을 개와 사실 별 다를 것이 없이 살아간다. 즉 일반적으로 마을에 살 때는 청소동물로 음식물 쓰레기와 화장실을 이용해서 살아가는 경우가 대부분이다. 그러나 계절에 따라서 유목생활을 하게 되면 사람들이 유목 생활 중에 양을 희생시켜 먹이로 할 경우, 많은 부산물을 얻을 수가 있다. 혹은 그 이외에도 가축이 분만 과정에서 사산된 개체, 음식물 남은 것, 죽은 가축의 시체, 우유, 요거트 혹은 치즈를 만드는 과정에서 남은 음식 등을 먹을 수가 있다.

일반 마을 개보다 양을 잘 보호한다고 생각되는 개들은 단지 가축들에 가까이 있다는 이유만으로도 죽은 사체 등의 먹이를 더 잘 얻을 수가 있다. 뿐만 아니라 사람들이 가축보호견을 일반 마을 개 보다는 소중하게 생각하기 때문에 유제품을 만드는 과정에서 나오는 남은 음식물을 개에게 준다. 이러한 음식은 일반적인 음식물 쓰레기나 화장실에서 나오는 것보다는 훨씬 더 영양적인 가치가 있다.

마렘마 쉽독은 사냥능력이 상실되어 있는 경우가 많으므로 직접 사냥해서 먹이를 구하는 경우는 드물다. 사산된 송아지는 일반적으로 10마리의 개들을 먹일 수가 있지만, 마렘마 쉽독은 시체를 잘라먹는 행동패턴이 사라진 경우가 많기 때문에 먹이기 전에 먹이를 모두 잘라줘야만 한다. 하지만 보더 콜리와 같이 양몰이를 하는 개들은 이러한 행동 패턴이 남아있기 때문에 시체를 잘라 먹는데 전혀 문제가 없다. 마렘마 쉽독은 사냥 본능이 거의 사라져서 공을 던져도 다시 물어오는 경우가 거의 없다.

② 번식 : 같은 가축보호견도 마을에서는 그저 마을 개에 불과하다. 가축보호견이 되면 마을 개보다는 잘 먹고 건강하기 때문에 번식에 유리하다. 일반적으로 사람들은 개들의 번식에 관여하지는 않고 다만 태어난 후에 원하지 않는 개들을 도태시키는 경우가 대부분이다. 서로 다른 무리의 양치기 개들이 새끼를 낳을 수도 있지만, 이탈리아에서는 종종 늑대와 가축보호견 사이에서도 새끼가 태어난다.

가축보호견을 키우는 사람들은 대개 한배의 새끼들 모두를 키우는 것이 아니라, 2마리 정도만 키우는 경우도 많으며, 가축보호견의 특징을 나타내지 않는 개들은 어릴 적에 도태시킨다. 다만 이러한 가축보호견의 특징이 반드시 가축보호견의 성격을 의미하는 것이 아니라, 단순히 그 지역의 관습일 수도 있다.

● 위험 회피

가축보호견들이 가축을 해치는
행동, 예를 들어 개들이 눈으로 노
려보면서 가축을 따라가거나 양들
을 향해 달려가는 행동, 혹은 물어
서 상처를 낼 경우에 대개는 도태
시킨다. 가축몰이견은 언제 어디서

도 불의의 사고로 죽을 수가 있다. 종종 가축보호견들은 늑대와 싸우
기도 하고 일부는 개가 늑대를 물어 죽이기도 한다. 인터넷에는 목에
핏자국이 있는 개를 양이 가까이 와서 얼굴을 맞대는 사진이 있다. 그
사진에는 자신들을 보호해 준 개를 위로하는 장면이라는 설명이 붙어
있다. 이는 양들이 개 사이에 사회화가 충분히 이루어져 있다는 것을
드러낸다.

● 진화

대개 가축보호견은 늑대가 양과 구분할 수 없게 양과 비슷한 털색을
가진 경우가 많다. 그리고 충분히 늑대를 위협할 수 있거나 방어할 수
있도록 덩치가 큰 대형견으로 진화되었다.

많은 마을 개 중에서 가축보호견이 되면 먹을 것은 물론이고 번식에
도 유리하기 때문에 마을 개들은 점차 가축보호견으로 진화가 될 수 있
었다. 가축보호견은 어려서 가축과 같이 지내야만 가축보호견이 될 수
있다. 같은 견종이라고 해도 가축과 접촉하지 않고 자란 개들은 가축
속에서 편안하게 지내지 못한다. 일반적으로 이러한 사회화는 생후 4
주에서 14주 사이에서 일어난다. 이 시기의 개들은 개-가축-사람과
사회회가 일어나며, 특히 가축보호견은 사람보다는 가축과 사회화가

일어나기 때문에 가축과 사람이 같이 있다가 서로 다른 길을 가는 경우 사람이 아니라 가축을 따라 이동한다.

썰매개

썰매개는 역사는 다른 개와 달리 약 150년 정도 밖에 되지 않는 개이고 코핑거 교수가 오랜 기간에 걸쳐서 연구를 한 주제이기도 하다. 일반적으로 썰매개를 따로 구분하는 경우가 거의 없으나, 코핑거 교수는 썰매개가 매우 특징적이라고 생각해서 이를 구분한다. 사실상 기능적으로 본다면 다른 개들과 상당히 다른 역사적 배경을 가지고 있으므로 구분하는 것이 의미가 있다고 판단된다. 잭 런던의 《야생의 부름》이라는 소설도 썰매개에 대한 이야기이다. 썰매개 자체는 그렇게 중요하지 않지만, 개가 어떻게 사람의 손에 의해 사역견이 되는가를 보여주는 좋은 사례라고 할 수 있다.

● 생태

여러 마리의 개가 썰매를 끄는 썰매개는 약 150년 정도의 역사를 가지고 있지만 알라스카의 오랜 전통이 아니다. 에스키모인들도 원래 개를 가지고 있었지만, 지금의 썰매개와는 직접적인 관련이 없다. 오히려 현재의 썰매개는 미국, 캐나다, 시베리아에서 19세기 말에 들여온 것이다. 이들을 들여온 목적은 여러 마리로 구성된 썰매를 이용해서 화물을 나르기 위한 것이었다. 당시에 프랑스의 모피사냥꾼들이 이러한 썰매개의 도입에 중요한 역할을 했기 때문에 초기 개썰매에는 프랑스어의 잔재가 남아있다.

사람들이 쉽게 잊는 데, 개가 썰매를 끄는 행위는 개의 입장에서는 보상이 없기 때문에 놀이에 가까운 것으로 생각된다. 또한 놀이이기 때문에 썰매를 끄는 동안 서로 싸움을 줄여주는 역할을 한다. 그러므로 썰매개는 개 썰매꾼의 명령을 단순히 따르는 것이 아니다.

● 형태학적 특징

썰매개의 경우 처음에는 다양한 개가 쓰였을 수도 있지만, 대체적으로 크기가 거의 일정한 개가 선택되었다. 20세기 초에는 썰매개의 속도가 분당 3마일 정도였지만, 20세기 말에는 분당 5마일 정도로 빠르게 달린다. 이렇게 속도가 빨라진 것에는 다른 무엇보다 썰매에 맞는 개를 잘 선발한 것이 가장 중요했다.

썰매개는 크고 힘이 좋으면 빨리 달릴 수가 있다. 대개 이런 개들은 체중대비 표면적이 작아 운동으로 인한 열을 발산시키는 것이 어렵기 때문에 단거리는 빨리 달릴 수가 있지만 장거리에는 적합하지 않다. 일반적으로 20kg이 약간 넘지만 27kg은 넘지 않는다. 그러므로 알라스칸 말라뮤트와 같이 큰 개는 의외로 장거리 개 썰매 경주로는 적합하지 않다.

두 번째로 달리는 방법이다. 썰매개의 발이 모두 공중에 떠 있게 되면 썰매에 의해서 다칠 수가 있다. 이 때문에 흔히 가장 빠르게 달리는 방식인 갤롭이라고 하는 방식으로는 달리는 개들이 썰매를 끌 수가 없다.

갤롭 방식으로 달리는 가장 대표적인 개는 그레이 하운드이다. 보통의 썰매개는 흔히 장거리는 트로트(Trot) 방식으로 달리고, 20~30마일 정도는 로프(Lope)방식으로 달릴 수 있는 개를 이용한다. 일반적으로 개의 걸음걸이에 익숙하지 않은 사람은 로프와 갤롭을 구분하지 못하지만, 로프 방식은 항상 최소한 4발 중 한발은 땅을 디디고 있으므로 안정적으로 썰매를 끌 수 있다. 썰매경주에서 이기기 위해서는 썰매를 끄는 개들의 보폭이나 움직임이 같아야 한다. 그러므로 이디타로드 경주에서 챔피언이 된 개 썰매 팀을 보면 대개는 순종이 아닌 잡종견들이며, 크기와 형태가 거의 일정하다는 것을 알 수 있다. 즉 이디타로드의 우승자들은 뛰어난 운동선수이기도 하지만, 뛰어난 브리더들이다.

● 행동

① **먹이** : 썰매개는 먹이를 완전히 사람에게 의지한다. 개 썰매 경주 중에는 약 하루에 1만 칼로리를 소모하게 되는데 개의 위장은 작기 때문에 이를 위해서는 효과적으로 음식을 마련해야 한다. 음식을 체온과 같게 따뜻하게 해서 주어야 하며, 칼로리가 높아야 하므로 지방이나 오일이 많아야 한다. 뿐만 아니라 소화를 빠르게 해야 하고 달리는 동작이 장의 연동운동을 증가시키기 때문에 가능하면 소화가 잘되도록 음식을 갈아주어야 한다.

　② 번식 : 썰매개는 일반 가정견과는 달리 번식도 철저하게 사람에
의해서 결정된다. 초기의 썰매개는 미국, 캐나다, 시베리아에서 들어
온 개들로 큰 반려동물, 사냥개를 비롯한 사역견들이었다. 이들을 이
용해서 썰매를 끌도록 했으며 만약 제대로 끌지 못하는 개들은 모두 죽
임을 당했다. 캐나다와 미국의 골드러시 기간에는 겨울이 시작되면 썰
매를 끄는 개를 배를 통해서 수입했고, 겨울이 끝나고 봄이 되면 대부
분 개를 죽였다.

　하지만 이들 중 살아남아 있는 개들을 이용해서 새로운 잡종견들이
만들어지고 썰매를 끌기 적합한 개체들만 살아남았다. 현재에는 이
과정에서 일부가 순종으로 만들어졌으며 가장 대표적인 것이 시베리
안 허스키이다.

● 위험회피

썰매개가 썰매를 끌기 위해서는 다른 개들과 협력하는 것이 가장 중요하다. 다른 개에게 공격성을 보이는 개는 썰매개로 적합하지 않았다. 그 외 달리는 과정에 배변을 하거나, 발에 땀이 많이 나서 눈이 달라붙는 경우 달리는 과정에서 발에 상처가 나기 때문에 이러한 개들은 제외되었다. 최근에 개썰매 경주에서 신발을 신기는 경우도 있는데 이는 발을 보호하기 위해서이다.

● 진화

썰매개의 특징은 순종이라기 보다는 잡종이라는 것이다. 이것은 우리가 식용으로 사용하는 돼지가 순종들 사이에서 태어나는 잡종이라는 것과도 일맥상통하는 것으로, 순종보다 잡종이 훨씬 더 좋은 특징을 많이 가지고 태어날 가능성이 높으나(흔히 육종학에서는 잡종 강세라고 함), 일부 개체들은 개 썰매에 적합하지 않은 특징을 나타낼 수도 있다. 만약 그럴 경우에는 도태시키거나, 최근에는 중성화를 시키는 것으로 알려졌다.

뿐만 아니라 이 개들이 썰매를 끄는 것에 대해서 큰 보상이 없기 때문에 개들 자체가 썰매를 끄는 것을 좋아한다고 밖에는 설명할 수 없으며, 이들은 주인과 매우 밀접한 관계를 맺는다.

가축 몰이견과 조렵견

● 생태

개가 사역견으로 활용된 진화과정에서 가축보호견으로 활용되기도 했지만, 전쟁터에서는 경비견으로 활용되었고, 일부는 사냥을 도와주는 사냥개로 활용되기도 했다. 사냥은 사람과의 협력이 매우 중요하기 때문에 사람의 행동을 파악하는 능력이 탁월하다. 이들 개들의 후예들이 가축몰이견과 조렵견이 되었다.

가축몰이견은 가축을 한 장소에서 다른 장소로 이동시키는 능력을 가진 개들이다. 이들 개들은 가축에게 두려움을 일으켜서 서로 한 곳에 모이게 하거나, 도망가는 습성을 이용해서 가축을 원하는 장소로 몰아간다. 가축몰이견은 다양한 형태로 가축을 몰아갈 수 있다. 가축몰이견은 가축을 몰아서 우리에 넣을 수 있는 개와, 뒤에 따라가면서 가축을 몰아가는 개로 나눌 수가 있다. 그 외 코핑거 교수는 주인이 가축을 쉽게 다룰 수 있도록 큰 가축을 따라가서 위협하여 움직이지 못하게 하는 캐치독(Catch Dog)도 가축몰이견(Herding Dog)에 포함시켰다.

보더 콜리 같은 일부 견종은 주인과 아주 밀접하게 의사소통을 하는 경우가 있고, 일부는 스스로 움직여서 가축을 몰기도 한다. 가축을 몰 때 짖어서 가축을 몰기도 하지만, 보더 콜리는 짖지 않고 대신 앞에서 포식행동의 초기 단계인 응시-조용히 다가가기(Eye-Stalk) 행동으로 가축을 몰아간다. 가축몰이견은 물어잡기(Grab-Bite)는 허용되지만 물어죽이기(Kill Bite)는 허용되지 않는다.

포인터와 같은 개들은 사냥감을 발견하면 응시-조용히 응시하기(Eye-Stalk)의 행동 패턴을 보이고 주인이 오기 전까지 공격하지 않는다. 하지만 폭스 하운드나, 쿤하운드와 같은 개들은 사냥감을 추적할 때 짖으며, 물어잡기와 물어죽이기 모두 허용된다.

● 형태

일부 소를 모는 개들은 독특한 형태를 띤다. 예를 들어 웰시코기 같은 경우, 다리가 매우 짧은데, 이는 소가 발로 찰 때 머리 위로 발굽이

지나가도록 하기 위한 것이다. 양을 발로 차는 동작을 하지 않기 때문에 양치기 개들은 다리가 짧지 않다.

하지만 썰매견과는 달리 양치기들은 개의 형태에는 그다지 큰 관심을 보이지 않는다. 오히려 개들이 지구력이 약하거나, 혹은 더운 날 개가 말을 잘 듣지 않는 것과 같은 것이 더 중요한 문제이다. 일반적으로 추운 곳의 물에서 사냥감을 회수하는 개들은 덩치가 크다. 이는 덩치가 클수록 체온을 유지하기 쉽기 때문이다. 뿐만 아니라, 양을 몰아야 하는 개들은 일반적으로 덩치가 작지 않다. 개의 형태에 대한 연구가 많이 되어 있지는 않지만, 경험적으로 양들은 흰색 보더콜리보다 검은색 보더콜리로부터 더 멀리 떨어지고자 한다.

● 행동

① **먹이 찾기** : 가축몰이견이나 조렵견들은 주인이 먹을 것을 준다.

양치기의 크리스마스(에드웨드 던컨, 1804-1882)

이들이 하는 일이 매우 힘들기 때문에 개를 키우는 사람들은 너무 심한 일을 하거나, 혹은 건강상태가 나빠서 일을 하지 않는 것을 매우 두려워하기 때문에 개들이 최상의 컨디션을 유지하도록 세심한 배려를 한다.

썰매개와는 달리 이들 개들은 자유롭게 돌아다닐 수도 있다. 하지만 특이한 것은 이러한 행동이 먹이를 찾기 위한 것이 아니며, 이들 개들은 스스로 먹이 사냥을 하지 않는다.

② **번식** : 가축몰이견이나 조렵견들은 모두 선천적으로 특정한 행동 패턴을 가지고 있으며 이것을 근거로 번식을 하게 된다. 이러한 개들의 견종은 최근 들어 나타난 현상이며, 그 이전에는 대개 잡종화를 통해서 우수한 개들을 선발했다. 현대에서는 이러한 개들이 그다지 필요하지 않게 되면서 오히려 형태학적인 적합성 보다는 혈통을 중요하게 생각하게 되었다. 그러므로 모든 보더콜리는 1893년에 태어난 개체 하나로 부터 시작되었고, 모든 골든 리트리버도 2마리의 형제로부터 시작되었다. 일반적으로 가축몰이견과 조렵견의 행동 패턴이 매우 독특하기 때문에 잡종번식(크로스브리딩)할 경우 이러한 특징을 잃어버리는 경우가 많아서 철저하게 혈통관리를 한다.

● 위험 회피

이러한 견종의 경우 사람이 거의 모든 번식을 통제하기 때문에 번식에서의 위험성은 적절한 행동을 하지 못하는 개들을 도태시킨다는 것이다. 이러한 것은 언뜻 보면 잔인하게 보일 수가 있지만, 사람과 개의 종간의 관계로 본다면 타당한 것이며 지금까지 서로 공생관계를 유지한다고 볼 수 있다.

만약 도태를 원하지 않는다면 중성화를 시켜야 하며, 이는 사회가 중성화된 개체를 키워주지 않는다면 사역견으로서는 지속가능한 방법이라고 보기 어렵다.

● 진화

대부분의 사역견이 이미 로마시대에 있었지만, 현대의 견종은 빅토리아 시기 이후에 견종으로 확립된 것이 대부분이다. 가축 보호견은 마을 개에서 성격이 순하고 사회화가 잘된 개체이면 가능하지만, 가축몰이견은 주인과의 공감이 상당히 많이 이루어져야 하기 때문에 의도적으로 개체가 선발되어 유지되어 온 경우가 많다. 몇몇 견종은 현대 개념의 순종은 아니지만, 견종이 분명히 존재하는 상태로 유지되어 왔다.

가정견

가정견은 집에서 키워지는 개들을 말하지만 보통 사역견을 제외하고 애완 및 반려동물로 키워지는 개들을 말한다.

● 생태

가정견은 사실상 우리나라 대부분의 개들이다. 하지만 전세계적으로 본다면 가정견은 오히려 소수에 불과하다. 현재 전세계적으로 약 2억5천만 마리 정도로 추산한다.

● 형태

가정견의 형태는 너무나 다양해서 아주 작은 치와와에서부터 매우 커다란 마스티프 종까지 존재한다. 가정견의 종류는 자연계에 존재하는 그 어떤 종보다도 더 다양한 패턴을 보인다. 이렇게 다양한 패턴이 나타나게 된 것은 빅토리아 시대 이후에 순종이라는 개념이 나타나면

서부터다. 그 이후로 많은 개들이 사역견에서 가정견으로 들어오면
서 사역견 자체의 모습을 잃어버리고 지나치게 기형적으로 변한 예들
도 많다. 이러한 문제는 2008년 BBC의 다큐멘터리 'Pedigree Dogs
Exposed'에서 잘 보여주고 있다. 이 프로그램이 나온 이후, 개의 번
식과 관련된 많은 학자들의 연구 결과가 발표되었다. 이로 인하여
"개 번식의 복지 문제에 대한 위원회(Advisory Council on the Welfare
Issues of Dog Breeding)"라는 단체가 결성되어 동물복지 관련하여 견
종의 지나친 형태 변화에 대해 경고를 하고 있다.

● 행동
① **먹이 찾기** : 사료가 개발된 이후에 가정견들은 주로 사료를 먹이
거나, 가정식을 먹인다. 개들도 더 이상 음식물 쓰레기를 찾아다니지
않는다. 이렇게 되면서 개들은 더 이상 먹이 찾기 행동을 하지 않아도
되게 되었다. 개 사료의 대부분은 도축장에서 부산물이나, 사람이 먹
지 않는 부위를 이용해서 만든다. 부산물이라 해도 원래는 사람이 먹
던 부위로 산업화하면서 쉽게 상하거나, 관리의 문제로 사용하지 않
는 부위가 대부분이다. 이런 부산물의 일부는 현재도 우리나라 사람들
이 식당에서 먹는 것들이다. 그렇기 때문에 예전의 개와는 달리, 현대
의 개들은 인간이 먹을 수 있는 것을 먹기 때문에 사실상 인간과 개는
경쟁관계에 있다고 주장하는 학자들이 있다. 하지만 개들이 먹는 것
이 어차피 현대에 와서 사람이 먹지 않는 부위라고 한다면 이것이 경쟁
관계라고 보기는 어렵다. 여러 가지 측면에서 개가 사람에게 여러모로
도움이 된다는 점을 고려할 필요가 있다.
몸무게 대비 사람은 체중 1kg당 하루에 41kcal가 필요하지만, 개는
80.2kcal가 필요하다. 그러므로 체중 대비 개는 사람보다 2배의 많은

다양한 견종의 모습

칼로리를 소비한다고 볼 수 있다. 대략 미국 내에 7,200만 마리의 가정견이 있다. 이는 숫자로는 뉴욕, 시카고, 로스앤젤러스 및 댈러스의 인구를 모두 합친 숫자이다. 미국의 개들은 중형견이므로 상당한 양의 육류를 소비한다고 할 수 있다.

현대의 가정견의 또 다른 문제는 개들은 모두 달리는 것에 능숙하고 많은 공간을 필요로 하지만, 대개 아파트와 같은 좁은 공간에 살게 되면서 비만을 비롯한 많은 문제가 발생하기도 한다.

② 번식 : 개의 번식에는 사람이 많이 개입하기는 하지만 가정견이라해도 반드시 사람이 개입하는 것만은 아니다. 여기서 주의할 것은 예전에는 많은 개가 여러 가지 이유로 도태되었지만, 현재는 그렇지 않으며 수의학의 발달로 점차 오래 살 수 있게 되어 번식도 늘어났다는 점이다. 이로 인한 가장 큰 문제는 개들의 숫자가 급격히 증가할 수 있어 잉여로 태어난 개들이 많아지고 있다는 것이다. 이러한 문제는 결국 유기견의 문제로 이어진다.

개의 개체수를 조절하기 위해서는 중성화가 가장 바람직하지만,

2,000년에 발표된 연구[35] 결과에
의하면 미국인들 중 개를 키우
는 사람의 56%는 개가 한 번이
나 두 번의 새끼를 낳는 것은 허
용하고 싶거나, 아예 인위적으
로 조절하지 않을 생각이라고 답
변했다.

　개체수 조절 이외에도 순종들은 유
전병이 나타나기 쉽다. 전문 번식자들
은 순종에서 나타나는 많은 문제점에 대한 깊은 이해를 하고 있기 때
문에 암컷과 수컷에 대해서 충분한 검토 후에 번식을 한다. 하지만 일
반인들이 키우는 가정견은 이러한 지식이 부족하기 때문에 유전병을
가지고 태어날 위험이 높고, 대개는 잡종을 만들어낼 가능성이 높다.
일반적으로 유기견 중에 잡종이 많다는 것을 고려하면 가정번식이 유
기견을 증가시키거나, 최소한 동물복지를 악화시킬 가능성은 있다. 또
한 많은 사람들은 믹스견이 튼튼하다는 생각을 하고 있다(잡종강세). 이
것은 자연적으로 교배했을 경우에 그런 개체가 나타난다는 의미임은
맞지만, 신중한 번식자의 경우에는 이러한 위험을 피해서 선택적으로
번식시키기 때문에 반드시 잡종강세가 성립한다고 보기 어렵다. 그러
므로 유전적인 질병에 대한 예측이 어렵기 때문에 2가지 순종을 교배
하면 디자이너 독은 더 이상 번식시키지 않는 것이 일반적이다. 하지
만 순종을 신중하게 번식한다고 해도, 장기적으로 이러한 행동은 유전
자를 매우 단순화시킨다. 이렇게 서로 유사한 유전자만 가지는 개체들
만 증가할 때 그 견종이 장기적으로 어떤 문제를 일으킬 지는 아직 충
분히 연구되지 않았지만 바람직하지는 않을 것이다.

● 위험 회피

가정견의 가장 큰 위협은 유기견이 되어 안락사당하는 것이라고 할 수 있다. 유기견보호소에서는 매년 보호소에 들어온 유기견의 약 1/4을 안락사시킨다. 이외에도 많은 문제로 인하여 개들이 유기견보호소에 들어오며 여전히 상당한 숫자의 개들이 자연사 하게 된다. 이는 많은 개들이 병원비 등을 이유로 버려졌을 가능성이 있다.

외국에서 유기견보호소에 사육 포기를 하는 사람들은 상당수가 행동학적인 문제를 가지고 있다고 주장한다. 만약 개들이 행동학적인 문제가 없다면 재입양될 가능성이 더 높다고 알려져 있다.

일부 개들은 가정견으로 적합하지 않은 경우도 있다. 예를 들어 견종 특성상 가축몰이견의 행동패턴을 보이는데, 조깅하는 사람들을 따라가서 위협하거나 혹은 자동차를 따라가기도 한다. 이러한 개들은 사람과의 생활에서 위험에 빠질 가능성이 높다. 이 외에도 다른 개들에 공격성을 보이거나, 음식물 쓰레기통을 뒤지거나, 혹은 집 밖에서 자유롭게 멀리 돌아다니면서 문제를 일으킬 수도 있다.

그러한 문제가 없다고 해도, 가정견들은 주인이 직장을 가지고 있을 경우 분리불안이 나타나고 신경증상이 발생하기도 한다. 만약에 개의 주인이 동물행동에 대한 지식이 부족하면 이러한 행동학적 문제가 해결되기보다는 오히려 더 심각해지면서 개의 삶의 질이 낮아지고 버려질 가능성도 높다.

개가 공격성을 보이는 경우 사람들도 위험에 빠질 수가 있다. 우리나라는 다행히 소형견 위주이기 때문에 개에 물리는 사고가 적지만 미국은 이러한 사고가 매우 빈번하다. 미국의 행동교정사들이 가장 흔하게 요청받는 것이 개의 공격성에 대한 치료이다.

우리나라에서 가장 흔한 문제는 개에 대한 공격성보다는 오히려 개

짖음이다. 개의 짖음은 생산성을 낮추고 많은 사람들이 개의 짖는 소리에 심적 고통을 당했다고 응답했다.

● 진화

가정견이 유기견이 돼서 안락사당하는 비율이 높다고 하지만, 일반 마을개나, 위에 언급한 다른 개들에 비해서는 생존율이 매우 높은 편이라고 할 수 있다.

우리나라에서는 일반적으로 아파트 공간에 적합한 작은 개들이 선호되고 있으나 이로 인하여 슬개골 탈구를 가진 개체들이 급속도로 증가하고 있다. 슬개골 탈구는 유전적인 영향을 받으므로 앞으로 슬개골 탈구를 가진 개체는 번식에서 제외될 가능성이 높다.

많은 사람들은 개들이 순했으면 하지만 훈련이 잘되는 종인가에 관해서는 관심을 기울이지 않는다. 또한 사람들은 어린 강아지 시기에 입양하기를 원한다. 현재의 법은 2개월이 지나야 입양이 가능하지만, 이 시기의 개들은 아직 성격이 형성되기 이전이라서 성견이 된 이후의 특징이 잘 나타나 있지 않다. 그러므로 일부 전문번식자들은 3개월 이후에 입양시키는 것을 선호한다. 개들의 성격은 단순히 멘델의 유전법칙으로 이해될 수준이 아니다. 이와 관련된 많은 연구가 있지만, 아직 어린 개체가 성견이 된 이후에 어떠한 성격을 가질 것인가에 대한 과학적으로 신뢰할 수 있는 테스트는 없다.

6장

현대의 개의 분류

1798년 베드포드(Bedford)의 공작이었던 프란시스 러셀은 소(Cow) 전시회라는 새로운 아이디어를 떠올렸다. 당시에 살이 찐 암소를 전시하는 것은 일반인들에게는 상상하기 힘들 정도의 큰 호기심을 자극했다. 1843년 빅토리아 여왕의 남편이었던 앨버트 공도 전시자로서 참여했다. 이 전시회(혹은 품평회)는 영국에서 엄청난 인기를 끌게 되었다. 이 전시회에서 인기가 높은 점수를 받은 소의 고기는 지방이 너무 많아서 오히려 맛이 없었지만, 비싼 값에 구입하는 귀족 부인들이 있었기 때문에 문제가 되지는 않았다. 하지만, 소를 키우는 것은 큰 비용이 들기 때문에 귀족들 아니면 사실상 이러한 전시회에 참여가 불가능했다.

　소의 전시회(혹은 품평회)가 성공하자 다른 동물로 확대되기 시작했으며, 1800년대 중반에 이르러서는 많은 사람들이 개를 키우고 싶어 했다. 영국에서조차도 이 시기가 되기 이전에는 개는 일반인들이 거의 키우지 않았고 귀족들이나 키우는 동물로 인식되었다. 일반적인 개가 오늘날의 애견문화로 변화되는 순간은 바로 1800년대 말의 순종견에 대한 인기 때문이었다. 당시 영국의 왕과 왕비, 백작과 백작부인을 비롯한 귀족들은 전시회에서 어떤 개가 순종이고 어떤 개가 우승자인가를 평가하는 역할을 맡았다. 상위계급의 사람들이 초기 브리더 클럽을 형성하고, 이들이 견종의 표준을 마련하기 시작했다. 오늘날 이들을

"Breeder Parent Club"이라고 부른다. 사실 이들은 이제 명성이 떨어진 귀족들로, 이러한 것을 통해서 인기를 되찾고 싶어 했다.

　미국에서의 도그 쇼는 뉴욕에서 시작했고 1800년대 말이면 전국적으로 퍼지게 된다. 유명한 서커스 단장이었던 바넘(P.T.Barnum)은 1860년대에 내셔널 도그 쇼(Great National Dog Show, NDS)를 개최했으며 이 도그쇼는 오늘날의 웨스트민스터 도그쇼의 모델이 되었다. 당시 도그쇼는 매우 인기 있는 전시회로, 쇼에서 우승한 순종견은 약 1,000~5,000 달러에 판매되었다. 포드 자동체 모델 T의 당시 가격은 825달러였는데 이보다 높은 가격으로 판매되었던 것을 알 수 있다.

　점차 전시회에 일반인들이 참가하게 되자, 초기 브리더 클럽에 참여한 귀족들은 분노했으나, 일반인들은 자신들이 개를 키워서 귀족과 같이 전시회에 나갈 수 있다는 것에 매력을 느꼈다. 이 과정에서 개의 품종견에 대한 관점이 기능이 아니라 모양으로 정해지고 순종견의 관리가 더욱 엄격해졌다. 이 시기에 오늘날 볼 수 있는 견종의 대략 2/3가 만들어졌다. 1874년 《Kennel Club Stud Book》 초판이 출판되면서 견

종에 대한 개념이 바뀌기 시작했다.[36] 1800년대 초에는 개들이 겨우 20가지 정도의 견종으로 구분되었으나, 1800년대 말에는 60가지 이상의 견종이 도그 쇼에 등장했다.

이 시기는 반려동물 관련하여 매우 혼란스러웠던 시기다. 한쪽에서는 헨리 버그가 ASPCA라는 동물 학대방지 단체를 만들었고, 이 운동과 반대로, P.T. 바넘은 오늘날까지 그의 이미지를 대표하는 서커스, 특히 코끼리와 같은 다양한 동물을 이용한 전시회와 서커스를 순회 공연했으며, 한쪽에서는 다양한 도그쇼가 열렸다.

애견협회

● 애견협회(Kennel Club)의 탄생

현재 우리나라에는 한국애견연맹(Korea Kennel Federation. KKF)과 한국애견협회(Korea Kennel Club. KKC)가 가장 대표적인 애견협회이다. 특히 한국애견연맹은 우리나라에서 최초로 생긴 애견협회로 1956년 출발한 한국축견협회의 후신이다. 1969년 이 단체 회원은 1,000여명으로 늘어나 지금의 국내 애견문화의 초석을 마련하였다고 해도 과언이 아니다. 당시만 하더라도 우리나라는 소형견 푸들, 대형견 세퍼트 위주의 단순한 견종 구조였다. 공식적인 수입보다는 주한외국인에 의해서 퍼져나갔다.

● 해외 주요 애견협회(Kennel Club)

세계적으로 각종 다양한 애견가 모임이 있다. 분류하자면 다양한 견종의 품종 기준을 세우고 이들 품종을 체계화하는 켄넬클럽(Kennel Club)이 있다.[37]

우선 일반적으로 접하는 모든 견종은 해외 주요 애견가들의 모임을 통해서 분류가 된다. 물론 이들 켄넬클럽은 순종(Purebred Dog)이라는 개념으로 접근하는 방식이며, 믹스견은 포함하지 않고 있다. 전 세계의 견종을 분류하는 기준과 방법은 다양하지만 주로 아래 3대 단체가 가장 권위가 있다.

- 세계애견연맹(Federation Cynologique International. FCI)
- 영국켄넬클럽(The Kennel Club. KC)
- 미국켄넬클럽(American Kennel Club. AKC)

이들 단체는 전 세계의 견종을 조사하고 순수 혈통의 개들 관리를 통해 순수 혈종의 보존이 목적이다. 그러나 각 단체의 기준은 다소 차이가 있으며, 견종 수 역시 차이를 보인다.

① 세계애견연맹(Federation Cynologique International. FCI)[38]
FCI의 견종 분류 방식은 다음과 같다.

- 1 그룹 : 쉽독과 캐틀독(스위스 캐틀독 제외)
- 2 그룹 : 핀셔 슈나우져 몰로시안 타입과 스위스 캐틀독
- 3 그룹 : 테리어 견종
- 4 그룹 : 닥스훈드 견종
- 5 그룹 : 스피츠와 프리미티브 타입
- 6 그룹 : 세인트하운드와 관련 견종
- 7 그룹 : 포인팅 견종
- 8 그룹 : 리트리버 블러싱독 워터독 견종
- 9 그룹 : 컴패니언 토이독
- 10 그룹 : 사이트 하운드 견종

FCI는 한 국가에서 단 하나의 기관만을 인정하는 규정을 두고 있으며, 국내에서는 1989년 6월 13일 한국애견연맹(KKC)이 가맹국으로 승인

되었다.

FCI에는 350여 종의 견종이 속해 있는데, 2005년 7월에는 한국애견연맹(KKC)이 진돗개의 견종 표준을 FCI 국제 공인견에 등록한 바 있다.

② 영국켄넬클럽(The Kennel Club, KC)[39]

KC는 영국의 공식 켄넬클럽이다. 1873년 출범된 세계에서 가장 오래된 켄넬클럽이기도 하다. KC의 주요 역할은 혈통 등록 및 관리를 비롯하여 우수한 혈통을 발굴하고 새로운 품종을 개발 연구하는 단체인데 특히 영국 황실의 적극적인 지원을 받고 있다는 점이 특징이다.

최근에는 우리나라에서도 여러 도그쇼(Dog Show)를 접하게 되는데, 이러한 도그쇼를 처음 연 것 역시 영국 귀족들이었다. 1859년에 영국 뉴캐슬에서 60여 마리의 포인터(사냥개)를 한자리에 모아 품종을 겨뤘다. 이것이 훗날 세계 최대의 크러프츠 쇼(Crafts Dog Show)[40]가 되었다.

특히 이 단체는 까다롭기로 유명한데 FCI가 350여 종의 견종을 등록하고 있는데 반하여 KC에서 명견의 혈통으로 인정받은 종류는 196종에 불과하다. 2005년에는 삼성 이건희 회장의 노력으로 한국의 진돗개가 KC의 명견 리스트에 오른 바 있다.

KC(UK) 견종 분류 방식은 다음과 같다.

- 1 그룹 : 하운드 그룹(Hound Group)
- 2 그룹 : 건독 그룹(Gundog Group)
- 3 그룹 : 테리어 그룹(Terrier Group)
- 4 그룹 : 유틸러티 그룹(Utility Group)
- 5 그룹 : 워킹 그룹(Working Group)
- 6 그룹 : 패스토랄 그룹(Pastoral Group)
- 7 그룹 : 토이 그룹(Toy Group)

③ 미국켄넬클럽(American Kennel Club, AKC)[41]

AKC는 1884년 출범한 단체이며 최초 설립 당시 그레이하운드 협회 (National Greyhound Association)를 기반으로 염두에 두고 개를 생산하기 위해 사육을 장려하는 최초의 조직이었다. 타 단체와 달리 견종별 외형과 기능적인 부분에 비중을 두었는데 초기에는 견종 분류의 비중은 달리는 속도가 우선이었다.

AKC는 2018년 기준 180여 견종(Breed)을 특징과 목적에 따라 7개 그룹으로 분류하고 있다.

- 1 그룹 : 스포팅(Sporting)
- 2 그룹 : 하운드(Hound)
- 3 그룹 : 워킹(Working)
- 4 그룹 : 테리어(Terrier)
- 5 그룹 : 토이(Toy)
- 6 그룹 : 논스포팅(Non-Sporting)
- 7 그룹 : 허딩(Herding)

• 8 그룹 : 기타 클래스(Miscellaneous Class)는 아직 명확하게 확정되
지 않은 견종

이 단체는 영국의 크러프트 쇼와 함께 세계 2대 도그쇼로 불리는 웨
스트민스터 쇼(Westminster Kennel Club Dog Show)[42]를 1877년 이래로
매년 겨울 뉴욕 매디슨 스퀘어 가든에서 연다.

한국애견연맹은 이 기준을 따르고 있으며, 국내 도그쇼는 각 그룹
별 토너먼트를 거친 우승자들이 최종 우승자를 가리는 방식으로 진
행하고 있다.

참고로 영국 KC에서는 건독(Gun Dog)이라고 불리는 개는 AKC에서
는 스포팅 독이라고 불리고 우리나라에서는 조렵견이라고 한다.

● 주요 컨넬클럽에 등록하지 않은 견종

새로운 견종이 만들어지면 이 견종의 일부는 AKC나 KC, FCI에 등
록이 되는 경우가 많다. 이러한 견종 표준에 들어간다는 의미는 몇몇
개들을 선발해서 조상견으로 관리하고 족보를 통해서 거의 동일한 개
들을 번식시키고 사역견의 능력보다는 미적인 관점으로 챔피언을 결정
한다는 것을 의미하기 때문에 사역견 견종 모임의 일부는 AKC와 같은
조직에 참여하지 않는다.

가장 대표적인 견종이 보더 콜리이다. 보더 콜리는 현재 AKC에 등
록되어 있기는 하지만, 명확한 사역견이지 단순히 반려의 목적으로
키워지는 개가 아니다. 이 때문에 AKC와는 달리 독립성을 유지하면
서 보더 콜리 켄넬 클럽을 유지하고 있는 조직들이 있다(IDSD, ABCA,
CBCA). 이들은 AKC와 대립적인 관계에 있을 뿐만 아니라 법정소송까
지 진행하고 있다.

잭 러셀테리어도 마찬가지다. AKC는 잭 러셀 테리어 켄넬 클럽과는

갈등 문제 때문에 현재는 파슨 러셀 테리어만 독립 견종으로 인정하고 있다.

한국의 마을개(한국개)

토종개가 우리 한반도에 정착한 시기나 기원에 대해 알려진 것은 거의 없다. 구석기 시대 말기 또는 초기, 신석기 근간에 반도로 유입된 북방 유목민들과 함께 이 땅에 정착했을 것으로 추정될 뿐이다. 하지만 이미 이 땅에 살고 있던 원주민들과 새로 유입된 유민들이 시간이 지나면서 자연스럽게 융화되어 하나의 유전자 풀을 형성하여 단일 민족이 되었듯이 여러 번에 걸쳐 파도처럼 유입되어 들어온 개들도 시간이 지나면서 하나의 유전자 풀을 형성하게 되고 한반도 토종개로서 자리를 잡게 되었을 것이다.

토종개들은 인위적으로 특정한 형질을 위해서 따로 번식시키지 않았기 때문에 자연적으로 형성된 것이며, 우리나라의 기후와 먹이를 바탕으로 우리나라의 생태에 최적화되어 있다고 볼 수 있다. 우리나라 토종개는 대부분 외국의 전형적인 마을 개와 닮아있다. 다만 삽살개만이 그 형태가 독특한 면이 있는데, 삽살개가 티베트의 마스티프와 생김새가 유사한 부분이 있으므로 오래전에 군견 혹은 불가에서 들여온개가 민가로 넘어가서 삽살개가 된

티벳탄 테리어 (출처 : 위키백과)

것으로 추정한다. 특히 신라의 지배층은 유목민족의 일부였으며, 중국을 거쳐서 한반도로 들어왔을 가능성이 있어서 이러한 주장이 설득력이 있다. 뿐만 아니라 현재 티벳탄 테리어는 삽살개와 형태마저도 유사하다는 점에서 흥미롭다고 할 수 있다.

이 외에도 기록된 확실한 근거는 없지만 지역대대로 내려오는 전설이나 소문으로 특정 지역의 명견에 대한 전설적인 이야기들이 남아 있다.

이렇게 수천 년 동안 큰 변화 없이 내려오던 우리 토종개들의 모양과 유전자 구성이 크게 바뀐 것은 일제강점기와 해방 후 서양 문물의 급격한 도입기 동안이었다. 우리 토종개들을 수탈해 갈 하나의 자원으로 보고 대규모 도살을 감행한 조선총독부의 정책으로 인해 대부분의 중, 대형 개들이 거의 멸종에 이르게 되었다. 해방 후 수입되어 들어왔거나 서양인들에 의해 도입된 외국 견종들과의 교잡은 사태를 더욱 혼란스럽게 만들어 버렸다. 사실 현재 우리가 알고 있는 토종견의 모습은 60여 년 전 식민지 정책을 추진하던 일본 사람들에 의해 왜곡된 모습이라 볼 수 있다.

당시 대부분의 토종견은 모피 자원 수탈이라는 정책으로 도살되어 갔지만 유독 1938년 조선총독부에 의해 천연기념물로 지정된 진돗개와 1942년 지정된 풍산개만 살아남아 보호받았다. 이후에는 한국을 대표하는 고유 견처럼 인정받게 되었다.

맹견 분류 및 관련 법안

현재 법으로 지정된 맹견이란 "사람의 생명이나 신체에 위해를 가할 우려가 있는 개"로서 농림수산식품부령이 정하는 개를 말한다. 최근 입법화된 맹견 이전에 우리가 말하는 맹견이란 사실 투견을 목적으로 사육된 대형견을 말한다.

미국을 제외한 유럽의 12개국 외 호주, 캐나다, 푸에르토리코, 싱가폴 등의 나라에서는 맹견 핏불테리어 견종을 사육하기 위해서는 별도의 허가증을 받아야 사육이 가능한 위험한 견종이다.

예를 들어 영국은 1991년 허가 없이는 핏불테리어, 도고아르헨티노와 같은 사나운 견종을 기르지 못하도록 법안을 제정했다. 사육 허가를 받으려면 개 보험에 가입하고 개의 중성화는 물론 개에 특정 문신을 새겨 그려넣고 증명서 칩을 부착해야 한다.

우리나라의 동물보호법은 1991년 제정되어 2007년 1월 법률 제8282호로 전면 개정된 후 2010년 5월 일부 개정되었다. 하지만 맹견에 대한 분류 및 안전조치에 관한 법은 있으나 미비한 실정이다.

동물보호법에서 규정하는 맹견은 다음과 같다(동물보호법 제12조제2항련).

- 도사견과 그 잡종의 개
- 아메리칸 핏불테리어와 그 잡종의 개
- 아메리칸 스태퍼드셔 테리어와 그 잡종의 개
- 스태퍼드셔 불 테리어와 그 잡종의 개
- 로트와일러와 그 잡종의 개

맹견 외출시 입마개 착용을 하지 않을 경우 10만원 이하의 과태료가 부과된다.

참고로, 위의 5견종의 개 중에서 아메리칸 핏불테리어, 아메리칸 스탯퍼드셔 테리어, 스탯퍼드셔 불 테리어는 모두 핏불이라고 불린다. 이러한 개는 비전문가라면 키우기를 권장하지 않는다.

7장

개들의 행동패턴(Motor Pattern)

행동패턴은 한 가지 행동이 시작되면 다음 동작이 자동으로 이어지는 패턴을 의미한다. 가장 대표적인 것이 거위가 알을 굴리는 행동이다. 개의 행동에서도 행동패턴이 보이며 가장 대표적인 것이 바로 개들의 사냥 행동패턴이다.

　이러한 행동패턴은 상황에 대해서 매우 효과적으로 반응하는 방법이고, 여러 가지 행동 중에서 생존에 필요한 행동을 반사적으로 일어나는 것이다. 사람이 착각하는 것은 이것이 매우 고도의 지적인 능력이라고 생각하지만, 실제로는 그것이 아니라 반사적인 행동이며, 주로 감정을 처리하는 연변계에서 일어나기 때문에 지능과는 큰 관련은 없다. 동물의 고정행동패턴을 보면 몇 가지 간단한 원리만 있어도 감정과 간단한 두뇌 능력으로 복잡한 행동이 가능하다는 것이다.

　개의 가장 대표적인 고정행동패턴은 사냥과 관련된 해동이다.

　인간의 뇌는 3층으로 구분되며, 가장 중요한 1차 감정은 대부분 2번째 층인 연변계에서 처리된다. 그러므로 감정은 매우 빠르게 반응한다는 것을 알 수 있다. 이러한 감정은 몇 가지 행동패턴으로 연결되어 있다. 가장 잘 알려진 행동패턴은 바로 사냥과 관련된 것이라고 할 수 있다.

　강아지가 보는 앞에서 공을 던지면 대개 공이 있는 곳으로 가서 공을 물고 온다. 이러한 본능적인 동작을 행동패턴이라고 부를 수가 있다. 개들의 행동패턴이 여러 가지이지만 일반적으로는 포식행동과 관련된 것이 가장 잘 알려져 있다.

개들의 사냥 관련 행동패턴

● 사냥 관련 행동패턴의 종류

사냥감을 발견하면 대개는[43] 사냥감 탐색 → 응시 → 소리 없이 다가가기 →뒤쫓기 → 앞발로 찌르기 → 물어잡기(Grab-Bite) → 물어죽이기(Kill-Bite) → 해체 → 먹음 순으로 행동이 진행된다. 이것은 본능적인 동작이며, 앞선 동작이 성공하면 다음 동작이 자동으로 이어지게 한다. 그러나 모든 개들이 동일한 행동패턴이 모두 나타나는 것이 아니라, 사람이 필요성에 따라 이 행동패턴의 구성요소 일부를 더 발달시키거나 없애는 방향으로 분화시켰다.

(출처 : https://commons.wikimedia.org/wiki/File:BC_eye.jpg)

① 오리엔트, 혹은 탐색

이것은 개가 주변을 탐색하고 다니는 것을 말한다. 일반적으로 포인터와 같은 개들은 주인을 위해서 사냥감을 찾아다니는데 이러한 동작을 의미한다.

② 응시(Eye)

양을 몰아가는 개들은 2가지 방법으로 양을 몰 수 있다. 하나는 잘못된 방향으로 가는 양들의 앞으로 가서 노려봄으로써 양들이 방향을 바꿔서 원하는 방향으로 갈 수 있도록 하는 보더 콜리와 같은 방식이 있고, 다른 방법은 뒤에서 짖어가면서 양을 몰아가는 방법이 있다. 이 중에서 보더 콜리는 양을 앞에서부터 응시해서 다른 방향으로 몰아가는 개이다.

③ 은밀히 따라가기, 스토크(Stalk)

사냥에서는 응시 이후에 조용히 사냥감에 접근하는 것이 필요하다. 이것을 영어로는 "Stalk"라고 한다. 일반적으로 사진상으로는 응시만으로 이루어진 사진을 찾기는 어렵고 대개 응시와 동시에 은밀히 따라가기가 시작된다. 개 중에서 은밀히 따라갈 때 고개를 약간 숙이는 경우가 있는데, 이는 개의 망막의 구조가 사람과 다르기 때문인데, 개의 망막에는 시각세포가 더 밀집된 시각 띠(visual streak)가 있으며 이곳이 가장 선명하게 물체를 볼 수 있기 때문에 이곳에 화상을 정렬시키기 위한 것으로 생각된다.

④ **뒤쫓기**(Chase)

뒤쫓기는 개가 먹잇감을 달려가면서 추적하는 것을 말한다. 일반적으로 전속력으로 달리는 과정이다.

⑤ **물어잡기**(Grab-Bite)

물어잡기(Grab-Bite)는 먹잇감을 잡기 위해서 무는 행동을 말한다. 엉덩이를 물 수도 있다. 이러한 행동으로는 먹잇감을 죽이기가 매우 어렵기 때문에 먹잇감을 죽이기 위해서는 물어죽이기(Kill-Bite)로 연결되어야 한다. 대개 물어죽이기(Kill-Bite)는 목 부위를 무는 것이 일반적이다. 일반적으로 고양이과 동물은 목을 문 다음 숨을 쉬지 못하게 해서 죽이지만, 개들은 그런 방식으로 사냥하지는 않는다.

개들은 물어잡기(Grab-Bite)가 매우 발달되어 있는 경우가 많다. 그러므로 이를 이용한 장난감이나 운동이 많다. 예를 들어 프리스비 같은 놀이와 경기는 뒤쫓기(Chase)와 물어잡기(Grab-Bite) 행동 패턴을 응용한 게임이라고 할 수 있다.

⑥ **물어죽이기**(Kill-Bite)

사냥감을 죽이기 위해서 무는 동작을 말한다. 대부분의 반려동물은 물어죽이기(Kill-Bite) 행동을 거의 하지 않는다. 하지만 토종개들은 종종 야생의 동물을 잡아먹기 때문에 물어죽이기(Kill-Bite)로 이어지는 행동을 한다. 보통 머리 흔들기(Head-Shake)도 물어죽이기에 포함시키기도 한다.

⑦ **해체**(Dissect)

목을 문 후에 사체를 해체하는 행동을 말한다. 이러한 행동이 끝나면, 사체를 먹는 행동으로 이어진다.

● 사냥관련 운동 패턴

앞서 말한 행동패턴은 고대 견종이나 마을 개에게서는 나타날 수 있지만, 모든 개들이 자연스럽게 나타나는 것이 아니라 일부는 거의 나타나지 않는다. 이를 정리하면 아래의 표와 같다.

견종	사냥감 탐색 (Orient)	응시 (Eye)	소리 없이 다가감 (Stalk)	뒤쫓기 (Chase)	물어잡기 (Grab-Bite)	물어죽이기 (Kill-Bite)
야생형	+ →	+ →	+ →	+ →	+ →	+
가축보호견	-	-	-	-	-	-
가축 몰이견	+ →	+ →	+ →	+	-	-
하운드	+ →		+ →	+ →	+ →	0
포인터	+ →	+	-	-	+	0
리트리버	+ →	0	0	0	+	-

※ - : 행동이 보이면 도그쇼에서 탈락함. 0 : 행동을 거의 하지 않거나, 전혀 없음. + : 정상적인 개체에서 매우 자연스럽게 나타남. → 다음 동작으로 이어짐. 위의 그림은 How dogs works 90쪽의 표를 한글화시키고 읽기 편하게 수정한 것이다.

대부분의 동물들이 사냥을 하기 위해서는 사냥감을 탐색 → 응시 →

소리 없이 다가감 → 추적 → 물기 → 물어죽임 → 해체의 과정을 거치게 된다. 하지만 사람이 먹이를 주면서 이러한 행동이 필요 없어지고 특히 몇몇 견종들은 이러한 목적으로 인공적인 선택이 된 것이기 때문에 다른 종에서 볼 수 없는 특징을 보여준다.

사냥 동작은 물 흐르듯이 흘러야만 계속 진행이 되며, 만약 중간에 방해가 된다면 이 과정이 끊기는 경우가 많다. 예를 들어 늑대가 양을 공격할 때, 양을 보호하는 개인 마렘마 쉽독은 용감하고 공격적이어서 양을 보호할 수 있는 것이 아니라, 짖거나 늑대의 행동을 방해하기 때문에 늑대의 포식행동의 행동 패턴 고리를 끊으면서 양을 보호할 수 있는 것이다.

● 개들의 사냥 행동 패턴의 견종별 특징

① 마렘마 쉽독

마렘마 쉽독은 공을 던져도 달려가서 물어오지 않는다.[44] 이는 마렘마 쉽독의 행동 패턴 중 추적이나 물어죽임 사이의 상당 부분이 일어나지 않기 때문이다. 이는 마렘마 쉽독을 선별할 때, 양을 잡아 죽이는 본능(행동패턴)을 최대한 억제한 결과라고 할 수 있다.

② 보더 콜리

보더 콜리는 양을 몰 때 앞에서부터 몰아가는데 이는 보더 콜리의 응시(Eye)와 소리 없이 다가가기, 그리고 뒤쫓기(Chase) 능력을 활용한 것이다. 특히 보더 콜리의 특징적인 응시(Eye) 동작은 양치기 개중에서도 매우 유명하다. 보더 콜리를 비롯한 다른 가축몰이견도 대개 은밀히 다가가기와 쫓아 달리기 본능을 이용해서 가축을 몰아간다. 그러나 이런 개들은 당연히 물어잡기와 물어죽이기 동작은 하지 않는다.

③ 리트리버

리트리버는 총에 맞은 새를 회수하기 위한 개이다. 총으로 사냥하는 데 방해가 될 수 있는 개의 사냥 충동이 거의 제거되고 탐색(Search), 뒤쫓기(Chase), 물어잡기(Grab-Bite)만 남은 상태라고 볼 수 있다. 사냥감을 물기만 하고 죽이지는 않기 때문에 사냥감을 손상시키지는 않는다.

물어죽이기(Kill-Bite)가 없기 때문에 리트리버는 공격성이 매우 낮고 사람과 같이 생활하면서 문제를 거의 일으키지 않는다.

리트리버의 또 한 가지 특징은 얼음물에서 오리를 회수하기 위해서는 고통을 참아야 하는데, 다른 견종에 비하여 고통을 느끼는 정도가 상대적으로 약한 것으로 알려져 있다.

④ 포인터

포인터는 사냥감을 추적하는 것이 아니라, 사냥감을 탐색한 후에 움직이지 않고 포인트 동작을 한다. 만약에 주인이 총으로 사냥감을 맞추면 물어잡기(Grab-Bite)를 이용해서 회수를 하는 능력은 보유하고 있다.

왼쪽은 포인터가 사냥감을 발견했을 때의 전형적인 동작이며, 오른쪽 개는 세터의 동작이다.

⑤ 마약탐지견/구조견

마약 탐지견이나 구조견들은 몇 시간 동안 수색을 하고, 마약이나 사람을 찾아내기 위해서는 탐색본능이 매우 강해야 한다. 탐색능력이 부족하다면 결코 구조견으로 성공할 수 없다.

⑥ 하운드

뒤쫓기(추적)는 하운드 계통의 개들에게서 잘 볼 수 있다. 예를 들어 그레이하운드가 경주가 가능한 것은 매우 강한 뒤쫓기(혹은 추적) 행동패턴을 가지고 있기 때문이다.

⑦ 웰시 코기

연구자에 따라서는 물어잡기 전에 물기(Bite)를 추가하기도 한다. 바로 웰시코기는 물기 본능을 일부 가지고 있다. 웰시 코기는 소를 몰 때 발뒤꿈치 쪽을 물어 소가 특정방향으로 진행하도록 한다.

⑧ 비글, 블러드 하운드

후각 하운드는 특히 추적 본능이 매우 강하기 때문에 냄새로 사냥감을 찾아내고, 사냥감을 수색하고, 찾아내는 것에 전념한다.

⑨ 테리어들

쥐를 잡거나 여우 사냥에 필요한 테리어들은 항상 쥐가 나타나는 것이 아니기 때문에 탐색은 약하지만, 대신 추적 및 물어잡기(Grab-Bite) 행동은 매우 강렬한 편이다. 테리어를 이용해서 쥐를 잡는 장면[45]을 보면 퇴비장으로 보이는 곳에서 쇠스랑으로 흙을 퍼낼 때 숨어있는 쥐가 나와서 도망가면 빠르게 테리어들이 쫓아가서 쥐를 잡는 것을 볼 수 있다. 쥐가 많다면 고양이보다 개를 이용해서 쥐를 잡는 것이 효율적이다. 개는 쥐를 먹지 않고 여러 마리가 계속 쥐를 잡기 때문이다. 특히 개들은 이것을 놀이로도 생각하므로 먹기 위해서 잡는 고양이보다 편리하다.

⑩ 스태포드셔 불 테리어, 아메리칸 핏불 테리어

스태포드셔 불 테리어나, 아메리칸 핏불 테리어 등은 모두 불 베이팅을 위해서 브리딩시킨 견종에서 유래되었다. 불 베이팅을 하는 개들은 주로 황소를 특히 코 부위를 물어 결국 황소를 죽이기 때문에, 물어잡기가 매우 강한 편이다. 이런 견종은 수색이나 추적능력은 필요가 없기 때문에 이러한 능력은 매우 약해져 있다.

● 개의 사냥 본능에 대한 간단한 테스트

개가 어느 정도의 사냥 본능을 가지고 있는가를 알아두는 것은 중요할 수 있다. 이를 알아보기 위해서 가장 좋아하는 장난감을 개에게서 멀리 떨어진 곳에 던져본다. 이때 반응으로 개의 사냥 본능을 알 수 있다. 만약 개가 장난감을 무시하면 사냥 본능이 전혀 없는 것이다. 사냥감을 따라가지만 물지 않는다면, 추적 본능을 가지고 있지만 잡기(Grab) 및 물어죽이기(Kill-Bite) 본능은 매우 약하다고 할 수 있다. 만약 장난감을 따라가서 물거나 움직여서 주인에게 다시 가져오려고 하면 물어잡기(Grab-Bite) 정도의 사냥 본능은 가지고 있다고 볼 수 있다. 하지만 만약 고양이가 사냥을 하듯 움추렸다가 장난감에 달려들고 장난감을 물고 흔들거나 씹는다면 매우 강한 사냥 본능을 가지고 있는 것이다. 이러한 개는 진정한 사냥본능을 가지고 있다고 할 수 있다.

이러한 본능이 있다고 해서 문제가 되는 것은 아니다. 다만 사냥 본능이 강한 개들은 충분히 훈련하고 플라이볼이나 프리스비(원반)와 같은 놀이를 하면서 이러한 본능을 해소하는 것이 중요하다.

외국의 많은 개들에게 콩 장난감(Kong) 혹은 프리스비를 비롯한 다양한 놀이감이 발달한 것은 바로 이러한 사냥 본능이 강한 개들이 있기 때문이다. 특히 가축몰이견인 보더 콜리는 매우 활동량이 많기 때문에 프리스비와 같은 놀이를 매우 좋아한다.

기타 대표적인 개들의 행동패턴

● 빨기 반사(Suckling 반사)

개들은 태어나자 마자 바로 젖을 먹기 위해서 어미를 찾아 움직이게 되고, 젖꼭지를 물면 바로 젖을 빨아서 체액을 보충한다.

갓 태어난 강아지의 입에 손가락을 넣어보면 손가락을 꽉 물고 빨기 시작한다는 것을 알 수 있다.

이러한 반응은 본능이라고 할 수 있지만, 항상 이러한 빨기 반사가 나타나는 것은 아니다. 사실 오히려 이러한 반응은 생각보다 매우 빠르게 사라질 수 있다. 갓 태어난 강아지가 어미의 젖을 몇 시간 빨지 못하면 그 뒤로는 젖을 빠는 빨기 반사 행동패턴(Suckling Motor Pattern)이 사라진다. 그러한 개는 결국 어미의 젖을 빨지 못하게 되고 죽는 경우가 많다. 예를 들어 태어나서 밤새 어미와 벽 사이에 끼어 있던 강아지 새끼는 비록 체온이 유지되어 낑낑거림(Distress call 혹은 Lost Call)이 없어 어미 개가 문제가 생겼다는 것을 알지 못한다. 다음날 사람이 이 강아지를 발견하고 어미 개에게 젖을 물리려고 해도, 이미 강아지는 빨기 반사 행동이 사라졌을 가능성이 높다. 대개 이런 경우에는 사람들이 분유를 넣고 2~3시간마다 먹여야 한다. 이것은 보기에는 낭만적일 수도 있지만,

매우 힘든 과정이다.

빨기 반사는 배워서 하는 것이 아니라 태어나자마자 바로 할 수 있는 것이기 때문에 분명히 본능이라고 할 수 있다. 하지만 본능이 발현되기 위해서는 본능을 유도하는 자연스러운 이유가 있는 경우가 많다. 예를 들어 강아지는 태어나면서 체액이 부족하므로 이를 보충하기 위해서 젖을 먹어야만 정상적으로 신진대사가 진행될 수 있다. 그러므로 빨기 반사는 생명과 직결된 문제이다.

새끼 양들은 양을 돌보는 개들인 목축견의 암컷의 젖을 빨기도 하지만, 이러한 행동은 예외적인 것으로 많은 동물들은 자기 새끼가 아니면 죽여 버리는 경우도 많다.

● 분만 자리 만들기

분만 상자라는 것이 있기는 하지만 분만 상자의 필요성에 대해서 생각할 필요가 있다. 일단 개들은 야생에서 분만 자리를 만든다. 하지만

언뜻보면 이러한 자리는 굴과 같다면 그나마 안전하지만 그러한 공간이 없다면, 매우 어설프게 만들어지는 경우도 종종 있다. 개가 분만 자리를 만드는 것은 본능이기 때문에 이러한 행동을 억제할 경우 문제가 발생하기도 한다.

예를 들어 현재 많은 곳에서 분만 상자라는 것을 판매한다. 이러한 분만 상자 자체는 공간만 확보하는 것이기 때문에 문제가 아니지만, 개가 스스로 분만 상자를 꾸밀 수 있도록 최소한의 도움만 제공해야 한다는 주장도 있다. 일부 개를 키우는 사람들은 분만 상자에 모든 것을 미리 갖춰놓고 무엇보다 위생적으로 만들어 놓는다. 이러한 것이 분만 자리를 만들려고 하는 어미의 본능을 발휘할 기회를 박탈하는 경우, 일부 개들은 문제행동을 하기도 한다.

뿐만 아니라, 분만 자리가 위생적이어야만 한다는 사람들은 종종 전통적인 방식으로 개를 분만시키는 것을 매우 비위생적이며, 좋지 않다고 생각하는 경향이 있다. 하지만 그렇지 않을 가능성이 오히려 더 높다. 즉, 위생적으로 모든 것을 준비한 분만 상자 보다는 스스로 만들어낸 분만 자리가 오히려 개들에게 더 안전하다는 느낌을 주게 된다. 한 때 일부 수의사들은 개들의 분만 자리를 매우 깨끗하게 하려고 했다. 그 결과 매우 깨끗하지만 딱딱한 바닥, 밝은 조명, 그리고 주변의 시끄러운 소음, 거기에 더해서 출산을 돕기 위해서 사람들이 있는 경우, 그런 환경에서 출산한 개들은 새끼의 탯줄을 자르기 보다는 오히려 새끼를 물어버리는 경우가 있다. 왜 이러한 일이 발생하는가에 대해서는 정확하게 알 수 없으나, 개의 행동패턴은 대개 앞의 행동이 뒤의 행동을 유발하는데, 분만 자리를 만드는 행동이 없었기 때문에 개가 불안해져서 정상적인 출산을 하지 못하는 것일 수도 있다. 그러므로 출산이 임박하다면 사람이 분만 자리(혹은 분만상자)를 만들어주더라도 개가 최소한의 노력으로 스스로 선택할 수 있도록 미리 만들어 충분한 적응 시간을 주어야 하고, 사람의 간섭을 최대한 줄이는 것이 좋다. 특히 분만자리에는 자기의 냄새가 배어있는 타월이나, 천을 깔아두거나 근처에 두는 것이 좋다.

● 어미찾기 울음(Lost Call), 물어오기(Retrieve)

강아지가 태어난 이후에 어미와 떨어지게 되면 특징적인 어미찾기 울음(Lost Call) 소리를 낸다. 이 소리는 매우 복잡한 발성을 통해서 나오기 때문에 개로서는 상당히 많은 에너지를 소모하는 것이다.

강아지가 이런 소리를 내는 시기에는 눈도 뜨지 못하고 귀도 막혀 있다. 그런데도 이러한 소리를 내는 것은 이것이 생명과 직결되어 있기 때문이다. 강아지가 어미찾기 울음을 하는 이유는 온도 때문이다. 강아지를 차가운 금속 테이블 올려 놓으면 어미찾기 울음을 하지만 따뜻한 적외선 히터를 틀어주면 어미찾기 울음을 멈춘다는 것으로 확인할 수 있다. 강아지는 체온을 유지할 수 있는 능력이 부족하기 때문에 어미와 붙어있거나, 최소한 새끼들끼리 모여 있어야 한다. 즉 개가 어미와 떨어지고 체온이 떨어지면 어미찾기 울음소리를 낸다.

이러한 소리를 들으면 어미 개는 바로 물어오기 행동을 한다. 이 동작은 소리가 나는 곳의 강아지를 찾고, 그 강아지에게 가서 목 부위를 물고 분만 자리에 가져다 놓는다. 강아지의 어미찾기 울음소리는 다른 동물에게도 쉽게 파악될 수 있기 때문에 매우 위험할 수 있어 어미는 빨리 강아지를 분만 자리로 데려와야 한다.

모견의 이러한 행동은 단순히 소리에 대한 반응이다. 강아지 대신 어미찾기 울음소리를 내는 녹음기를 켜 놓아도 모견은 그 소리를 듣고 문을 열고 녹음기를 찾아내고 녹음기를 물고 분만 자리로 돌아온다.

물어오기 행동도 쉽게 사라진다. 대략 10일에서 14일 사이에 이러한 행동패턴이 사라진다. 그러므로 이러한 행동이 분만 후 일정 기간만 발현되는 행동패턴이라고 볼 수 있다.

강아지는 어미가 목을 물 때, 움직이지 않으며 이것도 행동패턴이라고 할 수 있다.

● 순응(Accommodation)

동물들은 태어난 이후, 혹은 발생 과정에서 조차도 환경에 적응한다. 이러한 과정을 순응(Accommodation)이라고 한다.

앞의 사진은 매추라기의 배아에서 부리로 자랄 부분을 떼어내서 오리의 같은 부위에 이식했다. 놀랍게도 이식되지 않은 다른 부위가 새로 이식된 부위와 잘 적응해서 새로운 형태의 부리가 만들어졌다.

퍼그 강아지는 코 부위가 눌려 있다. 이는 몇 가지 간단한 유전자에 의해서 일어났을 것이다. 하지만 그 과정에서 턱뼈를 비롯한 다양한 조직이 이에 맞춰서 성장하게 된다.

이러한 성장은 출산 후에도 일어나게 된다. 가장 대표적인 것이 사회화 시기이다. 1981년 노벨상을 수상한 데이비드 허블과 토스텐 위젤은 동물이 태어난 이후 시각 환경이 박탈되면 종 특이적인 뇌의 발달에 문제가 생긴다는 것을 발견했다. 시각이 박탈될 경우에는 시각처리를 하는 뇌 부분이 정상적으로 발달하지 못했다. 만약 새끼 강아지가 태어난 이후, 한 쪽 눈을 가리고 1년 후에 가린 눈을 풀어준다면, 아마도 1년간 가려졌던 눈은 제대로 발육하지 못했을 것이다(허블과 위젤의 실험에 의하면 3개월간 시각을 박탈한 고양이는 평생 정상적인 눈을 사용할 수 없었다). 개는 분명히 정상적으로 성장할 수 있는 DNA를 갖추고 있지만, 외부의 시각 자극이 없다면 그 눈이 정상적으로 성장하지 못한다는 것이다.

허블과 위젤은 새끼 고양이에게 오직 수직선이나 수평선만 볼 수 있도록 했다. 고양이는 수직선만 볼 수 있던 상황에서 이에 잘 적응해 뇌가 발달하게 되었다. 3개월 후에 정상적인 환경에 놓여진 고양이는 테이블의 끝 부분과 같은 수평선을 감지하는 데 어려움을 느꼈다. [46 47 48]

예전에는 서비스 독의 훈련시에 많은 개들이 탈락하게 되는데, 일부 개들은 계단을 올라가는 것을 꺼린다거나, 길가의 도로 경계석에서 발을 헛딛거나, 도로변 배수관 뚜껑에서 혼란을 일으킨다. 일부 동물행동가들은 이것이 켄넬 환경이 너무 열악하기 때문에 시각발달이 제대로 이루어지지 않은 것이 아닌가 생각하고 있다(사실 서구권의 켄넬은 매우 열악한 환경인 경우가 많았다).

개들이 사회화에 중요한 시기가 있듯이 감각의 발달에도 중요한 시기가 존재하고 있으며, 또한 행동발달에도 중요한 시기가 존재한다.

사람에게도 이러한 현상이 발생할 수 있다. 가장 대표적인 사례가 챠우세스쿠 집권 당시 루마니아 고아원의 사례이다. 이들 고아원 운영

방침이 지금 보면 열악하고 비인간적이지만 당시에는 첨단 과학을 적용한 것으로 간주되었다. 그것은 바로 스키너의 행동주의 철학을 그대로 이어 받은 것이다. 즉 우는 아이를 바로 안아주면 잘못된 행동에 대한 보상이 되기 때문에 받아들이지 않았고 바람직한 행동을 했을 때만 안아주었다. 결국 이들은 지금의 기준으로 매우 비정상적인 사람들로 성장하게 되었다.

뇌의 특정 부위가 과잉으로 발달한다는 것이 반드시 좋은 것만은 아니다. 1940년대에 도날드 헵(Donald Hebb)이라는 심리학자가 실험실이 아니라, 자기 집안에서 쥐를 키웠는데, 후에 테스트해본 결과 집에서 키운 쥐가 실험실 케이지 안에서 키운 쥐보다 문제를 더 잘 풀어낸다는 것을 발견했다. 그보다 20년이 지난 후 마크 로젠바이크(Mark Rosenzweig)에 의해 환경이 풍부한 곳에서 키웠을 경우에 두뇌에 새로운 신경세포가 자라며, 쥐 특히 성장한 쥐의 대뇌 피질의 두께가 8% 가량이나 증가한다는 사실을 발견했다, 그 뒤로 빌 그리너프(Bill Greenough)에 의해서 이러한 사실이 한 번 더 증명되었다. 빌 그리너프 교수에 따르면 환경이 풍부한 상태로 키운 쥐는 뇌 일부분의 수상돌기가 더 발달한다. 이 결과를 바탕으로 당시에는 두뇌의 수상돌기 발달이 행복과 삶의 질의 척도가 될 수 있을 것이라고 생각되었다.

그러나 그 후에 템플 그랜딘이 돼지를 이용한 실험에서는 오히려 반대의 결과가 나타났다. 환경이 풍부하지 않았던 곳에서 키운 돼지의 수상돌기가 더 많다는 사실이 확인된 것이다. 그 이유를 요약하면, 낮에 충분히 놀지 못하는 돼지는 밤에 잠을 못 자고 물이 나오는 니플이나, 기타 주변을 마구 헤집고 다녔다. 하지만 낮에 풍부한 환경에서 생활한 돼지는 오히려 밤에 편안하게 잠을 잘 수 있었다. 사실 수상돌기가 발달한 것은 환경 때문이 아니라, 그 환경에 대응하는 동물의 행동 때문이었다. 불안하면 불안과 관련된 강박적인 동작을 반복적으로 하게 되고 이것이 뇌의 수상돌기 발달로 이어질 수 있다. 그러므로 수상돌기의 발달, 즉 뇌의 한 부분의 발달만으로 그 동물이 행복한지 풍부한 환경에서 성장했는지 파악하기는 어렵다. 굳이 말한다면, 너무 적은 것도 너무 많은 것도 안 좋다는 것이다. 즉 뇌의 발달 자체가 중요하기는 하지만 뇌의 발달이 정상이상으로 일어났다는 것은 정상이상으로 자극이 전달되었다는 것을 의미하므로 단순히 뇌의 발달을 동물의 복지와 연결하는 것은 의미가 없고, 오히려 적절한 발달이 중요하다고 할 수 있다.

8장

집단행동(Emergent Behaviors) 패턴

이제 각 개체의 행동이 결국 집단적인 행동으로 이어지는 것을 다룰 단계이다.

　집단행동(Emergent Behaviors)이란 굳이 번역하자면 창발 행동이라고 할 수 있다. 개체가 아닌 집단이 어떤 패턴을 가지고 행동하는 것을 표현하는 단어이다. 일반적으로 단순하고 복잡한(Complex) 행동을 단순한 원칙으로 해석할 수 있는 것을 의미한다.

개의 사냥 패턴

　종종 동물이 보이는 매우 복잡한 행동조차도 사실은 단순한 법칙의 조합일 가능성이 있다. 이러한 행동의 가장 대표적인 것이 바로 새들이 V자 형태로 날아가는 것이다.

　새들이 V자 형태로 날아가는 이유는 잘 알려진 대로, 이러한 형태로 날아가는 것이 가장 에너지가 절약되기 때문이다. 이와 관련된 학술적인 자료는 2014년 《네이처》지를 통해서 발표되었다.

　개과 동물에서 가장 해석하기 어려운 행동패턴은 바로 사냥이다. 특히 늑대의 사냥은 전 지구의 모든 동물과 비교했을 때 가장 진화된 형태라고 인정하고 있다.

미국 들소를 둘러싸고 있는 늑대들 (출처 : Doug Smith on Wikipidea)

늑대의 사냥은 단순히 뒤쫓아가서 죽이는 것이 아니라, 동물을 포위하고 사냥한다. 과거에는 이러한 사냥이 매우 치밀해도 고도의 지적 능력이 필요하다고 생각했었다. 하지만 코핑거 교수에 따르면, 늑대의 사냥에 있어서 이러한 행동을 하기 위해서는 기존에 알려진, 다음과 같은 행동 패턴을 보이기만 하면 된다. 우선 목표물을 향해서 달려간다. 그리고 어느 정도 결정적인 거리에 도달하게 되면 양쪽으로 벌어지면서 목표물을 둘러싸면서 공격한다. 만약 이때 목표물이 움직이면 다시 처음부터 반복하면 된다.

개는 왜 일부일처제가 될 수 없나

일반적으로 사람의 경우 문화적으로 일부일처를 비롯해서 다양한 형태를 포함하고 있지만, 일부다처제의 문화권에서도 가장 흔한 결혼 형

태는 일부일처제이다. 그러므로 우리는 일부일처제가 좋다고 착각하지만, 자연계에서 우수한 DNA를 확보하기 위해서는 일부다처제가 오히려 더 합리적일 수도 있다.

일반적으로 일부일처제가 성립되는 가장 간단한 방법은 동물이 영역을 가지는 영역 동물이어야 하고, 암컷은 암컷을 몰아내고, 수컷은 수컷을 몰아내면 결국 한 지역에서는 한 마리의 암컷과 수컷만이 존재하기 때문에 일부일처제가 될 수밖에 없다.

늑대는 일부일처제라고 할 수 있다. 늑대는 영역 동물이며, 특히 다른 무리를 보면 약한 무리는 바로 도망간다. 이로써 일부일처제의 기본적인 필요성을 갖추게 된다.

개는 늑대와는 달리 무리와 무리 간의 싸움이 일어나지 않는 개체들만 선별되었다. 경쟁심이 거의 없어졌기 때문에 암컷의 무리와 수컷의 무리가 섞이게 되고 이 과정에서 결국 일부일처제가 형성되기 어렵게 된다.

음식물 토해주기

늑대는 새끼가 입 주위를 핥으면 먹은 음식을 토해준다. 이러한 음식물 토해주는 행동은 사냥한 사냥감을 입으로 물고 오기 어렵기 때문에 일어나는 행동이다. 이러한 행동이 일어나기 위해서는 첫째는 자기 영역 내에서 새끼가 먹이를 달라고 해야 하고 두 번째는 입을 핥아야 하는 2가지 조건이 성립되어야 한다.

일반적으로 같은 무리의 어미들이 이러한 행동을 하지만, 어미가 아닌 1년 일찍 태어난 개체들도 새끼에게 음식물을 토해준다. 늑대들은 자기 영역에 있는 다른 늑대의 새끼들은 모두 죽이려고 한다. 그러므로 자기 영역에 있는 자기 새끼가 요구를 해야 음식물을 토해주는 것이다.

하지만 개들은 새끼 강아지들이 어미의 얼굴을 핥기는 하지만 이미 영역 동물이 아니기 때문에 더 이상 음식물을 토해주는 습성이 거의 사라졌다고 생각된다. 일부 개들에서는 이러한 음식물 토해주기 행동이 남아있으며, 대략 견종 중 2/3가 강아지에게 음식물 토해주기 행동이 관찰된다. 일반적으로 자유롭게 살아가는 암컷 개에서 일어나는 경우가 많으며, 대체로 강아지가 3~6주 사이에 주로 발생한다.

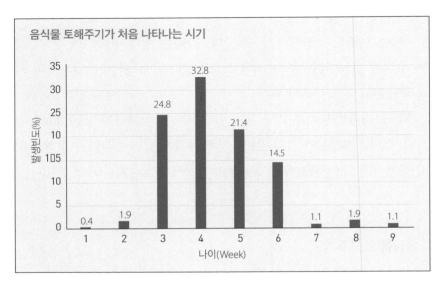

개의 짖음

개가 짖는 것은 늑대와는 차이가 있다. 늑대는 대개 하울링을 자주 하지만 개들은 짖는다. 짖는 패턴도 다르다. 이러한 행동은 2가지 원칙, 즉 내가 싫으니 떠나달라고 할 때는 낮은 주파수의 으르렁 거리는 소리를 내고, 반대로 상대방을 부르는 소리는 대개 고주파의 날카로운 소리를 내는 것으로 해석할 수 있다.

9장

개와 늑대의 집단에서의
행동 패턴

개와 늑대는 서로 유사하지만 서로 간의 행동패턴이 약간 다르다. 그럼에도 불구하고 많은 사람들은 늑대의 행동을 보고 개도 비슷할 것이라고 생각하는 경향이 있다. 개와 늑대의 행동 차이를 알아두는 것은 개를 이해하는데 매우 중요하다.

개와 늑대의 행동 차이
개와 늑대의 행동 차이는 아래와 같다.[49]

행동경향	늑대	개
일반적인 행동 레벨	높음. 조직 내 위치에 따라 다름.	견종마다 다름
탐구적인 행동 레벨	높음. 조직 내 위치에 따라 다름	견종에 따라 감각을 사용하는 패턴이 다름
새로운 것에 대한 두려움	두려움이 큼/새로운 집에 잘 적응하지 못함	두려움이 낮음/새로운 집에 잘 적응
소리	**매우 흔함**	**흔하지 않음**
하울링	흔하지 않음	많은 상황에서 흔함
짖음	없음	흔함
공격 동작		
hip slam	흔함	거의 없음
머즐을 물기	우월성 표시	거의 없음
꼬리를 세워 위협	우월성 표시	거의 없음
얼굴 핥기	일반적임 - 빈도는 낮음	일반적임 - 빈도가 높음
2차 사회적 유대	약함	강함 (경비견은 제외)
훈련가능성	약함	강함
싸움	서열에 따라 다름	견종에 따라서 다름
성적 성향		
성적 성숙	+2년	-6~9개월
발정기	1년에 한번	1년에 2회
수컷의 번식능력	계절의 영향을 받음	일정함.

늑대 무리의 특징

많은 사람들은 개와 늑대가 상당히 다름에도 불구하고 개를 이해하기 위해서는 늑대를 이해해야 한다고 생각한다. 하지만 이는 논리학에서 말하는 근원의 오류라고 할 수 있다. 왜냐하면 개는 가축화 과정을 통해서 성격의 상당한 부분이 변화했기 때문이다. 그나마도 일반인들은 늑대 무리에 대한 올바른 지식이 아니라 잘못된 지식을 가지고 있어 문제가 된다.

예를 들어 시턴 동물기[50]에 나오는 카람포의 늑대왕 로보는 소수 정예로 이루어진 특공대와 같은 이미지를 가지고 있었다. 하지만 이는 사실이 아니며, 늑대는 대개 가족단위로 무리를 이룬다.

아직도 많은 사람들은, 늑대는 서로 혈연관계가 아닌 개체가 모여서 무리를 이루고 있다고 생각한다. 이 중에서 서열 1위만이 짝짓기를 할 수 있고, 늑대는 서로 간에 서열 1위가 되기 위해서 투쟁을 하며, 그러므로 늑대의 무리에서는 서열이 엄격할 뿐만 아니라 철저하게 지켜진다고 생각한다.

위의 내용은 거의 사실이 아니다. 1900년대 초에 늑대를 연구한 사람들도 늑대가 가을철에 서로 집단을 이루기 시작하는 것을 보고 처음에는 이들이 전혀 혈연관계가 없다고 생각했다. 하지만 당시에도 가족일 가능성은 있다고 제시되었다. 즉, 이들은 갑자기 무리를 형성한 것이 아니라, 보금자리에서 숨어서 키우고 있던 새끼들이 자라서 마치 무리를 이룬 것처럼 보인 것이다. 하지만 일반인들은 겨울철이 다가오면서 늑대가 더 쉽게 눈에 띄었기 때문에 이들이 마치 그때 무리를 이룬 것으로 착각을 했을 것이다.

일반인들의 생각	실제 결과
• 늑대는 서로 혈연관계가 아닌 개체가 모여서 무리를 이룬다. • 늑대의 무리는 서열 1위만이 짝짓기를 할 수 있다. • 늑대는 서로 1위가 되기를 위해서 투쟁한다. • 늑대 사회는 서열이 매우 중요하다.	• 늑대의 무리는 대개 혈연관계(부모-자식)로 이루어져 있다. • 늑대의 관계는 부모와 자식간에 자연스럽게 형성된 것이다. • 늑대는 서열 1위가 되기 위해서 투쟁하지 않는다. • 짝짓기를 하는 암수가 1쌍밖에 없는 것은 다른 개체는 미성숙하기 때문이다. • 늑대의 무리에서 서열은 가족관계일 뿐이다.

하지만 이러한 생각은 데이비드 미치(David Mech)가 자연에서의 늑대를 관찰한 결과 등이 널리 알려지면서 사실이 아니라는 것이 확인되었다. 즉 늑대의 무리는 가족단위이고, 상황에 따라서는 복잡해질 수는 있지만 기본적으로는 가족단위가 확대된 것이라는 점을 오랜 시간 관찰을 통해서 확인한 것이다.

개와 늑대의 무리 구성의 차이점

많은 사람들은 개가 무리를 이루어 사는 동물이라고 말한다.

하지만 실제 도시나 교외에서 주인은 있지만 풀어놓아서 자유롭게

《시턴 동물기로 잘 알려진 로보와 브랑카(CC : Ernest Seton Thompson)

살아가는 개들을 연구한 결과, 의외로 혼자 살아가는 개들도 있고 두 마리가 쌍을 이루고 있기도 한다. 한 마리가 2마리 이상과 관계를 형성 하기도 하지만, 큰 집단을 이루는 경우는 오히려 드물다. 설사 집단을 이루어도 일시적이라는 것이 알려졌다. 또한 집단을 이루고 있다고 해 도 자신의 영역에 들어오는 다른 개들에 대해서 공격적인 태도를 보이 는 경우는 매우 드물었다. 이들 논문을 정리하면 도시나 교외의 개들 은 안정적인 사회 무리를 형성하지 않는다. 이것은 그들이 이미 주인 이 있어서 정기적으로 이들을 먹여주고 어느 정도까지 돌봐주기 때문 이라고 생각된다.

이와 달리 주인이 없는 개들은 도시 구역에서 만약 사람들의 돌봄이 없다면, 안정적인 사회집단을 형성하며 장기적인 관계를 형성하는 것 으로 알려져 있다. 이들 집단에서 개들은 각자 먹을 것을 찾아다니고 소수 안정적인 집단은 공동의 지역을 방어하며 강아지를 서로 협력하 여 양육했다.

간단히 말해서 개들은 일반적으로 무리를 이루어서 산다고 알려져 있지만 실제로는 먹을 것의 풍족 여부에 따라서 매우 다양한 사회관계를 형성하고 있다.

일반인들의 생각	실제 결과
• 개의 본능은 늑대와 거의 유사하다. • 개는 늑대와 같은 무리동물이다. • 개의 사회적 구조는 늑대와 거의 같다. • 개는 서열을 중요시한다. • 개는 서열 1위가 되도록 투쟁한다.	• 개의 사회적 구조는 늑대와 상당히 다르다. • 개의 무리는 매우 결속력이 약하고 쉽게 해체되고 재형성된다. • 개는 무리 밖의 수컷과 짝짓기를 한다. • 짝짓기 할 때는 여러 마리와 교미를 한다. • 짝짓기 후에는 수컷이 암컷과 짝을 이루는 경우가 많다. • 이러한 관계는 다음번 짝짓기 시기가 되면 해체된다.

개와 늑대의 차이

개는 일반적으로 사람과 같이 살기 때문에 자연에서의 행동을 연구하기가 매우 어렵다. 현재 이러한 연구는 몇몇 실험실에서만 진행되고 있다. 하지만, 다행히도 호주의 딩고처럼 약 5000년경에 가축화과정에서 분리되어 다시 자연에서 살고 있는 개들이 있다. 딩고는 현재의 개들이 자연에서 살게 된다면 보일만한 행동을 보일 것이라고 예상된다. 이러한 동물의 행동을 비교함으로써 우리가 알고 있는 개들이 실제로는 늑대와 매우 다르다는 것을 알 수 있다.

늑대	개
• 늑대의 무리는 다른 무리를 만나면 대개 싸움이 일어난다.	• 개는 다른 무리와 대체적으로 잘 지낸다.
• 늑대는 평생 같은 짝과 같이 산다.	• 일반적으로 발정기마다 짝이 바뀐다.
• 늑대의 무리는 안정적인 편이다.	• 개의 무리는 매우 불안정하다.
• 늑대의 무리는 먹을 것을 가지고 서로 싸우는 경우가 드물다.	• 개의 무리는 먹을 것을 가지고 싸우는 경우가 많다.
• 늑대의 새끼 중 1년 전에 태어난 새끼는 육아를 돕는다.	• 개의 새끼들 중 1년 전에 태어난 새끼는 육아를 돕지 않는다.

늑대의 무리가 서로 만날 경우

늑대의 무리는 서로 만나려고 하지 않는다. 만약 만날 경우, 대부분은 싸움이 일어나고 종종 죽음을 맞이한다. 서로 다른 무리가 모두 협력적인 행동을 하는 경우는 거의 없다. 서로 다른 무리의 늑대는 서로가 경쟁자이기 때문에 이들이 서로 만나서 상대를 죽인다는 것은 당연한 행동일 수 있다. 서로 경쟁을 하면서 경쟁에서 진 늑대의 무리는 결국 자손을 많이 낳을 수가 없으므로 진화과정에서 밀려나게 된다.

개는 이와는 전혀 반대이다. 개는 외향적이라서 집 밖에 자유롭게 돌아다니면서 서로 다른 견종이라서 혈연관계가 전혀 없는 경우에도 아주 친하게 놀이를 할 수 있다. 이는 자연계에서 쉽게 볼 수 있는 현상이 아니다. 하지만 오래전 훈련사들은 이러한 것조차도 훈련되었기 때문이고, 개들은 본질적으로 늑대처럼 매우 공격적이라고 생각했다. 그러나 이러한 주장은 동물행동학자들과 수의사들에 의해서 수십 년 간의 관찰 결과 부정되었다.

개의 사회 구성에 대한 연구

만약 개가 사람과 같이 살지 않았다면 어떻게 사회를 구성했을까? 이를 연구하기 위해서 과학자들은 딩고와 같이 오래전에 야생화된 개들, 그리고 주인이 없는 마을 개들의 생활을 관찰하고 있다.

특히 원시 견종이라고 생각되는 개들은 마을에서 살기는 하지만 주인이 없고 동네에서 음식물이나 혹은 음식물 쓰레기 등을 먹으며 살고 있다. 이러한 개들은 주로 열대지방이나 아열대 지방에서 볼 수 있다. 인도나 태국의 파리아 독(Pariah Dog), 이스라엘에서는 가나안 독(Canaan Dog), 미국의 남동부의 캐롤라이나 독(Carolina Dog) 그리고 아프리카의 마을 개(바센지 견종과 비슷함)가 있다. 이러한 개들의 유전자 분석결과, 미국의 남부지역의 개들은 순종이 집을 나와서 마을 개가 된 것을 제외하면 대부분 그들 지역의 특산종인 경우가 많다. 이외에도 각 지역마다 아주 원시형태의 개가 존재하기도 한다. 뉴기니의 싱잉 독(Singing Dog), 발리의 킨타마니, 호주의 딩고가 가장 대표적이다. 이들 개들은 오래전 가축화 과정에서 다시 야생개가 된 것이다.

● 딩고를 관찰한 결과

5천 년에서 3천5백 년 전 사이에 한 마리의 임신한 개가 케이프요크 반도에 도착하게 되고 이것이 숲으로 탈출하였다. 이들 자손들이 다시 뉴기니에서 토레스 해협을 건너온 상인들을 따라온 개들과 같이 만나게 되고 이들이 오늘날의 딩고가 되었다. 호주에는 딩고를 이길만한 포식자가 없기 때문에 가장 우월적인 포식자가 되었다.

이들은 매우 다양한 사회 구조를 이루고 있으며, 많은 개체들이 번식

호주의 들개 딩고

기가 아닌 시기에는 혼자서 살아가기도 하며, 일부는 약 12마리 정도의 무리를 이루기도 한다.

● 불안정한 개의 무리 관찰 결과

일반적으로 미국, 이탈리아, 스페인 등에서 개들의 무리를 관찰한 결과 개들이 매우 공격적이고 서로 협력하지 않는 것으로 밝혀졌다. 하지만, 후에 이들이 이러한 형태를 보이는 것은 주인이 없는 페랄독을 주민들이 매우 불편하거나 귀찮은 존재로 인식하기 때문일 것이라는 의견이 제기되었다. 즉, 이러한 상황에서 개들은 사살되거나, 덫으로 포획되거나, 독극물에 의해서 죽을 가능성도 있으며, 쓰레기통을 뒤지지 못하게 조치를 취할 수도 있다. 이러한 지역에서는 개들은 안정적인 무리를 형성하지 못하며, 안정적인 무리를 이루는데 필수적인 협력이 이루어지지 않는다. 또한 이들 무리는 협력이 용이한 가족 단위가 아니라 전혀 혈연관계가 없는 개체들로 이루어지는 경우가 많다. 이러한 상황에서 개체들 간에는 협력이 이루어지기에 충분한 시간이 주어지지 않는다.

이러한 무리에서는 성공적으로 개체를 키워내기 어렵고 개체 간의 갈등이 심해지기 때문에 암컷은 새끼를 낳기 위해서 무리를 떠나서 새끼를 키워낸 이후에 다시 무리에 합류한다. 상당수의 암캐는 새끼들을 성공적으로 키워내지 못하지만, 무리의 크기가 유지되는 것은 유기견들이 계속 공급되기 때문이다.

이것은 우리나라의 들개가 된 유기견들도 마찬가지일 것이다.

● 안정적인 개의 무리의 관찰 결과

안정적인 개의 무리는 파리아 독이 자연스럽게 살아가고 있는 인도와 태국 같은 나라에서 관찰할 수 있다. 특히 인도의 로즈벵갈 지역은 비옥한 초승달 지역과 환경이 비슷하기 때문에 개들이 진화과정에서 어떻게 무리를 이루고 살고 있는지 파악하는데 도움이 된다.

이 무리는 작은 가족들이 모여 있고, 그들의 행동은 다른 늑대처럼 협력적이다. 하지만 성적인 관계는 늑대와 매우 다르다. 한 무리의 늑대의 경우 대개 한 마리의 수컷과 한 마리의 암컷만이 교미하는데, 개들은 전혀 다르다. 암컷이 발정기가 오면 여러 마리의 개들이 모여들고, 일부는 다른 무리의 개가 모여들고 싸움을 벌이기도 한다. 이들 중 몇 마리는 암컷이 거부하지만 몇 마리와는 교미하게 된다. 어떤 경우에는 하루에 몇 마리의 수컷과도 교미하기도 한다. 교미가 끝나고 나면 이들 중 한 마리가 특히 암컷과 잘 어울리게 되며 새끼가 태어날 때까지 돌봐주고 때로는 새로 태어난 새끼들에게 먹을 것을 토해주기도 한다. 무리 안에는 암컷이 절반이기 때문에 매년 암컷과 수컷의 작은 가족 단위로 갈라지고, 새끼를 다 키운 후에 다시 하나로 뭉치게 된다. 새로운 번식기에는 서로 다른 짝과 교미를 하는 것이 일반적으로 가족관계는 영속적이지도 않고, 그 전해에 태어난 새끼들이 다음 해에 태어난 새끼를 돌봐주지도 않는다.

파리아 독들은 암컷끼리는 다른 암컷에 대해서 공격적이지 않으며, 뛰어난 수컷을 독점하려고 하지도 않는다. 또한 상대를 구분하는 것 같으면서도 미묘한 인사 이외에, 늑대의 무리에게서 보이는 것과 유사한 의식화 된 행동이 거의 나타나지 않는다.

이러한 무리에서도 일종의 서열이 나타나는데, 가장 나이든 번식 커플의 수컷이 같은 무리의 짝이 없는 수컷에 대해서 가장 공격적이다. 이는 수컷은 젊은 수컷을 경쟁자로 인식하는 것 같고, 암컷은 새끼를 보호하기 위한 것으로 생각된다.

개의 무리에서 가장 놀라운 것은 늑대와는 달리 서로 다른 가족끼리 평화롭게 공존할 수 있다는 것이다. 반대로 늑대는 다른 가족을 발견하면 싸우고 다른 가족의 구성원을 죽일 수도 있다. 반면에 로즈벵갈의 파리아 독은 서로 다른 가족끼리 싸울 수 있지만 서로 피하고 원래 자기가 있던 지역으로 돌아간다. 이들은 분명히 먹이 경쟁관계에 있지만, 서로 간에 적대적인 모습을 하지 않는 것으로 보인다.

개들의 가족관계는 늑대에 비해서는 형편없이 약한 편이다. 사람과의 유대관계가 형성되어도 이것이 늑대에서 보듯이 강한 관계는 아닌 경우가 많다.

새끼들은 성장해서 부모와 같은 영역을 공유할 수는 있어도 새로 태어난 새끼를 돌봐주지는 않는다.

존 브레드쇼는 영국의 월트셔(Wiltshire)지역에서 유기견 보호지역의 개들을 관찰하고 개들은 늑대와 같은 사회구조를 나타내지 않는다고 보고했다. 이것은 늑대가 개의 조상이고 개를 훈련시키기 위해서는 알파독이 되어야 한다는 이론이 근거가 없음을 보여준다.

10장

개들의 놀이

놀이란 무엇인가?

개들은 다른 그 어떠한 동물보다 놀이를 좋아한다. 이는 늑대와는 좀 다른 특징이다. 늑대는 성장하고 나면 놀이를 그렇게 많이 즐기지 않는다. 하지만 늑대의 청소년기에는 놀이를 즐기기 때문에 개가 가축화되고 유형성숙이 일어나면서 놀이를 즐기는 습성이 남아있는 것으로 생각된다. 이는 고양이도 마찬가지이다. 야생 고양이의 선조로 생각되는 '아프리카 야생고양이(흔히 리비아 고양이라고 부르기도 함)'는 집고양이보다 놀이의 빈도가 낮다.

놀이가 언뜻 보기에 "진지함"이 없기 때문에 과학자들은 이것을 그다지 중요하지 않은 주제로 생각해 왔고, 진화론적으로 큰 의미가 없다고 생각했다. 하지만 이것은 사실이 아닐 수도 있다. 현재는 놀이에 대해서 많은 부분을 이해하고 있지만, 아직 다른 분야에 비해서 연구의 역사가 짧다.

뿐만 아니라 놀이에 대한 진화론적인 연구는 너무나 다양하기 때문에 일반적으로 개개의 종들에 대한 연구를 바탕으로 하고 있다.

놀이는 흔히 혼자서 하는 놀이와 사회적 놀이로 구분할 수 있다. 그 외에도 일반적으로 이동운동놀이(점프, 뛰어 오르기, 몸을 꼬기, 구르기), 물건을 가지고 하는 놀이(물기, 흔들기, 때리기 그리고 찢기), 사회적 놀이(레슬링, 누르기, 쫓기, 마운팅) 그리고 이들이 복합된 것들이 포함되어 있다.

놀이는 특정한 기능을 가지고 있는 행동이 좀더 편안한 상황에서 반복적으로 표현되는 자발적인 행동으로 정의되고 있다.[51] 놀이는 즐거운 감정과 연결되어 있다.

즉 사냥하기 위해서 물 때는 매우 강하게 물지만, 놀이할 때 무는 것은 이보다 약하다.

테네시 대학의 생리학자 고돈 버가르드트(Gordon Burghardt)는 동물 놀이에 대한 5가지 기준을 제시한 바 있다.

첫째, 놀이 행동은 그 행동이 원래 표현되는 상황에서와 비교할 때 완전한 기능을 하지 않는다. 즉 개가 싸우거나, 사냥하기 위해서 무는 것과 놀이에서 무는 것을 비교하면 놀이는 매우 약하게 물기 때문에 기능적으로 무는 기능을 제대로 발휘되는 것이 아니다.

두 번째로 놀이 행동은 자발적이고 의도적이며, 즐거운 것이고 보상이 있거나, 강화될 수 있거나 혹은 행동 자체가 좋아서 하는 것이다.

세 번째로는 놀이는 진지한 행동에 비해 그 행동이 불완전하다는 특징이 있다. 행동이 억제되거나, 과장되거나, 주의를 하거나, 혹은 변형된 형태이다.

네 번째 특징은 놀이는 거의 유사한 동작이 계속 반복된다는 점이다. 하지만 완전히 동일하게 반복되는 것은 아니다.

마지막 놀이의 특징은 놀이는 급성, 혹은 만성 스트레스가 없는 상태에서 시작된다는 것이다. 즉 기아, 질병, 포식자의 위협, 거친 기후, 과밀한 상태, 사회적 불안정 등의 상태에서는 놀이가 시작되지 않고 그 외에도 직접 경쟁을 해야 하는 상황 예를 들어 먹이를 먹거나, 싸우거나, 도망가는 동안에는 놀이를 할 수 없다. 놀이는 간단히 말해서 오히려 심심하고 따분한 상태에서 안전하고 편안한 마음에서 시작하는 것이다.

놀이

놀이는 시간과 에너지를 사용해야 하고, 질병이나 부상 및 포식자에게 노출가능성이 증가하게 된다. 그럼에도 불구하고 동물이 놀이를 한다는 것은 놀이가 분명히 장점이 있다는 것을 의미한다.

놀이가 행동학적으로 연구가 어려운 것은 윤리 혹은 복지적인 문제로 실험적인 자료를 얻기 힘들기 때문이다. 그럼에도 불구하고 놀이가 성장에 매우 중요한 역할을 한다고 생각되고 있다.

개는 늑대에 비해서 놀이를 즐기는 것으로 알려져 있다. 이 과정에서 사람들이 개를 선별해왔기 때문이라고 하면, 견종마다 놀이를 즐기는 정도가 다를 수도 있다는 것을 예상할 수 있다. 예를 들어 라브라도 리트리버와 골든 리트리버는 일반적인 펫-타입보다 더 놀이를 즐기는 것으로 알려져 있는데, 이것은 아마 이 견종들이 형성되는 과정에서 이러한 특징이 선택되었을 가능성이 있다.

놀이가 긍정적인 감정과 연결되어 있기 때문에, 동물의 복지와 놀이와의 관계가 연구되고 있다. 동물의 복지는 물리적인 기능, 자연스러움, 그리고 긍정적인 감정상태와 관련되어 있다.

놀이가 동물 복지와 관련되어 있기 때문에 놀이의 궁극원인, 즉 진화론적인 장점을 설명하는 것으로 ①운동기술의 발달, ②예상하지 못한 일에 대한 훈련, ③사회적인 결속, 그리고 ④생물학적 과정의 부산물이라는 것 등 4가지가 알려져 있다.

놀이의 4가지 진화론적인 기능

● 운동능력의 발달

강아지들은 체중에 비해서 표면적이 넓기 때문에 성견에 비해서 상대적으로 많은 칼로리가 소모된다. 이는 신진대사는 체표면적에 비례하는 것이지 체중에 비례하는 것이 아니기 때문이다. 또한 강아지들은 체중이 작기 때문에 많은 양의 음식이 필요한 것은 아니므로 그들이 놀이를 통해서 잃어버리는 에너지는 쉽게 보충이 가능하다고 할 수 있다.

또한 근육의 양은 체중에 비례하지만, 근육의 단면적은 체중 대비 더 높기 때문에 일반적으로 작은 동물은 매우 활발하게 움직일 수 있다. 동물들은 이러한 신진대사의 장점을 활용해서 운동능력을 발달시킬 수 있는 여유를 가질 수가 있다.

운동기술의 발달은 놀이가 해부학적인, 그리고 생리적인 기능을 발달시킨다고 알려져 있다. 놀이를 하면, 연결조직 및 골조직을 튼튼하게 발달시키고 다양한 움직임에 익숙하게 한다. 예를 들어 싸움, 물기, 마운팅, 추적하기, 물체를 다루기 등의 기술을 습득할 수 있다. 특히 놀이를 통해서 너무 심하게 물면, 다른 개나 사람에게 상처를 입힐 수 있게 된다는 것을 알게 된다.

플레이 바우(Play Bow) 자세

강아지가 놀이를 하면서 어느 정도 세기로 물어야 상대와 계속 놀 수 있는지 배우게 된다. 흔히 플레이 바우(Play Bow)라고 하여, 앞발을 굽히고 상체를 숙이는 동작이 상대에게 놀이를 요청하는 동작이라는 것을 학습한다. 개들은 아주 민감한 행동을 파악하여 상대방 개의 의도가 놀이임을 알아낸다.

운동능력은 연관된 뇌 부분의 발달과 관련되어 있으며, 운동을 통해서 뇌를 자극하고 이를 통해서 운동능력이 향상된다. 놀이를 통해서 뇌가 균형적으로 발달하게 되고 이것이 삶의 질에 큰 영향을 미칠 수가 있다. 참고로 뇌의 특정 부분이 발달한다는 것은 반드시 좋은 의미는 아니다. 예를 들어 강박관념이 있는 동물이 관련된 분야가 너무 지나치게 발달하면 이것 역시 좋은 것은 아니다. 하지만, 놀이는 진지한 행동이나 강박관념과는 다르며 대개는 좋은 결과가 나타난다.

● 예상 밖 상황에 대한 대처능력

놀이가 예상 밖의 상황에 대해 대처능력을 높일 수 있다는 이론이 있다. 이것과 관련되어 가장 대표적인 행동은 역할 바꿈과 핸디캡 행동을 한다는 것이다. 개들은 엄청나게 다양한 견종으로 나뉘어 있으며 서로 동일한 크기가 아니기 때문에 놀이를 할 때 작고 힘없는 개는 매번 불리한 입장일 수밖에 없다. 개는 이러한 점을 극복하기 위해서 흔히 더 강한 우위성에 있는 개가 스스로 핸디캡을 보여준다. 예를 들어 개들 중에서 더 강한 개가 오히려 배를 보이고 눕는 자세를 취함으로써 스스로 핸디캡을 제공하는 것이라고 할 수 있다. 이러한 행동을 통해서 자신이 예상하지 못한 상황을 연습한다는 것이다.

또한 개들은 놀이를 하면서 역할을 변경하는 경우가 흔하다. 이는 항상 지는 역할만 하게 되는 개가 놀이에 대한 흥미를 계속 유지할 수 있도록 한다고 볼 수 있다.

● 사회적 결속

놀이는 그룹에 포함된 개체들의 생존과 번식을 증가시키기 때문에 사회적 결속을 강화한다는 주장이 있다. 놀이는 사회적인 위치를 개선시키고, 개체들 간의 친밀도를 높이며, 개체들 간의 공격성을 낮춘다고 알려져 있다.

개는 사회적 그리고 경쟁적인 놀이를 즐긴다. 개가 사람과 놀이를 할 경우, 사람과의 관계를 어떻게 생각하는가를 알 수 있다. 개는 사람과 놀이를 할 때 개와 놀이를 할 때보다 덜 경쟁적이고, 장난감에 대한 소유의지가 약해지고, 사람과 인터렉티브(Interactive, 상호활동적인)한 놀이를 한다.

개와 사람 간의 놀이에서 이긴다는 것이 "애착"과 "우위성"에 영향을 주지 않는다는 것은 이미 오래전부터 알려져 왔다. 일부 훈련사들이나 인터넷에서 개와 줄다리기를 할 때 절대 지지 말라는 것은 잘못된 조언이다. 개들은 사람과 개와 놀이에서 이긴 파트너에게 다가간다는 것은 개들은 이긴 파트너가 더 좋은 사회적 파트너라고 생각하는 것 같다. 그런 의미에서 개들의 놀이 역할은 서열을 높이기 위한 것이 아니라는 것을 알 수 있다. 개는 다른 개들과 협력관계를 유지하며 낮은 공격성이 유지되는 상황에서 그룹을 이루고 살아간다.

개들은 친숙한 사람들과 더 놀이를 즐기며 놀이를 하면서 사람과 개의 관계를 강화시킨다고 알려져 있다.

포획된 늑대들의 사회적 놀이와 공격성은 관련이 없지만, 개의 경우는 관련이 있다. 놀이를 시작하거나, 놀이에서 이긴 개가 놀이 중에 더 공격성을 보인다. 놀이를 통해서 개들은 서로 잘 알지 못하는 상태에서 친밀감이 증가하게 되고, 자신의 자원보유 가능성(Resource Holding Potential)을 확립하는 과정에서 불필요한 공격성을 줄여줄 수 있다. 아직 어린 개체들은 처음에는 한배에서 태어난 다른 강아지 중 구분하지 않고 놀이를 하지만, 시간이 지나면서 서로 좋아하는 강아지들끼리 놀이를 하는 횟수가 많아지고 27~40주가 되면 선호하는 놀이 파트너가 정해지는 경우가 많다.

늑대의 경우 놀이가 잘 알지 못하는 다른 늑대에 대한 지식을 증가시켜준다는 증거가 있다. 놀이는 잠재적인 경쟁자의 신체적, 사회적 기술에 대해서 가늠하게 해준다. 그러나 개는 사람과의 관계에서는 좀 특이하게도 잘 알지 못하는 사람과는 같이 놀려고 하지 않고 주로 잘 아는 사람이나 주인하고 놀려고 한다. 이것은 놀이가 친밀도를 높여준다는 관점에서는 예상하지 못했던 결과이다. 일반적으로 켄넬(Kennel)에서만 살았던 개들은 익숙한 사람보다는 낯선 사람에 대한 관심이 더 크다. 아마 이것은 그 개가 살았던 환경이 너무 자극이 적었기 때문인 것으로 보인다.

결론적으로 개들의 놀이가 사회적인 결속에 중요하고 놀이를 통해서 친밀감이 높아지고 공격성이 줄어든다는 증거는 매우 강한 편이다. 하지만 이들 놀이가 개들의 서열의 변화와 사회적 지위 등에 영향을 미치는 것으로 보이지는 않지만 연구 결과가 부족해서 추가적인 연구가 필요하다.

● 놀이는 생물학적인 과정의 부산물
놀이 자체에 특별한 기능이 있는 게 아니라 다른 생물학적 과정의 부산물에 지나지 않는다는 주장도 있다. 놀이는 불완전한 기능을 하는 동작으로 이뤄져 있다. 하지만 이 주장에 따르면 놀이 자체가 환경 자극의 부족, 넘치는 에너지, 전치된(Displaced) 행동, 및 인공선택과정에서 생겨난 부산물이라는 것이다.

놀이는 환경적인 자극이 부족하기 때문에 하게 된다는 주장이 있었으며, 환경의 자극이 부족하면 감각 박탈(지나치게 단순한 자극만 있는 상태, 주로 임사체험 등의 연구에 사용되었다)을 감소시키기 위해 놀이를 한다는 것이다. 놀이를 하게 되면 뇌에서 오피오이드성 물질이 분비되어 자기 보상이 된다는 것이 이 주장을 뒷받침한다. 동물 중에서 복잡한 인지능력을 가지고 뇌가 큰 동물이 놀이를 주로 하는 것은 이들이 감각 박탈에 더욱 민감하기 때문이다. 어린 시기에는 생존을 신경 써야 할 필요성이 낮고 좀 더 많은 시간이 있어 노는 행동이 많이 발견되는 것도 이 때문이라는 것이다.

개들이 종종 산책하면서 다른 개들과 놀이를 하려고 한다. 만약 개들이 일상 생활에서 다른 개들과 사회적인 접촉이 차단되었다면, 이런 기회가 왔을 때 더 많이 놀려고 한다.

놀이는 자기 보상적이기 때문에 놀이 경험을 통해서 더욱더 사회적 놀이가 더욱 강화되기도 한다. 반드시 자극이 거의 없는 상황에서 놀이를 하는 것만은 아니다. 상황이 심각하면 정형행동이라는 병리적 행동을 할 수가 있다.

개들의 놀이의 일부는 강한 스트레스 상황에서 전치된(Displaced) 행동일 수가 있다. 새로운 환경과 사람에게 적응하는 과정에서 스트레스가 놀이의 형태로 나타날 수 있다.

놀이가 과잉 에너지 때문에 발생한다는 주장도 있다. 그러므로 놀이는 주로 생후 어미가 보살피는 포유류에서 주로 볼 수 있으며, 놀이가 시작되는 시점이 고형식을 먹는 시기와도 거의 일치한다. 하지만 이 시기가 되어야 놀이에 적합한 신체적 발달이 되는 측면도 있으므로 고형식과 놀이가 관련이 있는가는 확실하지 않다. 그러므로 개들이 놀이를 한다는 것은 이제 충분한 에너지가 공급되고 있다는 것을 보여주는 것일 수도 있다.

뿐만 아니라 개가 놀이를 좋아하는 것은 유전적인 형질 때문일 수도 있다. 이미 알려졌듯이 개의 친화성은 사람에게는 매우 유리한 특성이기 때문에 이러한 특징을 가진 개가 선택되었을 것이다.

또한 가축화 과정에서 일어난 유형성숙 역시 놀이 행동에 영향을 미쳤다. 개를 선택하는 과정에서 놀이를 좋아하는 유아성을 성견이 돼서도 유지하는 개들을 선택하게 되었을 것이다. 또한 개가 사람과 지내면서 보상과 훈련을 통해 노는 능력을 강화한 측면도 있다.

요약하면, 놀이가 단순히 환경적 자극이 부족하고, 에너지가 넘치거나, 혹은 전치된 행동이거나, 유전적인 인공선택에 의한 여러 가지의 부산물이라는 증거는 매우 제한적이기는 하다. 하지만 여러 가지 이론은 놀이의 다양한 측면을 반영하는 것으로 볼 수 있다.

놀이의 대상

● 혼자 놀기

개는 혼자서도 놀이를 할 수 있다. 예를 들어 리트리버는 물을 좋아해서 혼자서도 오랜 시간을 놀면서 즐길 수가 있다. 뿐만 아니라 지칠 때까지 노는 것을 좋아한다. 그 외에도 개들은 혼자 놀 수 있는 장난감이 있으면 혼자 놀기도 한다. 예를 들어 새로운 장난감, 특히 최근의 인터렉티브한 장난감은 소리와 빛으로 개들을 유혹하면 개들은 마치 이것이 사냥감인양 가지고 논다. 개가 일반적으로 사냥을 하지 않지만 육식동물의 본능은 남아있는 경우가 많고 특히 테리어 계열의 개들은 사냥 본능이 아직 충분히 남아있다.

개들은 장난감 중에서 분리가 되는 것을 더 좋아한다. 이것이 아마도 작은 사냥감을 잡는 동작에 더 가깝기 때문일 것이다.

하지만 개가 혼자 노는 것에 집중하는 것은 상황에 따라서는 지극히 단순한 환경 때문일 수가 있다. 당연히 이러한 것은 동물복지 차원에서 문제가 매우 크다고 할 수 있다.

이런 행동의 가장 대표적인 것이 꼬리를 물려고 계속 도는 것이다. 이러한 동물복지의 문제는 정신병으로 연결되고, 심하면 약물치료를 해야 한다. 병이 진단되면 대개는 사람과 동일한 약으로 치료가 가능하다.

약으로 치료를 해야 하는 상황이 아니라면, 환경풍부화를 통해서 개가 단조로움을 느끼지 않도록 개선해야 한다. 환경풍부화에 있어서 여러 가지가 중요하지만 먹이를 주는 방법을 다양하게 하는 것이 시작이라고 할 수 있다.

● 개와 개 사이의 놀이

개들은 서로 놀이를 할 때 지칠 때까지 놀기도 하지만, 일부는 서로 친하지 않거나 놀이에 서툰 경우, 더 공격적인 놀이로 상대방 개를 피곤하게 할 수 있다. 또한 놀이 과정에서 개들은 장난감 등을 공유하려고 하지 않으며 경쟁이 개들 놀이의 본질적인 측면의 하나이다. 사람들은 개들의 놀이 행동과 공격적인 행동을 잘 구분하지 못하는 것으로 알려져 있다. 개의 주인들이 개에 물리는 경우 약 40%는 주인은 개가 놀이를 하는 것이라고 착각했다. 또한 최근의 개들은 몸의 형태가 많이 바뀌어서 늑대에 비해서 신체언어를 쉽게 파악하기 어려운 경향이 있으며, 개들도 서로 몸짓언어를 이해하지 못하는 경우가 발생한다.

개들은 서로 덩치가 비슷한 개들끼리 노는 것을 더 좋아한다.

● 개와 사람 사이의 놀이

개는 사람과 같이 있을 때, 혼자 노는 경우는 거의 없다. 또한 개는 개와 아무리 놀아도 사람과 놀고 싶어 하는 욕구를 충족시킬 수가 없다. 개는 모르는 사람보다는 친한 사람과 같이 놀고 싶어 한다.

한집에 여러 마리를 키울 경우 한 마리를 키우는 집보다 주인과 놀이를 더 좋아하며, 한 마리와 산책하건 여러 마리와 산책하건 같은 빈도로 주인과 놀고 싶어 한다. 이는 개들이 자신의 주인과 유대관대를 향상시키기 위해서 놀이를 하기 때문이다. 사람이 자주 터치해주는 개들은 자신의 주인에게 집착을 하는 행동이나 분리불안 같은 접촉요구 행동이 줄어든다. 하지만 거친 놀이에서의 접촉은 다른 영향을 줄 수 있으며, 놀이에 따라서 접촉의 기능이 다르다는 것을 나타낸다.

놀이는 크게 개와 직접적으로 같이 노는 방법과 도구 등을 이용해서 놀이하는 방법이 있다. 개와 신체적으로 접촉해서 노는 것도 중요하지만, 개들에게 프리스비나 공던지기 같은 놀이도 중요하다. 신체적인 접촉만으로는 부족한 포식동물의 본능을 프리스비나 공던지기 놀이 등

을 통해서 해소시킬 수 있다.

하지만 종종 사람과 개의 놀이가 복지의 지표가 아닌 경우도 있다. 개의 놀이는 사람과 같이 하는 것이며, 사람의 마음을 잘 알고 있기 때문에 사람들과 좋지 않은 상황을 모면하기 위해서 놀이와 같은 행동을 하기도 한다. 종종 개를 야단치면 개가 배를 보이고 눕는 경우가 있는데, 이는 개가 복종한다는 의미가 아니라, 야단치지 말고 같이 놀자는 의미이다. 개는 아무 상황도 모르고 사람의 말도 모르는 상황에서 야단맞는 것을 피하고자 하는 행동이다. 이때 사람들은 어느 정도 야단치고 나서 개가 귀엽다고 쓰다듬어주는데 이런 행동은 개에게 놀이 행동을 강화시킨다. 즉 이러한 형태의 놀이와 유사한 행동은 동물복지 차원에서는 오히려 안 좋은 상황에서 일어나기 때문에 단순히 개가 놀이를 하려는 듯한 행동 자체만으로는 개의 복지 상태가 좋다고 말할 수가 없다.

개의 놀이는 복지를 나타내는 지표가 아닐 수는 있지만, 복지를 증진시킬 수는 있다. 그래서 최근에는 개의 훈련에 놀이를 포함시키기도 한다. 개를 훈련시킬 때 긍정강화(사실 정적 강화가 더 정확한 표현임)가 부정강화(Negative Reinforcement)나 처벌보다 더 효과가 좋다고 알려져 있다. 뿐만 아니라 개들은 사람 이외의 다른 동물, 특히 고양이를 비롯하여 새, 알파카, 말, 라쿤, 곰, 사자는 물론 양들과도 놀이를 하기도 한다.

모든 개들의 놀이와 관련된 특징들

모든 개들은 놀이를 좋아한다. 개들이 놀이를 하지 않으려고 하는 경우는 일반적으로 질병이 걸렸다거나, 수의학적으로 치료를 받아야 하는 상황인 경우, 스트레스를 받은 경우, 겁을 먹은 경우, 배고픈 경우, 그리고 사회화가 되지 않은 경우, 그리고 경험이 부족한 경우 등이며 거의 전부 동물복지 차원에서 바람직하지 않은 것들이다.

개들은 같이 놀고 싶어 하는 친구 개가 있는 경우가 많다. 공원에서 개들은 서로 같이 놀아줄 상대방을 찾아 놀자고 신호를 보내지만 일부 개들은 자신의 파트너가 올 때까지 기다리는 경우가 있다. 이러한 행동은 개들도 친구를 사귄다는 것을 의미한다. 하지만 개들은 친구가 오지 않으면 다른 개들과 같이 어울려 논다.

개들이 놀이를 신청하는 것은 여러 가지 방법이 알려져 있다. 그중 가장 대표적인 것이 바로 플레이 바우(Play Bow)라고 알려진 동작이다. 이 외에도 플레이 페이스(Play Face)라고 하는 표정이 놀고 싶다는 것을 표현할 수 있다. 일반적으로 입을 약간 벌려 혀는 내밀고, 이빨이 살짝 보이도록 하면서 눈은 부드럽게 하는 이 동작은 행복하다고 느끼게 하

는 것으로 해석되지만 전통적으로 플레이 페이스라고 알려져 왔다. 이외에도 개들은 놀자고 할 때, 배를 보이며 눕고, 앞발을 상대방의 얼굴에 가져가는 경우가 있다. 이것도 놀자는 의미이며, 이외에 사람들이 흔히 헷갈릴 수 있는 것이 놀자며 으르렁거리는 경우가 있다. 일반적으로 매우 친밀감이 넘치는 개들은 언뜻 보면 서로 싸우는 것처럼 보이는 경우가 있다. 그러므로 신체 언어를 정확하게 파악해야 한다. 싸우는 동작과는 달리 놀이 행동으로는 상처를 입지 않는다. 이외에도 점프나 겅중겅중 뛰면서 즐거운 마음을 표현하는 것도 놀이를 같이하자는 의미이다.

플레이 바우 행동 자체도 어린 개와 나이 든 개 사이에서 의미가 다를 수가 있다.

일반적으로 플레이 바우는 놀이를 시작하자는 좀 더 예의 갖춘 동작이며 플레이 바우로 시작한 놀이는 놀이시간이나 정도가 어느 정도 정형화 되어 있다. 그러므로 이 동작은 놀이를 시작할 때 하는 동작이며, 놀이 중간에 놀이를 계속하자는 의미로 사용되지 않는다. 다만 놀이를 하다가 쉬고 나서 다시 놀이를 시작할 때, 플레이 바우 동작을 통해서 새롭게 놀이를 시작한다.

이미 앞서 언급했지만, 개들은 역할 바꾸기와, 자기 불구화(Self-Handicap)를 통해서 놀이를 하며 두 마리의 개 모두가 즐거울 수 있도록 한다.

마지막으로 개들은 집단에 있을 때 서로 다른 개들로 인하여 다른 개의 몸짓 신호를 파악하기 어렵기 때문에 놀이 시간이 짧아지는 경향이 있다.

11장

우위성(Dominance) 문제

우위성에 대해서 말이 많은 이유는 우위성과 서열을 동일한 개념으로 사용하는 일부 훈련사들이 있기 때문이다. 국내 일부 훈련사들은 서열이 없다고 주장하기도 하지만 개들은 분명히 서열을 가지고 있다. 일반적으로 동물행동학자들이 개들은 서열이 없다고 말할 때 그 의미는 서열 자체가 없다는 것이 아니라, 사람들이 생각하는 그런 종류의 서열이 없다는 의미가 대부분이다. 일반인들은 서열을 마치 사자 무리나 침팬지 무리의 서열로 이해하려는 경향이 있다. 즉, 사자와 침팬지 무리는 서열 1위가 되기 위해서 끊임없이 노력하며, 서열 1위는 집단 내에서 암컷과 짝짓기의 우선권을 가지게 된다.

예를 들어, 개들이 집에서 가구를 씹어서 못쓰게 하거나, 베개를 씹거나, 땅을 파거나, 혹은 쇼파에 구멍을 내어 내용물이 나오게 하는 등의 행동을 하면, 개가 그것이 좋아서 했고, 그것이 개의 특징이고 본능이라고 해석해야 함에도 불구하고, 개가 자신에게 반항하고, 자기를 존중하지 않으며, 자신이 서열이 높다고 생각하기 때문이라고 말하기도 한다. 하지만 이것은 개들 사회의 서열과는 관련이 없다.

역사적으로 초기 훈련사들도 서열을 오해했다. 특히 개 훈련에 대한 연구가 군견에서 시작되었다는 점에서 초기에 우위성 개념이 무비판적으로 받아들여졌다는 것을 쉽게 이해할 수 있다. 그리고 "위계 서열=

권력=착취=악"이라는 도식을 가지고 있는 자유로운 학계에서 우위성을 부정한다는 것도 이해가 되는 이야기이다.

예전에는 개와 줄다리기(Tug of War)게임을 할 때 주인이 지면 개가 주인을 무시한다고 말하기도 했다. 이것은 우위성이라는 개념을 개의 모든 행동에 적용하는 것은 잘못이라는 점과, 개가 놀이를 얼마나 좋아하는지 모르기 때문에 나온 말이다.

지금은 서열이 존재하고 우위성이 존재하지만, 이것을 훈련이나 행동교정에 적용하지 말라고 한다. 그러므로 대부분의 훈련사는 우위성에 대해서 매우 조심스럽게 접근하며, 폭력적이거나 강압적인 태도를 우위성 이론으로 정당화하는 것에 대해서 반대한다.

현재 우리나라의 애견 훈련의 상당 부분은 혼란한 상태라고 할 수 있다. 분명히 보이는 우위성과 오래된 훈련 서적, 그리고 새로운 이론 사이에서 정확한 지침을 가지고 있지 못하다.

우위성이란 무엇인가?

가장 중요한 것은 개에게 있어서 우위성이라는 것은 개들 간의 관계를 설명하는 단어이지 공격성과는 무관한 단어라는 것이다. 예를 들어 보자. 두 마리의 개가 있을 때 한 마리가 좋은 자리를 차지하기 위해서 다가오고 비켜달라는 신호를 하면 다른 개가 비켜준다. 이러한 상황에서 자리를 차지한 개를 우위에 있다고 말한다. 그뿐만 아니라 개들에게서 서열도 존재하는 것으로 보이며, 그 서열은 선형적이다. 개들이 보내는 신호에는 여러 가지가 있지만 가장 대표적인 것이 몸짓이다. 우위성이 있는 개는 사람이 보기에 당당한 걸음걸이, 꼬리는 올라가 있고 귀도 쳐져 있지 않다. 반대로 복종적인 개는 꼬리가 내려가거나 뒷다리 사이로 감추고 귀도 뒤로 젖혀져 있다.

　일반적으로 우위성을 기준으로 서열을 생각해보면 3가지 모델이 있다. 첫번째는 대장 하나만 서열이 높고 나머지는 거의 같은 서열인 경우이다. 두번째는 직선형의 서열이다. 이 경우 A>B>C>D>E 의 군대식 서열이 만들어진다. 마지막은 비직선형(비선형)의 서열인데, 종종 닭에게서 볼 수 있다. A>B>C인데 C>A가 되는 경우이다.

　이 중 개에게서 볼 수 있는 서열은 직선형 서열이며 아무리 관찰해도 비직선형의 서열은 관찰되지 않는 것으로 알려져 있다. 하지만 앞서 언급했듯이 개는 서열을 그렇게 중요시하는 동물은 아니다.

　즉 개들을 관찰하면 개들 사이에 서열이 존재하며, 우위성을 가진 개체가 분명히 존재한다는 것을 알 수 있다.

　특정 개가 다른 개에 대해서 우위성을 가지고 있다고 해도, 이것이 공격성을 통해서 얻은 것이 아닌 경우가 많다. 이들은 서로 신체의 크기 등과 활력 등을 비교하고 자신이 약하다고 생각하고 물러났다고 해서 모든 것을 양보하는 것도 아니다.

　흔히 상황적 우위성(Situational Dominance) 현상도 발견된다. 이것은 늑대에게서도 발견되는 것으로 서열이 낮은 암컷이 자신의 먹을 것을 수컷에게 양보하지 않는 경우와 같이 서열이 낮은 개체가 자신의 먹을 것을 서열이 높은 개체에게 양보하지 않는 현상이다. 그러므로 우위성을 마치 사자 집단의 서열 1위 동물이 거의 마음대로 하는 것과는 전혀 다르게 보아야 한다.

　대개의 우위성은 음식, 영역, 짝짓는 파트너 등에서 우선권을 갖기 위해서라고 할 수 있다.

　개들이 서열이 나타남에도 불구하고, 그들이 공격성과 이어지지 않는 것은 아마도, 인간이 제공하는 먹이가 풍부하고, 개들이 무엇보다 놀이를 매우 즐기기 때문일 수도 있다.

예를 들어 개들은 줄다리기를 매우 좋아하는 것으로 알려져 있다. 이때 더 크고 더 강한 개체가 항상 이기는 것이 아니다. 더 강한 개체는 스스로 핸디캡을 만들기도 하고 역할을 서로 바꾸기도 한다. 이것이 놀이가 된다. 일부 훈련사들은 줄다리기 놀이에서 사람이 지면 서열이 낮아지기 때문에 반드시 이겨야 한다고 조언하고는 했다. 하지만 그것은 사실이 아니다. 많은 사람들이 관찰한 결과 사람들이 가끔 져줘야 개들이 더 재미있게 사람과 놀 수 있다. 놀이에서 이겼다고 해서 개들이 사람을 무시하는 등의 행동은 하지 않았고 오히려 유대관계가 좋아졌다. 만약 사람이 계속 이기면 개는 놀이에 더 이상 흥미를 갖지 않게 된다.

우위성과 공격성은 전혀 다르다

예전에는 우위성을 공격성과 관련해서 설명했다. 이것은 일차적으로는 동물원 늑대의 조직에서 빌려온 개념이지만, 동물원의 늑대는 일반적인 자연의 무리와는 전혀 달랐기 때문에 별 의미가 없는 것이었다. 하지만 아직도 많은 사람들은 조직의 우두머리가 있고 이것을 알파독이라고 부르고, 이 알파독이 모든 것을 통제한다고 생각했었다. 이것은 분명히 틀린 개념이고 이 때문에 많은 사람들이 우위성이라는 용어를 기피하게 되었다.

개와 개 사이의 관계를 보면 예를 들어 힘센 개가 동네를 돌아다니면서 다른 개에게 힘의 우위를 자랑하고 다니는 것을 볼 수 있다. 이러한 관계를 표현하기에는 우위성이라는 용어가 매우 적합하다고 마크 베코프 교수는 지적하고 있다. 사실 이러한 상황을 표현하기에는 우위성이라는 용어가 가장 적합하다.

복종적이라는 단어의 잘못된 의미

이 책에서도 복종적(Submissive)이라는 단어를 사용하지만, 복종적이라는 단어를 우리말로 번역하기 어렵다. 일단 복종적이라는 단어에는 공격적인 대상에게 복종적인 모습을 보일 경우 공격을 피할 수 있다는 것이다. 만약 이러한 동작이 정말로 복종적이라면, 서로 다른 무리에서 온 두 마리의 늑대가 만났을 때, 약한 개체가 복종적인 동작을 보이면서 공격을 피하려고 할 것이다. 하지만, 자연에서는 약한 늑대가 이런 태도를 보이지도 않고 보인다고 해도 살아남기 어렵다. 늑대 무리는 다른 무리의 공격을 받고 종종 죽임을 당한다.

과거의 우위성 개념을 훈련이나 행동교정에 적용하면 안 된다

우위성이 문제가 되는 이유는 많은 사람들이 개들을 훈련시에 우위성, 혹은 서열을 내세워서 개를 약간 학대하는 경향이 있기 때문이다. 이것은 아주 잘못된 개념이며 우위성의 개념을 오해한 것이다.

개들은 훈련을 놀이로 인식하고 있으므로 오히려 호기심을 자극하는 다양한 방법으로 시도하는 것이 바람직하다. 더 바람직한 것은 개들에게 사람들의 의도를 이해시키는 것이 중요하다. 하지만 서열이 존재하지 않는 것도 아니므로 일반적으로 동물행동학자들은 오히려 리더십이라는 표현으로 과거의 약간은 폭력적인 훈련 방식과는 다른 개념을 제공하고 있다. 유튜브에서 멍멍이삼촌으로 알려진 박병준씨는 "교감적 서열"이라는 표현을 하고 있으며, 미국의 제니퍼 아놀드는 유대관계 기반의 훈련법을 제시하고 있다. 이러한 훈련법들은 과거의 행동주의적인 훈련법에 비해서 동물행동에 대해서 더 많은 지식을 필요로 하지만 훈련 효과가 더 우수하다.

우위성를 대체할 수 있는 모델은 없는가?

앞서 말했듯이 우위성이 존재하고 이것이 중요하다는 연구자들이 있는 것은 사실이지만, 이전의 개념과는 달라진 측면이 있다.

하지만 우위성의 의미 혼동을 줄이기 위해서 일부 학자, 특히 브레드쇼 박사는 새로운 모델로 자원확보가능성(Resources Holding Potential)을 제시하고 있다. 이는 유명한 게임이론이며 집단을 이해하는데도 도움이 된다. 특히 두 마리의 개체가 서로 어떻게 행동하는가에 대한 새로운 통찰을 보여준다.

자원확보가능성 모델에 따르면 개들은 두 마리가 만났을 때 자원을 놓고 서로 싸울 것인가, 아니면 물러날 것인가를 결정할 때 자원의 가치와 싸움을 했을 때 입을 수 있는 피해를 계산하고 행동한다는 것이다. 이 게임이론에서 가장 유명한 모델은 독수리-비둘기 이론이다.

이를 개의 행동에 적용해 보면, 개가 자신이 먹으려는 먹이가 있는데 다른 힘이 쎈 개가 다가올 경우, 가장 좋은 전략은 도망가는 것일 수도 있지만, 일단은 두려움에 의한 공격성을 보이는 것이다. 만약 상대방 개가 자원에 대해서 큰 관심이 없다면 물러날 수도 있기 때문이다.

일반적으로 개의 행동은 그 전에 경험한 내용을 바탕으로 결정되기 때문에 이 개는 두려움에 의한 공격성을 보일 경우 성공한 경험이 많다는 것을 알게 되고, 상대적으로 공격적인 모습을 보일 수가 있다. 이러한 것을 사람들이 보고 우위성에 의한 공격성으로 오해했을 가능성이 크다.

또 한 가지 예를 들면 개가 사료를 먹고 있을 때, 어린 강아지가 다가오면 위협을 한다. 어린 강아지는 싸우면 이길 수 없다는 것을 알기 때문에 바로 물러난다. 하지만 강아지들이 다른 성견이 가지고 놀던 장난감에 접근하고 이 장난감을 가지고 놀려고 할 경우, 성견은 이를 용납하는 경우가 많다. 이는 힘으로 강아지를 이길 수야 있겠지만, 그 자원의 가치가 성견에게는 크지 않고, 강아지는 장난감의 가치가 크기 때문에 한 번 보유를 시도해볼 만하다고 생각할 것이다.

개들이 가축화되면서 다른 동물, 특히 늑대와 가장 큰 차이를 보이는 것은 동물 간의 크기에 대해서 별로 고려하지 않는다는 것이다. 이는 자연계에서 다른 동물에게서는 거의 볼 수 없는 특징이다. 즉 애견 놀이터에서 치와와와 시베리안 허스키가 만났을 때 치와와가 전혀 기죽지 않는다는 것이다.

일반적으로 가축화된 개들이 스스로 먹이를 확보해야 할 이유가 없기 때문에 공격성이 그들의 생존의 기본 전략일 가능성은 높지 않다.

하지만 서열이 존재하지 않는 것도 아니므로 일반적으로 동물행동학자들은 오히려 리더십이라는 표현으로 과거의 약간은 폭력적인 훈련 방식과는 다른 개념을 제공하고 있다. 유튜브에서 멍멍이삼촌으로 알려진 박병준씨는 "교감적 서열"이라는 표현을 하고 있으며, 미국의 제니퍼 아놀드는 유대관계 기반의 훈련법을 제시하고 있다. 이러한 훈련법들은 과거의 행동주의적인 훈련법에 비해서 동물행동에 대해서 더 많은 지식을 필요로 하지만 훈련 효과가 더 우수하다.

그레이트 데인과 치와와 강아지

12장

개의 감각기관과 한계

개들의 행동에 감각기관이 미치는 영향 자체는 크지 않을 수도 있다. 감각기관의 한계를 알아두는 것은 개들의 행동을 이해하는 데 도움이 된다. 예를 들어 개들은 붉은색을 잘 볼 수 없다거나, 사람이 들을 수 없는 고주파 음을 들을 수가 있기 때문에 우리가 이해하지 못 하는 행동을 할 수도 있다.

시각

● 개들은 적녹색맹이다

오래전에는 개들은 전혀 색을 구분하지 못하고 오직 흑백으로만 이해한다고 생각해서 색맹이라고 알려졌었다. 하지만, 지금은 개들이 일부 색을 구분한다는 것을 잘 알고 있다. 1980년대 제이 네이츠(Jay Neitz)는 자신들이 입양한 티컵 푸들 레티나를 통해서 개가 색을 구분할 수 있다는 것을 증명했다.

다만 개들은 사람으로 따지면 적녹색맹으로 이 두 가지를 구분하지 못한다. 이는 개의 망막에 있는 원추세포가 사람은 빨강, 초록, 파랑을 인식하는 3가지 종류가 존재하지만, 개는 2가지만 존재하기 때문이다. 사람의 경우도 적녹색맹이면 신호등의 녹색과 빨간색을 구분하지 못한다. 마찬가지로 개들은 신호등의 빨간색과 녹색을 구분하지 못한다.

　제이 네이츠에 의하면 개들은 노란색, 파란색과 회색을 볼 수 있으며, 빨간색과 녹색은 잘 구분하지 못한다. 이 때문에 일반적으로 개들은 녹색의 잔디밭에 있는 오렌지색 공을 바로 앞에 두고도 못 보는 경향이 있다.

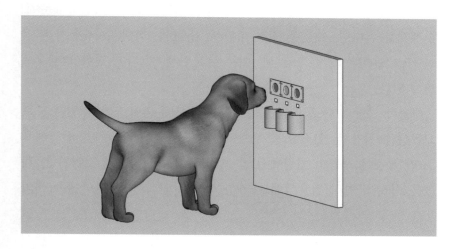

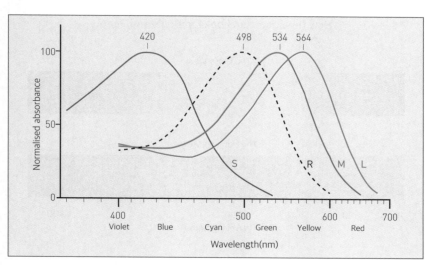

제이 네이츠의 기념비적인 연구 결과는 1989년에 발표되었다. 당시 논문에 따르면 개들의 원추세포에 있는 세포들은 429nm와 555nm의 피크 파장을 인식하는 색소를 가지고 있다는 것을 보여주었다. 이는 사람의 원추세포와 파란색은 거의 일치하지만, 사람이 녹색과 적색의 원추세포를 가진 것과는 달리 개는 노란색을 인지하는 원추세포를 가지고 있다는 것을 의미한다. 즉 개는 파란색과 노란색을 보기 때문에, 무지개를 본다면, 개들은 진한 파란색, 파란색, 회색(특이하게 시안색을 회색으로 인지함), 밝은 노란색, 어두운 노란색, 그리고 진한 회색으로 보게 된다.

개들이 사람과 다르게 색을 인지하기 때문에 흔히 도시에 있는 도로 교통콘은 개가 잘 인식할 수 없는 색이다. 개들의 장난감을 빨간색으로 만든 것은 사람의 입장에서 잘 보일 것이라고 생각한 것이지만, 개들은 이것을 거의 검은색에 가까운 색으로 인식한다. 만약에 녹색의

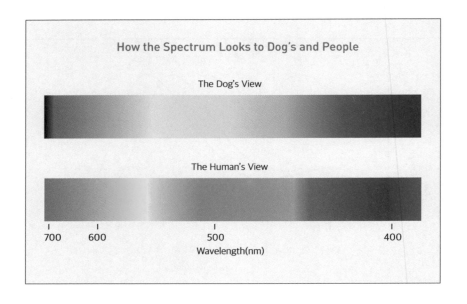

잔디밭에서 빨간색 장난감 공을 던져주고 가져오라고 할 때 이를 가져오지 않으면 놀고 싶지 않은 것이 아니라, 개가 이 공을 잔디밭에서 찾지 못했기 때문일 수도 있다. 그러므로 개에게 장난감을 사줄 때는 노란색이나, 파란색 장난감이 더 눈에 잘 보인다는 것을 기억해야 한다. 특히 초록색과 파란색은 우리 눈에는 비슷하지만 개들은 확연하게 구분하는 색이라는 것을 염두에 둘 필요가 있다.

● 개들의 시력은 얼마나 되는가?

개들이 얼마나 먼 곳의 물체를 정확하게 바라볼 수 있는가를 계산하는 방법은 아주 간단하다.

일반적으로 20피트 혹은 6m에서 사람들이 그 자리에서 읽는 것을 구분할 수 있다면 이것을 20/20이라고 표시한다. 하지만 만약 20피트 떨어져서 남들이 40피트 거리에서 볼 수 있는 글자밖에 인식하지 못하면 이것은 20/40이라고 표현한다.

개를 대상으로 실험한 결과를 보면 처음 연구 결과로 발표된 것은 20/75였다. 이는 사람이 23m(75피트) 떨어진 곳에서 볼 수 있는 것을 개는 6m(20피트)까지는 접근해야 제대로 구분해서 볼 수 있다는 것을 의미한다. 그러므로 개의 시력은 사람으로 비교하면 매우 나쁜 편이라고 할 수 있다.

● 개들은 명암을 잘 구분한다

개는 저녁 해질 무렵에 활동하던 동물이기 때문에 무엇보다 명암을 구분하는 것이 매우 중요하다. 빛의 명암은 원추세포가 아니라 간상세포가 감지하며 개의 간상세포의 숫자는 사람보다 많기 때문에 개는 명암을 매우 잘 구분한다고 알려져 있다.

● 개는 TV를 좋아할까?

최근에는 개들은 TV를 좋아하는 것으로 보인다. 하지만 이것은 TV 주파수와 관련이 있다.

형광등의 경우, 가정용 전기가 60Hz이기 때문에 1초에 120회를 깜빡이지만 사람의 눈에는 이것을 감지할 수 없으므로 마치 형광등은 항상 일정한 빛을 내는 것으로 착각하게 된다. 마찬가지로 영화관에서도 영화의 영상 자체는 하나의 그림이지만, 이것이 1초에 30회 정도의 속도로(프레임 레이트라고 한다) 돌아가기 때문에 사람의 눈에는 마치 동영상으로 느끼게 된다. 하지만 이러한 영상도 민감한 사람은 깜빡이는 것을 느낄 수 있다. 일반적으로 사람은 55Hz 이상이 되면 깜박임을 느끼지 못한다. 그러므로 대개의 컴퓨터 모니터가 60Hz 이상을 권장하고 있는 것이다.

비글을 이용해서 조사한 바에 의하면 비글은 75Hz까지 깜빡임을 느낄 수 있다고 알려져 있다. 그러므로 사람보다는 50% 정도 더 민감하다. 일반적인 TV는 초당 프레임수가 약 30이며, 고화질 TV로 오면서 60Hz에 이른다. 그러므로 개들이 볼 때 TV는 깜박임이 심하고 그 때문에 뭔가 현실감이 떨어지기 때문에 사람보다는 TV를 그다지 좋아하지 않는다.

그러나 최근 TV나 모니터는 초당 프레임수가 높아져서 이제는 개도 TV나 컴퓨터 모니터 보는 것을 좋아한다는 의견이 대부분이다.

● 개는 개가 나오는 만화를 좋아할까?

개는 TV에서 살아있는 개나 동물이 나오면, 특히 달리는 동물에게는 관심을 보이지만, 카툰 형식의 개가 나오면 급격히 관심을 잃는 것으로 알려져 있다. 이것은 개가 추상화 능력이 떨어지기 때문이라고 생각된다. 우리 인간도 구석기 시대의 알타미라 동굴의 암각화를 보면 매우 세밀하고 자세히 동물을 그렸지만, 신석기나 청동기의 암각화에 선 단순화되고 추상화된 것을 볼 수 있다. 이는 추상화 능력이 두뇌가 진화되는 과정에서 후반기에 얻은 능력이라는 것을 잘 보여준다.

우리는 카툰의 개가 실제 개를 형상화한 것인지 알지만, 개들은 그렇게 인식하지 못하므로 개들은 화면 속에서 비록 뭔가 움직이지만 살아 있는 동물이 아니므로 관심 가질 필요가 없다고 생각할 것이다.

개의 청각

일반적으로 개는 사람보다 4배 정도 청각이 민감하다고 한다. 이 주장은 알곤퀸 공원에서 팀버 울프를 연구하던 조슬린이 조용한 밤에 늑대의 새끼들은 4마일 밖의 하울링도 반응하지만, 사람은 대략 1마일 밖의 소리까지만 들을 수가 있다는 것에서 시작된 말이다.

최근에는 BEAR 테스트가 개발되어 개의 청력을 과학적으로 측정할 수 있게 되었다. 우선 하나의 전극은 개의 머리 가죽 부분에 연결하고 이어폰과 내이에 작은 마이크를 이용해서 소리 신호를 보낸다. 말로는 매우 이상하게 들릴지 모르지만, 매우 안전한 장치이며 긴장하지 않은 개라면 쉽게 검사 받을 수가 있다. 소리를 내면 내이의 전기적 활동을 측정하고 뇌의 전기적 변화를 측정하여 소리 신호가 뇌로 전달된 것을 확인할 수 있다. 이러한 방법의 장점은 개가 청력 테스트를 위해서 훈련받을 필요가 없다는 것이다. 특히 나이들은 개들은 이러한 방식으로 개가 청력을 잃어버렸는지 파악할 수 있다.[52]

이제 개와 사람의 청력을 비교하면, 개는 사람보다 높은 파장의 소리를 잘 들을 수가 있고, 낮은 영역은 사람과 개의 청력이 비슷하다고 알

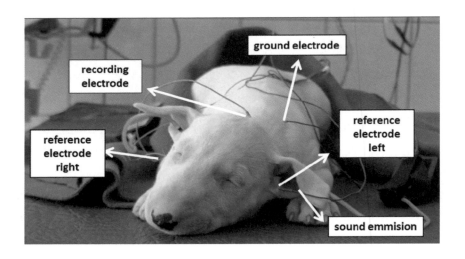

려져 있다.

우선 2,000Hz 이하 65Hz까지는 사람과 개가 비슷한 청력을 가진다. 3,000~12,000Hz까지는 사람보다 -5~15dB 소리를 들을 수 있다고 알려져 있다. 12,000Hz 이상에서는 사람은 소리를 거의 듣지 못하지만 개는 이를 잘 듣는다.

하지만 사람도 젊은 사람은 20,000Hz의 소리를 듣기도 한다. 사람들은 나이가 들면서 청력이 약해지며, 특히 고주파수의 음을 듣지 못하게 되고 대개 16,000Hz 이상의 소리를 듣기 어려워진다.

개의 경우는 47,000~65,000Hz의 소리까지 들을 수가 있다고 알려져 있다. 그러므로 개들은 사람이 듣지 못하는 소리를 들을 수가 있다. 이 때문에 조용한 저녁에 작은 짐승의 움직임 소리를 듣고 반응할 수도 있다.

개가 사람보다 고주파수에 민감하기 때문에 개들은 이러한 주파수의 소리를 내는 진공청소기, 잔디깎기를 비롯하여 전기로 회전하는 기계에 대해서 매우 민감한 반응을 보이기도 한다. 이는 사람에게는 안 들리지만 매우 빠른 회전 때문에 고주파 음이 나오고 이러한 소리가 개들에게는 고통스러울 정도로 큰 소리로 들릴 수가 있다.

개가 고주파 음을 듣는 것은 늑대와 자칼 그리고 여우처럼 설치류나 작은 동물을 잡아먹었기 때문이다. 이들 동물은 매우 날카로운 고주파 음을 내기 때문에 개는 이 소리로 먼저 이들이 있다는 것을 감지하고 몸을 숙여 이들을 찾아낸 다음에 사냥한다. 고양이는 이보다 더욱 작은 동물의 사냥에 적합하게 진화되어 개보다 5,000~10,000Hz 높은 소리를 들을 수 있다.

개의 후각

개의 후각은 매우 뛰어나다. 무엇보다 개의 뇌에서도 후각이 차지하는 부분이 매우 크다. 개의 후각에 대한 연구는 알렉산드라 호로비츠의 저서로 잘 알려졌다.

일반적으로 사람의 후각세포를 모두 펴놓으면 우표 한 장 크기 정도이지만 개의 후각세포를 모두 펴놓으면 A4 용지 한 장 정도라고 말한다. 이는 약 60배 정도의 차이이다.

인간이 약 500만 개의 후각 세포를 가지고 있는 것에 비해 후각이 뛰어난 개는 약 2억~3억 개의 후각세포를 가지고 있어 사람의 약 44배에 달한다. 코 속 깊은 곳에서 냄새를 감지하는 후상피의 표면적은 견종에 따라 차이를 보이지만 사람의 약 50~60배이다.

또 개의 코가 항상 촉촉하게 젖어 있는 것도 냄새 입자를 쉽게 포착하여 냄새를 더욱더 잘 맡기 위해서이다. 이는 비강선에 의해 생성되는 분비액으로 공기 중의 냄새 입자를 용해해 후각능력을 증대시키는 역할을 한다. 특히 비글, 블러드하운드, 바셋하운드 등은 코의 습도가 높아 후각이 매우 발달한 품종이다.

개는 특별하게 입에서도 냄새를 맡을 수 있다. 개의 입천장에는 사람에게 없는 보습코기관(Vomeronasal Organ, 일부 종에서는 제이콥슨 기관이라고 부름)이라는 특별한 구조를 가지고 있어 입속에서도 냄새를 맡을 수 있다. 다만 대개 보습코기관을 가진 동물은 입을 조금 벌리고 고개를 들어 냄새를 맡도록 도와주는 동작인 플레멘(Flehmen)[53] 행동을 하지만 개는 이러한 동작을 하지는 않는다.

개들은 모든 냄새에 대해서 사람보다 뛰어난 후각을 자랑하지만, 무엇보다 동물과 관련된 냄새에 더욱 민감하다. 개들은 부틸산의 냄새에 매우 민감한데, 이것은 땀에 포함된 유기산이다. 사람도 땀 냄새에 매우 민감하여 1평방 미터에 1g의 5백만분의 1 정도만 있어도 냄새를 감지할 수 있지만, 개는 이보다 훨씬 민감하다. 예를 들어 10층 건물에 1g의 부틸산이 퍼져 있다면 사람은 냄새를 거의 못 느끼지만 개들은 100m 높이로 약 350 평방 킬로미터의 면적에 퍼져있는 냄새를 감지할 수 있다. 서울이 약 600 평방 킬로미터이므로 서울의 절반이라고 할 수 있다.

● 개는 코가 긴 개가 냄새를 잘 맡는다

코가 길수록 후각세포가 많이 있기 때문에 냄새를 잘 맡는다. 닥스훈트는 1억2천5백만 개의 후각세포를 가지고 있고, 폭스하운드는 1억4천7백만 개, 그리고 독일 셰퍼트는 2억2천5백만 개의 후각 세포를 가지고 있다. 그런데 비글은 2억2천5백만 개의 후각세포를 가지고 있어 셰퍼트와 같다. 가장 후각세포를 많이 가지고 있는 것은 블러드하운드로 약 3억개의 세포를 가지고있다. 이에 반하여 사람은 겨우 5백만 개의 후각세포를 가질 뿐이다.

이유는 알 수 없지만 수컷이 암컷보다 냄새를 잘 구분한다. 이것은 해부학적인 문제가 아니라 행동학적으로 개가 암컷의 발정에 관심을 보이고 그만큼 냄새에 관심이 많기 때문일 수 있다.

● 개는 암의 냄새를 맡을 수가 있다

미국 시카고에 살고 있던 알렌 골드버그는 자신의 개인 더프(코카 스파니엘)이 자기에게 달려들어 자신의 등에 있는 작은 점을 냄새 맡는 버릇이 생기자, 이를 자신의 주치의에게 말하고 이 작은 점을 제거한 후에 조직검사를 했다. 그 결과 놀랍게도 이 점이 흑색종이라는 것이 발견되었고, 흑색종은 전이가 되면 매우 심각하기 때문에 생명을 잃을 수도 있었다. 이 사례는 1989년 랜싯(Lancet)에 소개되었으며 그 이후로 개가 암을 발견할 수 있다는 많은 연구가 진행되었다. 예를 들어 1996년 코그네타(Cognetta)는 조지라는 개를 입양하여 훈련시켜서 암을 발견할 수 있게 되었다. 실제 환자를 대상으로 암을 발견했지만, 숫자가 적어 결론을 내리기는 어려웠다. 그 이후로 영국의 아머샴 병원의 캐롤린 윌리스(Carolyn Willis)가 소변을 통해서 방광암을 찾아내도록 개를 훈련시켰고 성공률은 41%였다.

이 이외에도 후에 많은 연구가 진행되었고, 이를 통해서 특정한 물질을 분리하려는 시도가 있으나, 아직 이에 대한 확실한 결과가 도출되지는 않았다.

● 킁킁거림(Sniff)

개는 냄새 맡기에 좋은 메커니즘을 가지고 있다. 그중 하나는 킁킁거림(Sniff)이다. 개의 코는 공기역학적으로 매우 효과적으로 구성되어 있다. 일반적으로 단순히 공기를 통과시킬 경우에는 코의 후각기관에 들어가는 공기의 양이 적고 킁킁거림을 할 경우, 냄새를 맡는 후각 신경이 있는 부분으로 공기가 더 많이 이동하게 된다. 그러므로 킁킁거림을 하지 않으면 개의 냄새 맡는 능력이 매우 떨어진다.

초기에 후각을 연구한 에른스트 하인리히 베버는 자신의 코에 향수를 붓고 가만히 있으면 그 향수 냄새를 맡을 수가 없다는 것을 처음 발견했다. 그 이후로 많은 사람들이 다양한 방법으로 실험을 했는데, 한 가지 결론은 킁킁거림을 하지 않는 경우에는 냄새를 맡지 못했다는 것이다. 개는 특히 킁킁거림의 패턴이 다양하다.

개는 냄새를 맡아야 할 것이 멀리 있다면, 깊게(오랫동안) 킁킁거림을 한다. 한 실험에 의하면 냄새를 따라서 달리는 개는 40초 동안 깊은 킁킁거림을 한다는 것이 밝혀졌다.

반대로 냄새가 가까운 곳에서 발생한다면 짧고 얕은 킁킁거림을 한다. 일 초당 5번에서 12번까지도 할 수 있으며 이는 개들이 헉헉대는 주기와 유사할 때가 많다. 개들이 숲속에서 뭔가를 찾고 자주 킁킁거리는 것은 그 냄새를 맡지 못했기 때문이 아니라, 그 냄새를 더 정확하게 파악하기 위함이다. 마치 사람이 어느 정도 거리에서 모나리자인지 알 수 있지만, 가까이서 보면 그린 붓의 터치까지 파악할 수 있듯이 개들도 가까이서 냄새를 맡음으로써 그 물체의 구조까지 파악하고자 함이다.

개는 주로 오른쪽 코를 통해서 냄새를 맡기 시작하고 냄새가 좋으면 왼쪽 코도 같이 이용한다. 그러나 냄새가 좋지 않거나 뭔가 의심스럽다면 오른쪽 코만을 사용할 수도 있다.

사람은 숨을 들이마시고 내쉴 때 같은 방향으로 공기가 들어오고 나가지만, 개는 숨을 내쉴 때도 공기가 한 번에 밖으로 빠지지 않고, 그 안에서 난류를 일으키고 코의 옆부분으로 빠져나가기 때문에 공기가 코 안에 더 오래 머무르게 한다.

● 후각 유전자

개의 냄새 맡는 유전자는 1,100개 정도의 수용체 유전자를 가지고 있지만, 이 중에서 약 800개만 제대로 작동한다. 개의 유전자가 모두 19,000개 라는 점을 생각하면 약 5%가 후각을 담당한다고 할 수 있다.

개들은 후각에 대한 능력이 조금씩 다른데, 예를 들어 복서(코가 짧음)는 푸들보다 수용체 수가 약간 적다. 아직 정확하게 결론이 나지는 않았지만, 특정 유전자가 특정한 냄새를 인지하는데 관련되어 있을 수가 있다. 예를 들어 어떤 개들은 폭발물 감지 능력에 있어서 다른 개보다 능력이 떨어지기도 한다. 유전적으로 어떤 개들이 다른 견종보다 냄새를 더 잘 맡을 수 있는가에 대해서는 아직 정확하게 밝혀지지는 않았다.

● 개에게서 후각의 의미

사람이 사물을 기억할 때 시각이 매우 중요하지만, 강아지는 후각이 오히려 더 중요하다고 여겨진다. 개들이 다른 강아지를 처음 만났을 때 가장 먼저 서로의 엉덩이 근처 냄새를 킁킁 맡는 모습을 볼 수 있는데, 이는 강아지가 항문선 냄새를 확인하는 것으로 생각된다. 개의 항문선은 항문 근처에 있는 분비샘인데 항문선 냄새를 맡으면 성별, 나이, 호르몬의 양 및 건강 상태까지 상대 강아지에 대한 대부분의 정보를 알아낼 수 있다.

● 개는 냄새로 시공간을 파악한다

개는 냄새로 공간을 파악할 수 있다. 예를 들어 아침부터 저녁까지 시간의 흐름도 냄새로 파악할 수 있으며, 땅에서 올라오는 냄새와 공기 중의 냄새 비율 등으로 고기압과 저기압도 어느 정도 파악할 수 있다.

또한 주인이 집으로 돌아올 시간도 집안에 남아있는 주인의 냄새가 시간에 따라서 약해지는 것을 이용해서 파악할 수 있다. 의도적으로 집안에 주인의 냄새가 남아있도록 할 경우에는 시간을 파악하지 못하고 주인이 돌아오면 놀라기도 한다.

● 개의 항문낭 냄새

개는 항문낭이 있어서 이를 통해서 자신의 상태를 표시할 수 있다. 일부가 변이 묻을 수가 있는데 개의 경우 기분이 안 좋으면 냄새가 나빠진다.

그렇지 않은 병원도 많겠지만 많은 수의사들이 정기 검진에서 항문낭을 눌러 그 안의 분비물을 빼내 버린다. 만약에 그렇게 할 경우 사람은 소취제 등으로 냄새를 없애기 때문에 냄새를 못 맡을 수가 있지만, 개들은 병원에 가득 찬 이 냄새를 맡을 수가 있다. 이 냄새는 개를 엄청나게 두려워하게 할 수 있다.

● 개는 다른 개의 발자국의 냄새를 맡을 수가 있다

개는 발바닥에 땀샘이 있어 발자국에 냄새를 남길 수가 있다. 훈련된 개는 발자국에 남아있는 냄새 분자의 농도 차이로 5발자국만 있으면 어떤 방향으로 걸어갔는지 파악할 수 있다.

● 개가 사람의 얼굴을 핥는 것은 냄새를 맡기 위한 것이다

개가 사람의 얼굴을 핥는 것은 분명 늑대가 어미의 얼굴을 핥는 것과 관련되어 있는 것 같지만 실제로 그러한 행동이 늑대보다는 개에게서 흔하게 나타난다. 특히 성견에서 많이 나타나는데 이는 늑대에서는 보기 드문 일이다. 과연 이것이 먹이를 토해달라는 의미인지는

아직 명확하지 않다. 오히려 사람이 먹이를 토해주지 않음에도 불구하고 이러한 행동이 지속되기 때문에 과학자들은 그것보다는 사람의 냄새를 맡기 위한 행동으로 파악하고 있다. 즉 이것은 아마도 사람 간의 교류에서 학습된 것으로 받아들여지고 있다.

개의 미각

사람은 짠맛, 단맛, 쓴맛, 신맛, 감칠맛을 느낀다. 개도 이점은 마찬가지이지만, 개의 단맛 수용체는 포도당이 아닌 과당이나 설탕에 더 민감하게 반응한다. 이 점은 식물이나 과일이 익었는지 안 익었는지를 구별해야 하는 개에게 유리하게 작용했을 것이다. 개의 입천장과 혀에 있는 짠맛 수용체는 인간이 느끼는 짠맛을 느끼지 못한다. 사람의 미뢰(맛을 느끼는 감각 세포가 몰려있는 세포)는 9,000개인데 반하여 개는 1,700개에 불과하다.

하지만 수용체를 가장 강하게 자극할 수 있는 물질은 아미노산들이며 이것은 고기가 있다는 것을 의미하고 그다음 역시 산을 느끼는 수용체들이다. 이 역시 고기 맛을 느끼는 데 도움이 된다.

개와 사람과의 가장 큰 차이는 사람과는 달리 짠맛에 대한 기호가 거의 없다는 것이다. 사람과는 달리 개는 고기류를 먹던 늑대에서 진화되었으며, 고기류에는 이미 충분히 소금이 들어 있어서 짠맛에 대한 선호는 거의 없다.

● 맛 혐오 현상

마우스에게 사카린이 포함된 맛있는 물을 먹이고 방사선을 쪼이게 되면 방사선 때문에 구토를 하게 된다. 이때 마우스는 구토의 원인을 사카린과 연결시켜서 사카린을 피하게 되는 현상에서 맛 혐오라는 용어가 만들어졌다. 혐오는 생존과 밀접한 관련이 있으며, 아마도 이러한 현상은 위험 상황에서, 한 번 위험을 경험한 물질을 다시 섭취하지 못하게 하기 위한 방어기제로 발달한 것으로 생각된다.

● 개만의 독특한 미각

개는 퓨라네올(Furaneol)이라는 물질을 맛으로 감지할 수 있다. 이것은 과일에 많이 포함되어 있고 희석되면 딸기 맛이 나는 물질이지만, 토마토 등에서도 발견된다. 하지만 고양이는 이 맛을 느끼지 못한다. 개가 이 향을 좋아하는 것으로 보아 개가 과일도 선호하도록 진화한 것이라고 보인다.

● 개의 혀

개는 혀의 위치와 상관없이 농도만 충분하면 모든 맛을 다 느낄 수 있다. 하지만, 만약 농도가 묽다면, 각 부분마다 더 잘 느끼는 맛이 있기는 하다. 예를 들어 단맛은 혀의 앞과 양옆에서 더 잘 느낄 수 있다. 반대로 쓴맛은 혀의 뒤쪽에서 더 잘 느낀다.

개가 쓴맛을 싫어하기 때문에 가구 등을 보호하기 위해서 쓴맛이 나는 스프레이나 겔을 사용하기도 한다. 이러한 제품은 흔히 알럼(Alum)이라는 물질이나, 매운 고추에서 추출한 물질을 사용하기도 한다. 문제는 쓴맛을 느끼는 부분이 혀의 뒷부분에 있기 때문에 조금 오래 씹어야 이러한 맛을 느끼게 되므로 항상 효과가 좋은 것만은 아니다.

개는 물을 감지할 수 있는 미뢰도 가지고 있다. 이는 고양이도 마찬가지이며 사람은 그렇지 않다. 이 미뢰는 혀의 끝에 있으며 개가 물을 먹을 때 혀가 말리는 부분에 있다. 개는 물을 마실 때 혀를 뒤쪽으로

말아 마치 국자 모양으로 만든 후에 물을 먹는데 물에 닿는 표면적이
넓은 점도 물을 먹는데 도움이 된다.

촉각

  촉각은 태어날 때부터 가지고 있는 감각이다(개들은 처음에 태어나면 눈
과 귀가 막혀 있다). 강아지는 온도의 변화에 반응하여 따뜻하고 편안한
곳으로 움직인다. 개는 사회적 동물로, 사람이 개를 부드럽게 만져주
면 심장박동이 느려지고 혈압이 낮아진다. 이러한 점은 사람도 마찬가
지이다. 개는 환경에서 뭔가 새로운 것을 조사하고 배울 때 가장 촉감
이 민감한 부분인 주둥이 부분을 이용한다.

● 개의 수염

  개의 수염은 매우 민감한 부위이다. 뇌에는 신체 전체의 촉감을 담

당하는 지도를 그릴 수 있는 부분이 있는데, 얼굴을 담당하는 부분이 전체의 약 40%를 차지할 정도로 얼굴이 매우 중요하다. 특이한 것은 개의 얼굴의 수염을 담당하는 뇌 부분을 찾아낼 수 있을 정도로 이 부분이 매우 중요하다.

수염을 이용해서 주변에 뭔가가 다가오는 것을 감지할 수 있으며, 얼굴에 부딪치는 것을 피할 수 있다. 개의 수염을 톡톡 건드리면 수염이 있는 부위의 눈을 깜박이는 것을 볼 수 있다. 개는 또한 가까운 곳의 물체는 초점을 맞추지 못하기 때문에 수염을 이용해서 대충 크기와 형태를 알아낼 수 있다.

종종 미용사들은 수염을 단순히 미용상의 관점에서 바라보고 깔끔하게 미용하기 위해서 수염을 자르는 경우가 있다. 그럴 경우 개들은 오히려 스트레스를 받게 되고 주변 환경을 완전히 인식하는데 어려움을 느낀다. 특히 수염이 제거된 개들은 어두운 곳에서 좀 더 천천히 움직이는데 이는 수염이 없어서 쉽게 부딪칠 수 있기 때문일 것이다. 이 수염은 공기의 흐름도 감지할 수 있으며, 벽으로 다가갈 때 생기는 공기의 흐름으로 벽이 주변에 있다는 것을 알 수 있게 해준다.

● 통증

외국에서는 십여년 전만 해도 개는 사람과 같은 통증을 느끼는 것이 아니므로 개에게서 통증관리는 중요하지 않다고 말하는 과학자들이 있었다. 이는 개가 자연에서 자신의 약점을 숨기기 위해 고통을 드러내지 않았기 때문에 사람들이 개들은 통증을 잘 느끼지 못한다고 오해했기 때문이다. 자연에서는 상처를 입었거나, 혹은 약하게 보이면 포식자들에게 쉽게 공격을 받을 수가 있다.

또한 예전에는 일부 수의사들이 개들은 통증을 잘 참는다는 이유로 개복 수술 후 혹은 중성화 수술 후에도 진통제를 처방하지 않고 집에 돌려보내는 수의사가 절반이 넘었다는 조사결과도 있다. 일부 수의사들은 약간의 통증이 있어야 개들이 움직이지 않기 때문에 오히려 좋은 점이 있다고 말하기도 한다.

하지만 장기간의 통증은 스트레스 호르몬을 분비시키고 이 스트레스 호르몬은 몸의 구석구석에 영향을 미치기 때문에 결코 바람직하지 않다. 특히 이러한 통증은 식욕을 저하시키고 이로 인하여 근육과 조직이 약해지게 된다.

한 연구에 의하면 진통제를 처방하지 않은 개와 비교한 결과 진통제를 처방한 개가 호흡기의 기능 향상, 수술 주변에 대한 스트레스 반응의 감소, 입원기간의 감소, 정상적으로 움직일 때까지 회복되는 기간의 감소, 치료되는 비율의 증가 및 수술 부위 감염의 가능성이 감소하는 등의 효과가 있다는 것을 확인했다. 그러므로 수술 후에 진통제를 처방하는 것은 매우 중요하고, 비록 개가 통증을 감춘다고 해도 통증의 강도는 사람과 큰 차이가 없다고 생각해야 한다.

이와 관련해서 주인은 반드시 개의 스트레스 증상을 어떻게 표현하는지 잘 이해하고 있어야 한다. 아픈 개들은 잘 움직이려 하지 않고, 몸이 경직되는 경우가 많으며 겉보기에 불편한 자세를 바꾸려고 하지 않는다. 특히 외국에서는 개가 관절염을 앓기 시작하는 나이가 우리가 생각하는 시기보다 짧다. 약간 다리가 불편해 보이는 개의 주인에게 관절염 이야기를 해봐도 개가 관절염을 가지고 있다는 것을 아는 주인이 거의 없다는 점도 기억해야 한다.

일반적으로 예상하는 것과 달리 개들은 아플 때 짖음이 더 심해지지 않고 오히려 줄어들며, 혼자 있게 되면 낑낑거리거나 하울링이 늘어난다. 아픈 개들은 낯선 사람들이 다가오면 으르렁 거리고 더 공격적으로 변한다. 이것은 분노 감정을 통해서 상황을 모면하기 위한 것이다.

간단히 요약하면 통증은 스트레스를 유발하고 스트레스는 치료를 지연시키기 때문에 통증을 억제하는 것이 중요하다.

마지막으로, 반려동물을 키우면서 고민해야 하는 것은 통증과 고통은 전혀 다른 개념이라는 것이다. 템플 그랜딘의 책《동물과의 대화》에는 통증과 고통에 대해서 전혀 다를 수가 있다는 것을 잘 보여주는 연구가 소개되어 있다. 그 책에 의하면, 전두엽의 활동이 심하면 고통도 더 심해진다는 것이다. 이것은 사실 해석하기가 매우 어렵기는 하지만, 책에서 소개한 안토니오 디마지오 박사가 소개한 사례를 소개하면, 한 환자가 너무 고통이 심해서 쪼그리고 앉아 거의 움직이지도 않고, 다른 통증이 유발될까 두려워하는 상태였다. 이 환자는 전두엽 절제술을 받은 후에 "예, 통증은 그대로인데 기분은 좋아요, 감사합니다."라고 대답했다.

템플 그랜딘 박사는 동물은 사람에 비해서는 고통을 덜 느낀다고 생각한다. 하지만 이것은 통증도 없다는 의미가 아니므로 매우 주의해야 하는데, 바로 이러한 현상 때문에 개들은 수술 후에 마치 통증이 없는 것처럼 행동하는 경우도 있어서, 수술 후 감염되어도 주인이 모를 수가 있고 심한 경우 후유증으로 사망할 수가 있다. 그러므로 개들이 통증을 느낄 상황에서 통증을 표현하지 않는다고 해도 이를 무시해서는 안 된다.

13장

동물의 의사소통

동물들은 여러 가지 방법으로 자신의 의사를 전달할 수 있다. 가장 대표적인 것이 몸 동작이다. 그 이외에도 소리나 냄새를 통해서 의사를 전달할 수 있다. 일반적으로 특히 개의 경우, 두려움을 표현하는 것을 파악하지 못하면, 개가 문제행동을 할 수 있다. 그 결과 바람직하지 않은 결과로 이어질 수 있다.

찰스 다윈의 그림

몸 동작을 통한 의사소통(기본적인 공격성과 두려움)

챨스 다윈은 개에 대해서도 많은 삽화를 남겨서 개의 전형적인 모습을 보여주고 있다. 첫번째 그림은 개가 공격성을 보이는 상태의 그림이고, 두 번째의 모습은 개가 긴장한 상태를 나타낸다. 세번째 그림은 전형적인 플레이 바우(Play Bow) 즉 같이 놀자고 요청하는 것이며, 마지막 네번째 그림은 아마도 당시에는 그 의미를 제대로 파악하지 못했을 수도 있지만, 전형적인 카밍 시그널인 앞발들기(Paw Lift) 동작이다.

개의 의사소통

● 일반적인 강아지 행동의 의미

강아지의 일반적인 바디 랭귀지는 아래와 같다.

신체부위	자세	무엇을 의미할 수 있는가
눈	흔들리지 않고 고정된 시선으로 응시한다.	도전, 위협, 자신감
	태평스럽게 혹은 건성으로 쳐다본다.	침착하다.
	시선을 피한다.	존중을 표함
	동공이(크고 넓게) 확대된다.	두렵다.
	눈을 크게 뜬다(눈의 흰자위가 보일 정도로).	두렵다.
	눈을 부산히 움직인다.	두렵다.
입	헐떡인다.	덥거나, 불안하거나, 흥분된 상태
	입술을 핥으며 혀를 날름거린다.	불안하다.
	하품을 한다.	피곤하거나 불안하다.
	이빨을 드러내며 으르렁 거린다(입술이 말려 올라가 이빨이 드러난다).	공격적인 상태
	으르렁거린다.	공격적인 상태 또는 놀고 있는 중
	짖는다.	반응을 보이거나, 흥분된 상태이거나, 놀고 있거나, 공격적인 상태
귀	긴장을 풀고 제자리에 위치해 있다.	침착하다.
	쫑긋한 상태로 앞을 향한다.	경계, 관심, 공격적인 상태
	귀가 뒤로 누웠다.	두렵거나 방어하는 상태

개의 행동을 이해하기 위해서는 특히 개의 두려움에 대한 자세를 잘 파악하고 있어야 한다.

개 행동의 기본 의미

● 얼굴

콘라드 로렌츠 박사도 개에 대해서 자세한 그림을 남겨 두었는데, 오른쪽이 공격성을 표현하고 있으며 위로 올라갈수록 두려움을 나타낸다.

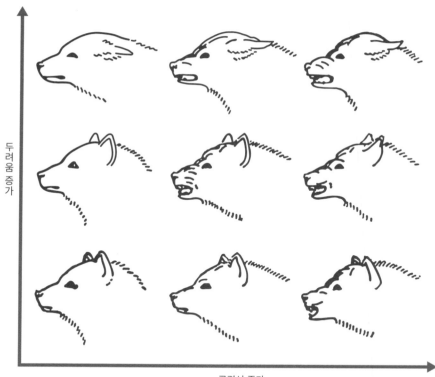

● 꼬리

꼬리를 흔드는 것은 사람에게 신호를 보내는 것이라고 할 수 있다. 예를 들어 개들은 사람이 없다면 먹이를 찾은 후에도 꼬리를 흔들지 않지만, 사람이 있다면 이때 꼬리를 흔든다. 그러므로 꼬리를 흔드는 것은 분명히 사람에게 자신의 의사를 보내는 것이라고 할 수 있다.

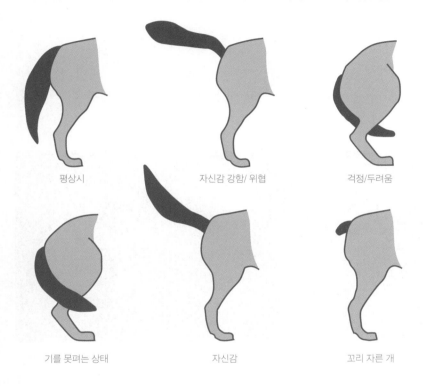

평상시   자신감 강함/ 위협   걱정/두려움

기를 못펴는 상태   자신감   꼬리 자른 개

전체 자세의 의미

● 꼬리가 다리 사이로 들어가 있는 경우

꼬리 바로 밑에는 항문낭이 있는데 이것이 강아지 자신을 표현하는 것이다. 그러므로 항문낭의 냄새를 감추려고 하는 표현은 거의 완전한

항복의 의미이다. 즉 자신의 항문낭 냄새가 상대방을 자극하지 못하게 하려는 것이다. 이것은 매우 강한 두려움의 표시이다. 대개 도망가는 개들이 꼬리를 감추기 때문에, 상대방을 자극하지 않으면서 그 자리를 피하려고 할 수 있다. 또한 항문낭에서 나오는 냄새를 줄여줄 수 있으므로 추적을 막을 수가 있다.

● 놀자

그림에서 왼쪽 개의 이런 자세는 오른쪽의 개에게 같이 놀자(Play Bow)고 하는 행동이다. 놀자고 하는 동작의 의미는 네가 더 크고 힘이 세니까 같이 놀자고 하는 것이다.

개들의 이러한 동작은 다음 그림과 같이 개가 큰 동물을 공격하는 자세에서 볼 수 있다.

● 적극적 복종

일반적으로 적극적 복종으로 알려진 동작은 사실 복종과는 아무런 관련이 없는 동작이며 적극적 복종은 동작의 이름일 뿐이다. 적대적인

관계의 동물이 이러한 태도로 복종을 표현할 가능성은 전혀 없다. 뿐만 아니라 늑대가 이러한 행동을 통해서 복종한다는 의사를 표현해도 다른 무리의 늑대라면 잡아 먹힐 것이다.

실제로 이런 동작은 친밀도를 높이는 동작이다. 다만 이 동작의 이름은 아직도 적극적 복종(Active Submission)이라고 불린다.

● 수동적인 복종

다음 그림의 동작은 분명히 복종적인 의미를 가지는 동작이며, 특히 개의 목을 보호하기 위한 동작이다. 개들은 목을 물릴 경우 치명적이라는 것을 본능적으로 알기 때문에 목을 숨기려고 한다. 하지만 이러한 것을 잘 모르는 일반인들은 개가 배를 보임으로 자신의 약점을 드러내어 복종심을 드러낸다고 하지만 그것은 근거가 확실한 것은 아니다.

적극적인 복종 (출처 : https://commons.wikimedia.org/w/index.php?curid=28146819)

수동적인 복종

● 다른 개에게 배를 보이는 이유

사람에게 배를 보이고 눕는 것은 같이 놀아달라는 의미이다. 하지만 개가 다른 개에게 배를 보이고 눕는 것은 여러 가지 이유가 있지만 압도적으로 많은 경우에 있어서 상대방의 공격에 대한 방어의 의미이다. 즉 일반인들은 개가 "복종의 표시"로 자신의 가장 약한 점을 내보인다고 생각하는데, 사실은 상대방이 목을 공격할 것을 방어하는 방어 동작이다. 배를 보이고 누우면 목덜미를 물 수가 없기 때문이다.

물론 배가 매우 약한 부위이기는 하지만 강아지의 이빨은 배를 물기에 효율적이지 않다. 오히려 개의 이빨은 목 부위를 물기에 효율적이라고 할 수 있다. 그래서 개들은 목 뒷부분을 보호해야 하므로 방어적인 태도로 더이상 귀찮게 하지 못하도록 눕는 것이다.[54]

사실 이런 상태에서 우월한 위치에 있는 개가 누워있는 개의 배를 물려고 하면 오히려 자신의 목이 노출될 수 있기 때문에 개들은 싸움에서 목을 제외한 다른 부분에 대해서 그다지 공격하지 않는 것을 볼 수 있다.

만약에 두 마리의 개가 장난을 하면서 한 마리가 배를 보이고 눕고

수동적인 복종 (출처 : (C)Steve Baker on Flickr)

방어자세일 경우에는 발을 들고 머리도 들어서 상대가 들어오지 못하게 한다.

다시 일어나면 다른 강아지가 배를 보이고 눕는 등 사람으로 말하면 치고 받는 듯한 놀이를 계속하는 경우도 있다. 이러한 것이 반복되거나 여러 마리 중 한 마리만 반복적으로 배를 보이고 눕는다면 이것은 매우 위험할 상황일 수가 있다.

● 서브미시브 그린

이 용어는 복종적인 미소라고 할 수 있는데 공격성과 구분해야 하지만, 쉽게 구분하기 어렵다.

일반적인 사람들은 공격성을 보이는 개를 서브미시브 그린(Submissive Grin)으로 착각하는 경우가 많다. 대개 이러한 행동은 시베리안 허스키와 같이 늑대와 더 유사할수록 잘 나타난다.

명백한 서브미시브 그린은 개나 늑대가 완전히 방어적인 동작에서 이빨은 보이지만 입을 벌리지 않는 것이다.

서브미시브 그린

일반적으로 진돗개와 풍산개는 서브미시브 그린이 나타난다.

이 동작을 공격성과 구분하지 못할 수가 있으므로 전문가도 매우 조심해야 하며, 그 개와 경험이 축적되면 쉽게 파악한다.

서브미시브 그린은 일반적으로 찾아보기 어렵지만, 서브미시브 그린으로 유명한 개가 있다. 이른바 덴버라고 알려진 개로 그의 동영상을 보면 서브미시브 그린이 무엇인지 명확하게 알 수 있다. 이 개는 특히 눈을 가늘게 뜨는 카밍 시그널을 같이 보인다.

● 다리들고 소변보기

개에게서 흔하게 볼 수 있는 동작이지만, 그 이유에 대해서는 아직 잘 모르고 있다. 수컷이 주로 다리를 들고 소변을 보지만, 암컷도 다리를 드는 경우가 있다. 아마 다른 개의 코 위치에 소변을 보기 위한 방법일 수도 있다. 참고로 소변을 보는 행위는 영역표시라기 보다는 일

덴버의 서브미시브 그린(submissive grin) 동작 (출처 : (https://www.youtube.com/watch?v=B8ISzf2pryI)

종의 공공 게시판에 자기가 왔다고 낙서하는 것이라고 할 수 있다.

● 서로 인사하기

개들은 만나면 서로 얼굴을 마주하는 것이 아니라, 서로 엉덩이 부분의 냄새를 맡는다. 이것은 항문낭 부분에서 나오는 냄새를 맡는 것으로 항문낭의 냄새는 개마다 다르기 때문에 개가 자신의 냄새를 맡게 해준다는 것은 친구가 된다는 것을 의미한다. 개는 처음 만난 친구끼리는 이렇듯 상대방의 냄새를 통해서 친구의 기분을 파악할 수 있다. 개는 이러한 냄새를 통해서 각종 호르몬의 냄새도 파악할 수 있기 때문에 개가 현재 어떠한 건강상태인지까지도 파악할 수 있다고 보인다.

● 목줄을 당기는 것

개가 목줄을 당기는 것이라고 하지만, 정확하게 개들은 목에 걸린 목띠(Collar)를 앞으로 미는 것이다. 어깨에 걸린 것을 밀어내는 것은 개

(출처 : https://www.flickr.com/photos/timdorr/2096272747)

만 가지고 있는 특징이 아니다. 소와 말도 마찬가지인데, 소는 특히 농사에 이러한 특징을 이용하고 말도 역시 마차를 끌 때 이러한 본능적인 행동을 이용한다. 말들이 실제로 힘을 가하는 것은 멍에라는 부분이다. 개들은 목에 걸린 것을 앞으로 미는 것을 즐기는 것으로 생각되며 이를 이용해서 개썰매 경주를 할 수도 있다.

개가 목줄을 당긴다고 해서 큰 문제는 아니지만, 사람과 같이 살기 위해서는 이러한 본능을 억제할 필요가 있다. 다행인 것은 개들은 이러한 주인의 생각을 잘 이해하고 따르는 경향이 있다. 간단히 개가 개줄을 끄는 것을 방지하려면 개가 줄을 끌면 가만히 있고 움직이지 않으면 개는 곧 그렇게 하면 안 된다는 것을 알게 된다. 개가 주인에게 집중하는 훈련을 시키는 것 역시 도움이 된다.

개들 중에서 수레를 끄는 개를 드래프트 독(Draft Dog)이라고 하며, 이런 것에 적합한 견종은 활동성이 가장 떨어지는 견종들이다.

목줄을 당기는 것은 본능이며, 본능적인 행동은 일단 나타나기 시작하면 없애기 매우 어렵기 때문에 매우 조심해야 한다. 특히 훈련의 초보라면 어린 강아지에게 목줄이 아닌 하네스를 착용시키는 것은 그렇게 권장할 만한 것이 아니다. 대부분의 전문 훈련사들은 목띠를 추천하지 하네스를 사용하지 않는다. 만약 하네스를 사용한다면 목줄을 가슴에서 연결하는 앞섬방지 하네스를 사용하기를 권한다. 하네스는 산책훈련을 마친 개가 사용하는 것이 바람직하다.

● 개의 짝짓기 행동

개의 짝짓기 과정은 일반적으로 평균 30분 정도이며 짧으면 5분 길면 1시간이 이르므로 편차가 크다. 암컷이 발정기에 있으면 수캐는 암캐의 외음부의 냄새를 맡으며 뒤를 따라다니다가 암캐가 동의하면 짝짓기가 시작된다. 수캐의 음경에는 뼈가 있으므로 충분히 발기되지 않아도 삽입이 가능하다. 삽입 후 흔히 타이(Tied)라는 동작으로 이어진다.

개들은 짝짓기를 한다고 해서 수컷이 육아를 책임지는 것은 아니다. 하지만, 암컷을 따라다니는 개가 짝짓기를 할 수 있는 기회가 증가할 수 있고, 암컷을 돌봐주면 다음 번식기에 짝짓기할 가능성이 높다.

개의 행동에 대한 사람들의 오해

● 개가 움직이지 않을 때

개가 머리를 고정하고 직접적으로 쳐다볼 때, 이는 개가 공격을 준비하고 있는 것이다. 개들은 공격하기 직전에는 몸을 움직이지 않고 노려본다. 이것은 개가 사냥의 첫 동작이 응시에서 시작한다는 것을 기억할 필요가 있다.

● 꼬리를 흔드는 것은 반드시 사람을 좋아해서가 아니다

개가 꼬리를 흔든다는 것은 흥분했다는 것을 의미하는 것이지, 사람을 좋아한다는 것을 의미하는 것은 아니다. 개뿐만 아니라 많은 동물들이 도망갈 때 꼬리를 올린다. 이것은 꼬리를 이용해서 의사전달을 하려는 것으로 생각된다. 개도 유사하게 꼬리를 들어올리면서 자신의 상태를 표현한다. 일반적으로 꼬리를 좌우로 흔드는 것은 상황파악이 필요하며, 즐거울 때는 꼬리를 돌리듯 흔든다.

● 개는 과연 안기는 것을 좋아할까?

개의 행동을 보면 현재 기분 상태를 쉽게 알 수 있다. 스트레스를 받으면 자신을 괴롭히는 것을 피해 고개를 돌리고, 이때 눈동자도 그쪽

을 쳐다보지 않아 흰자가 보이게 된다. 귀는 머리쪽으로 축 쳐진다. 당신이 반려견을 안았을 때 개의 자세가 이렇다면 안겨있는 것을 싫어한다는 신호다.

심리학자이면서 개에 대한 전문가인 브리티시컬럼비아대학교의 스탠리 코렌 박사는 《사이콜로지 투데이(Psychology Today)》의 자신의 칼럼에 포스팅한 기사[55]에서 인터넷에 올라온 사람에게 안긴 개의 사진 250장을 분석한 결과 10마리 중 8마리는 표정에서 슬픔 또는 스트레스를 나타냈다고 밝혔다.

개가 스트레스를 받았다는 신호로는 귀를 접거나, 눈이 반달처럼 변하거나, 주인의 눈길을 피해 고개를 돌리는 것 등이 있다고 코렌 박사는 설명했다. 사진을 분석한 결과 81.6%는 불편함이나 스트레스, 불안한 모습을 보였다. 10.8%는 중립적이거나 모호한 표정을 지었던 반면 7.6%만 편안한 모습을 나타냈다.

코렌 박사는 《사이콜로지 투데이》지에서 "개들은 엄밀히 말하자면 달리는 데 적합한 동물로, 타고나길 달리기에 적합하도록 만들어졌다"며 "스트레스나 위협 상황이 닥치면 개들은 이빨을 드러내기보다 먼저 도망가는 게 본능"이라고 말했다. 그는 이어 "껴안는 것은 개들을 움직이지 못하게 함으로써 개들의 '도망가려는 본능'을 박탈해 스트레스를 준다"며 "스트레스가 심해진 개는 물기도 한다"고 분석했다. 코렌 박사는 "개 입장에서 보면 껴안아 주는 것보다 쓰다듬거나 친절한 말 한마디, 간식을 주는 것 등이 호감의 표시"라고 덧붙였다.

스탠리 코렌 교수의 글은 개가 사람이 안아주는 것을 그다지 좋아하지 않는다는 것을 알 수 있다. 하지만 이에 대해서 동물행동학자인 마크 베코프(Marc Bekoff) 박사는 반대의견을 제시[56]하였다. 개를 안아줄 때 주의할 필요는 있지만, 개를 안아주는 것이 나쁜 것은 아니라는 것이다. 다만 개를 껴안으려고 할 때 개에 대해서 좀 더 주의 깊게 살펴볼 필요는 있다.

사실 위의 기사는 연구 결과가 아니기 때문에 심각하게 생각할 필요는 없다. 단순히 개가 안기는 것을 좋아하는 것은 아니므로 조금 조심하면 된다는 의미로만 받아들이면 된다.

● 개의 기억력의 한계와 행동

개들은 과거의 사건에 대한 기억을 거의 가지고 있지 않기 때문에 인과관계를 이용하여 판단하지도 않고 상대방이 어떻게 행동할지 예측하고 행동하는 것도 아니다. 개들은 다만 간단한 휴리스틱을 이용해서 판단한다. 예를 들어, "다른 개가 먹고 있을 때는 접근하면 싸움이 일어날 수 있다", "저 개와 줄다리기 게임을 하면 항상 져서 재미없다" 등등만을 기억할 뿐이다. 개들은 처음에는 가장 간단한 일반화만 시킬 수가 있다. "중간 정도 크기의 황색 테리어는 매우 공격적이라서 나를 물려고 한다"라는 생각같이 유사한 것에 대해서 일반화를 시킬 수가 있다. 그러므로 서로 처음 만나는 개라고 해도, 전에 가지고 있던 기억 때문에 첫 만남에 공격성을 보일 수도 있다.

● 갓난 강아지의 서열문제

많은 사람들은 새끼 강아지들이 일어서기만 할 수 있어도 서열이 생긴다고 말한다. 이것은 서열에 대한 의미를 잘못 파악한 것이다. 서열이 형성되었다면 더 이상 싸우지 않아야 하고 서열 1등이 모든 자원을 장악하고 자기 맘대로 할 수 있어야 한다. 하지만 현실적으로 보면 개들이 서로 놀이를 하는 과정에서 혹은 싸운다고 해도, 힘이 센 강아지와 약한 강아지가 계속 싸움(놀이)을 한다. 즉 전형적인 서열과는 전혀 다르게 행동하기 때문에, 강아지는 서열이 없다고 말하는 것이다. 사실 강아지가 일어서는 시기에는 형제들을 구분하는 기억력조차도 없기 때문에 서열이 큰 의미가 없다.

소리를 통한 의사 소통

● 짖음(Barking)

개들의 짖음은 소리의 높음과 톤 등으로 여러 가지 의미를 지니고 있다. 개와 같이 사는 사람들은 대개 이러한 의미를 파악하고 있다. 전체적인 의미는 낮은 소리는 불만 혹은 가까이 오지 말라는 의미이고 높은 소리는 반대로 이리 오라거나, 즐거움을 의미한다고 할 수 있다. 이것은 대부분의 종에서도 마찬가지이다. 이는 몸의 크기가 클수록 낮은 피치의 소리가 나고 몸의 크기가 작을수록 높은음의 소리가 나기 때문에 위협할 때는 낮은 소리를 내야 위협이 되고, 높은 소리를 내는 것은 반갑고 같이 놀자는 의미가 포함된다고 하겠다.

● 하울링(Howling)

하울링은 특히 멀리 떨어진 개체 간에 의사소통이며 고주파 소리가 나오기 때문에 사람보다 4배 정도 먼 거리의 소리도 들을 수가 있다.

하울링은 크게 입하울링(Yip-Howling)과 소셜하울링(Social-Howling)으로 구분할 수 있다. 입하울링은 하울링을 하기 전에 짧게 낑낑대는 듯한 소리를 낸 이후에 하울링을 하는 것으로 보통 입(Yip)-입(Yip)-입(Yip)-하울(Howl) 등의 패턴을 가진다. 입하울링은 동료를 찾는 하울링이다. 즉, 자신이 외롭다는 의미이거나, 버려졌다고 생각할 때 입하울링을 한다. 그렇기 때문에 일반적으로 이러한 소리를 개에게서 듣기가 쉽지 않다. 대개 개가 가족과 떨어진 상태에서 지하실이나, 차고에 갇혀 있을 때 이런 입하울링을 하게 된다.

이러한 입하울링을 들으면 개들은 소셜하울링을 하게 되며 이 하울링은 앞의 입(Yip)이라는 소리가 없이 바로 하울링을 하는 것이다. 이 소리는 자신이 여기 있다고 친구에게 알려주는 것이다.

서로 마치 대화를 하듯이 하울링을 하는 중에 다른 늑대나 개가 하울링에 참여하면 서로 하울링의 톤을 바꾸는 것으로 알려져 있다. 대부분의 개들은 이러한 하울링의 합창을 멈추려고 하지 않을 뿐만 아니라, 서로 같은 톤으로 하울링 하려고 하지 않는다. 하울링은 이외에도 여기가 자신의 영역이라는 것을 알려주는 기능도 한다.

● 배잉

배잉(Baying)은 하울링과 소리는 비슷하지만, 전혀 다른 목적으로 사용되는 소리이다. 예를 들어 하운드들이 사냥감을 찾다가, 뭔가를 찾았을 때 내는 소리이거나 위협이 있을 때 내는 소리이다. 초보자가 소리만 들으면 마치 하울링과 비슷하게 들린다. 하지만 잘 들어보면, 전형적인 하울링이 아니라 짧고 뭔가 소리가 약하다. 이 소리를 배잉이라는 것을 모르는 사람이라면 하울링이라고 할 수도 있다.

하운드가 이러한 소리를 낼 때는 "이리 모여"라는 의미와 비슷하다. 하울링이 외롭기 때문에 동료를 찾는 소리라면, 배잉은 뭔가 흥미로운 것을 발견했기 때문에 이리 오라는 소리이다.

사냥하는 사람들에게 있어서 이 소리의 의미를 이해하는 것은 매우 중요하다. 일부 학자들은 배잉을 하지 않는 블러드하운드를 만들 수 있지만 이것은 사냥꾼들에게 전혀 환영을 받지 못했다.

일부 동영상에서 보면 공원에서 노는 개들이 놀다가 갑자기 하울링 같은 소리를 내는 경우가 있는데 이러한 소리가 배잉이다.

● 냄새를 이용한 의사소통

개들은 뛰어난 후각을 가지고 있으며 이를 이용해서 의사소통을 하기도 한다. 이것은 흔히 소변을 이용한 의사소통, 대변을 이용한 의사소통 및 항문낭 등의 냄새를 이용한 의사소통이 있다.

소변을 이용한 의사소통

● 개의 소변 마킹은 영역표시가 아닐 수도 있다

동물학자 알렉산드라 호로비츠에 의하면 흔히 말하는 마킹은 최소한 전부는 아니겠지만 대부분이 영역표시를 목적으로 하고 있지 않다고 말한다.

소변이 영역표시라는 믿음은 20세기 초반 위대한 생물학자인 콘라드 로렌츠가 처음 소개한 것이다. 그는 개에게 소변이란 원하는 장소의 소유권을 주장하기 위해 꽂아두는 깃발과도 같다는 그럴듯한 가설을 세웠다. 하지만 그 후 50년이 흘러도 이를 증명하는 연구 결과가 없었다.

예를 들어 인도를 돌아다니는 개에 관한 조사는 암컷, 수컷 모두 소변 표시를 하지만, 그중 단지 20% 정도 만이 영역 표시 기능을 하는 것으로 알려져 있다.

일반적으로 영역표시를 하는 동물들은 다른 동물의 영역표시를 지우기 위하여 다시 그 위에 영역표시를 하는 경향이 있다. 주기적으로 자신의 영역을 돌아다니면서 자신의 영역표시 신호를 유지하려고 하지만 개들은 그러한 경향이 없다.

● 소변은 의사소통의 수단

한 마디로 개의 소변 마킹은 게시판에 글을 쓰는 것과 같다고 생각된다.

소변은 의사소통의 수단이 분명하다. 수컷은 다리를 올리고 소변을 보는 경우가 많은데, 이것은 수컷만의 행동은 아니고 암컷도 일부는 그렇게 하기도 한다. 종종 소변이 없는 상황에서도 다른 개들이 보는 앞에서 이러한 행동을 하는 것을 볼 때 이것이 일종의 우위성의 표현일수 있다고 해석된다. 소변이 영역에 대한 소유권을 주장한다는 주장도 있지만, 알렉산드라 호로비츠는 그런 의미가 거의 없고, 대부분의 개들은 소변을 본 후에 다시 와서 그 영역을 지키려고 노력하지 않는다고 지적했다.

다른 개가 소변을 본 곳에 다시 다른 개가 소변을 보는 경우가 매우 흔하다. 이것은 영역방어 행동의 흔적일 수 있고 수컷에서 더 많이 발견되는 것은 사실이지만, 개들 사이에서는 마치 일종의 게시판 같은 의미라고 해석되고 있다. 소변을 본 후에도 땅을 스크래치 하는 경우가 있는데 이것은 소변을 덮는 것이 아니라 오히려 소변 냄새가 더 잘 퍼지게 하기 위한 것이다.

● 개는 자신의 소변 냄새를 좋아하지 않는다

개에게 다른 개들의 소변과 자신의 소변 냄새를 맡게 해주면 자신의 소변냄새를 싫어한다. 자신의 소변이 아닌 다른 개의 소변 냄새가 있는 곳에 소변을 보려고 한다.

● 두려움도 냄새를 남긴다

두려워할 경우, 방출하는 페로몬의 냄새를 개는 인지할 수 있다. 페로몬은 자신도 모르는 새 무의식적으로 다양한 수단을 통해서 생성된다. 손상된 피부도 페로몬을 방출하고, 위험을 경고하는 화학물질을 발산하는 특별 분비샘도 있다. 게다가 놀람, 두려움, 그 외에도 심리적인 변화와 관련된 여러 가지 정서, 심장박동 변화와 호흡률부터 땀이나 신진대사의 변화까지 전부 페로몬을 방출한다. 인간은 스트레스를 받으면 무의식적으로 땀을 흘리고 땀은 냄새를 실어 나른다. 인간은 아드레날린 냄새를 맡지 못하지만 예민한 탐지견은 이를 맡을 수도 있다.

대변을 이용한 의사소통

개들이 대변 냄새를 이용해서 의사소통을 하는 것 같기는 한데, 자세하게 알려져 있지는 않다. 우선 개들이 대변을 이용해서 의사소통을 하는 가에 대해서는 아직 명확하게 밝혀지지 않았다. 개들이 항문낭이 있기 때문에 아마도 약간의 의사소통을 하지 않을까 생각한다. 또한 일부 개들은 대변을 본 후 흙으로 대변을 덮는 것 같은 행동을 한다. 자세히 보면 흙으로 대변을 덮는 것이 아니라, 오히려 흙으로 대변을 뒷부분으로 흩어지게 하는 행동처럼 보이며, 이것이 자신의 대변 냄새를 빨리 퍼지게 하는 것이라는 의견이 있다.

14장

생애 주기별 행동 특징

1940년대 미국의 잭슨 메모리얼 랩이라는 곳에서 개의 행동에 대한 많은 연구가 진행되었다. 그 결과 개들은 특정 시기에 환경의 영향을 많이 받는다는 것을 확인하고, 그 시기를 사회화 민감기(당시는 사회화 결정기라고 불렀음)라고 부르게 되었다. 그 이후 생애 주기별로 많은 특징이 알려지게 되었다. 현재 당시의 논문을 쉽게 찾을 수가 없지만, 1961년 《사이언스》에 실린 논문[57]은 짧지만 사회화의 중요성에 대해서 아주 잘 보여준다고 하겠다.

실험은 코카스패니얼 18마리와 비글 16마리, 총 34마리를 이용한 것으로 각각 생후 사람과 접촉을 제한하고 어미가 돌보게 한 후 2주 후(5마리), 3주 후(6마리), 5주 후(7마리), 7주 후(7마리), 9주 후(3마리), 그리고 14주 후(5마리)를 어미로부터 떼어 하루에 3번 30분씩 1주일간을 핸들링하고 그 이후에 다시 어미에게 돌려주었다. 그 결과 처음에 2주, 3주에 사람을 처음 접촉한 강아지는 사람에 대한 호기심도 적고 잘 움직이지 않으므로 사람에게 이끌리지 않았지만, 5주 차에 사람을 처음 접촉한 강아지는 사람에게 대한 호기심이 많고 핸들링도 쉬웠고 훈련 결과가 가장 좋았다. 밝혀진 사실은 이것뿐이 아니었다. 강아지가 사람과 늦게 접촉하게 되면 될수록 처음 사람을 만나는 과정에서 두려움을 보였다. 2주 차 강아지는 너무 어려서 사람과 같이 있어도 기어 다니고 잠자는 경우가 많았지만, 3주차 강아지는 사람과 쉽게 친해졌으며, 5주차 강아지는 조금 두려워하는 것처럼 보였지만 곧 3주 차 강아지처럼 쉽게 친해졌다. 7주 차 강아지는 친해지는데 처음 2일간이 필요했고, 9주 차 강아지는 친해지는데 3일이 필요했다. 14주 차에 처음 사람과 만난 강아지는 친해지는데 1주일이 넘게 걸렸고, 2주간의 사회화를 통해서도 사람과 친해지는 정도가 매우 낮았다.

일반적으로 개의 생애는 신생아기−이행기−사회적 민감기−청소년기−성견의 5단계로 나누지만 최근 들어 임신기간(태아)과 사춘기를 포함하기도 한다.

태아기

태아기가 성격에 많은 영향을 미친다는 것은 잘 알려져 있다. 예를 들어 마우스의 자궁에 다음과 같이 배치되었을 때, 양쪽 주변에 수컷이 있는 암컷은 성격이 남성화되고, 반대로 주변에 암컷이 있는 수컷은 성격이 여성화된다고 알려져 있다. 이는 발달과정에서 새끼들의 몸에서 호르몬이 분비되고 이것이 비록 약하지만 옆의 개체에도 영향을 미치기 때문이다.

또한 스테로이드 호르몬은 임신 말기의 태아 두뇌 발달에 큰 영향을 미친다. 수컷은 고환에서 테스토스테론이 분비되고 이것이 두뇌에 도달하여 안드로겐 수용체에 작용한다. 일부 테스토스테론은 아로마테이즈(Aromatase)에 의해서 에스트라디올이라는 에스트로겐으로 변환되어 에스트로겐 수용체에 작용하게 된다. 이 두 가지는 수컷의 독특한 두뇌를 만든다. 하지만 암컷에서는 알파태아단백이 에스트로겐과 결합하여 이 성호르몬이 두뇌에 영향을 미치는 것을 막아준다.

뿐만 아니라 임신 중에 스트레스를 받으면 몸 안에서 스테로이드 호르몬이 분비되고 이것이 태아에 영향을 미치는 것으로 알려져 있다.

태아기와 관련된 실험의 대부분은 개와 고양이가 아니라 마우스를 대상으로 한 것이지만, 개와 고양이에 적용되지 않아야 할 이유가 없는 이상 아마도 거의 같을 것으로 예상된다.

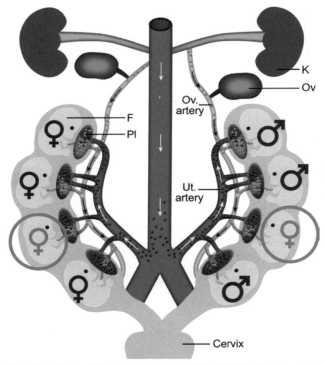

자궁내에서 암컷 태아 사이에 있는 암컷과 수컷 사이의 암컷은 성격이 달라진다. ((c) Tal Raz CC 4.0)

신생아기

개는 매우 미완성인 상태로 태어난다. 그렇기 때문에 눈꺼풀도 닫혀 있고 귀도 제대로 기능하지 않는다. 기어 다닐 수는 있지만 아주 짧은 거리만 움직일 수 있다. 체온을 조절하지도 못하고, 대소변을 보기 위해서는 어미가 핥아주어야 한다. 촉각과 후각은 발달되어 있어서 따뜻한 곳으로 이동하려고 하고 어미의 젖 냄새를 찾아서 움직인다.

포유반사(Rooting Reflex)와 수유반사(Suckling Reflex)를 가지고 태어나며 포유반사는 어미가 핥아주면 시작되는데, 앞발은 수영하듯이 움직이고, 뒷발은 미는 동작을 하여 앞으로 나아가게 되며 어미의 아래쪽이나 젖꼭지 있는 부분을 찾기에 용이하다. 수유반사는 앞발로 유방 있는 부분을 눌러주는 동작과 같이 일어나는데 젖이 더 잘 나오도록 돕는다.

이 시기에는 'Distress Calling'이라고 해서 낑낑대는 소리밖에는 내지 못한다. 이 소리가 들리면 대개 배가 몹시 고프거나 춥다는 의미이다.

2주 동안 강아지는 매우 빠르게 자라지만 그들의 행동 패턴은 거의 변화가 없다. 이 시기에는 어미가 전적으로 돌보는 시기이며 이 기간에는 새끼와 어미를 하나로 생각해서 모니터하는 것이 바람직하다.

이 시기의 강아지들은 사람이 만져주면 긍정적인 효과가 있어서 움직이는 기술이 좋아지고 성장 속도가 빨라지며 신경계가 더 빠르게 성숙해져 문제 풀이 능력도 좋아진다. 생후 5주 동안 매일 매일 핸들링을 해준 강아지가 나중에 좀 더 확신에 찬 모습을 하고 탐험적이며 다른 개에 비하여 사회적으로 자신감이 높은 것으로 나타났다. 뿐만 아니라 스트레스에 대한 저항력도 개선되고 정서적 안정성이나 학습능력도 향상되었다.

이 시기의 개는 자기가 선호하는 젖꼭지가 없고 힘센 개체가 젖이 잘 나오는 젖꼭지를 선호하지만, 고양이는 80% 가량이 선호하는 젖꼭지를 가지게 된다.

이행기

이행기는 신생아기에서 사회화기로 이행하는 단계이다. 이 시기에 생리적인 변화가 빠르게 일어나며 세상에 대한 인식과 이 인식에 따른 정보를 처리하는 능력이 빠르게 개선된다. 이러한 것은 감각기관이 충분히 성숙되어지고 신경계가 발달하기 때문이다. 이 시기는 보통 강아지가 눈을 뜨는 12~14일부터 시작하며 1주일 뒤 귀가 뚫리고 개가 소리에 반응하는 시기가 되면서 끝난다. 20일 경에 유치가 나기 시작하면서 고체 음식에 관심을 보이기 시작한다. 이 중요한 1주일 동안 태어나면서 보이는 많은 행동들이 사라지기 시작하며 강아지의 행동 패턴으로 변화하기 시작한다. 강아지는 일어설 수 있으며 걷기 시작하고 꼬리를 흔드는 것이 관찰된다.

대소변을 위해서 어미가 더 이상 핥아주지 않아도 되며 그렇기 때문에 '울음소리(Distress Call)'가 줄어들고 오직 집에서 멀리 떨어지게 된 경우에만 사용하게 된다. 뿐만 아니라 초보적인 싸움, 신체 자세, 그리고 짖음 같은 사회적인 행동이 나타난다.

이 시기의 강아지는 학습능력이 있기는 하지만 4~5주가 되기 전까지는 매우 느리다. 강아지들이 이제 후각, 청각, 그리고 시각 자극에 반응할 수 있기 때문에 사용할 수는 없다고 해도 장난감이나, 다른 신기한 물체를 분만상자 안에 놓아주는 것이 좋다.

이 시기의 강아지들에게 일상적인 집안 소음, 냄새에 노출시키고 사람들이 움직이고 생활하는 것을 보여줄 필요가 있다. 매일 매일 핸들링을 하고 만져주고 부드럽게 브러싱을 해주는 것이 좋다.

다음 그림은 생후 감각이 발달하는 시기를 늑대와 비교한 자료이다.[58] 이 자료에는 개의 사회화 시기가 4주~8주로 표기되어 있지만 일반적으로는 3~12주로 생각하고 있다. 이 시기는 감각이 발달하기 시작하며 아직 두려움이 발달하기 이전이라는 것을 알 수 있다.

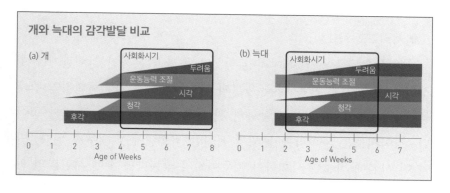

사회화 민감기

젊은 개의 사회적인 행동 발달에 있어서 가장 중요한 시기가 바로 3주부터 12주까지의 사회화기이다. 이 시기에는 행동의 변화가 매우 빠르고 개들 사이의 사회적인 행동 발달이 일어난다. 생후 3주 이전에는 강아지 신경계의 감각기관이 미성숙해서 사회화를 하기에는 너무 어린 시기이다. 사회화 시기는 강아지의 뇌파(Electoencephalogram)의 성숙과 척수의 수초화(Myelination)가 완성되는 것과 관련되어 있는 것으로 생각된다. 이러한 변화는 강아지가 성견과 같은 방식으로 환경을 인식하고 반응하게 된다.

● 용어의 변경

민감기를 처음에는 결정기라고 불렸다. 하지만 시기의 변화가 점진적이기 때문에 결정기라는 단어 대신 민감기라는 단어가 대신 사용되었다. 민감기에 일어난 일들은 개의 생애에 걸쳐서 매우 큰 영향을 미치게 된다. 민감기가 지나고 나서 이러한 사건에 대해서는 민감성이 줄어든다.

● 사회화의 중요성

사회화는 동물이 종 특이적인 사회 행동과 기본적인 사회관계를 형성하는 과정이다. 개는 다른 동물과 달리 같은 종과의 사회적인 관계뿐만 아니라 다른 종인 사람과의 관계를 형성해야 하는 특별한 종이다. 강아지들은 사회화를 통해서 적절한 사회관계를 배우게 된다. 만약 이 시기에 적절한 사회화가 이루어지지 않는다면 후에 사람과의 관계 형성이 매우 어렵거나 늦어지게 되고 다른 개들과의 사이가 나빠지게 된다. 또한 사회화를 통해서 환경적인 자극에 대해서 지나치게 반응하지 않고 두려움을 느끼지 않게 된다. 또한 강아지는 이 시기에 다른 동물 중에서 강아지를 구분하는 법을 배우게 된다. 예를 들어 커다란 리트리버와 작은 치와와는 언뜻 보면 서로 다른 종이라고 할 정도로 차이가 크지만 공원에서 만나면 서로를 무서워하지 않고 잘 노는 것을 볼 수 있다. 이러한 것은 모두 사회화의 결과라고 할 수 있다. 사회화 시기의 후기에는 개와 사람 간의 애착 발달을 촉진한다. 개가 적절하게 다른 개와 사람들과 사회화가 되면 사람과 개를 자신의 사회 구성원으로 생각하게 되고 사람과 개 모두에게 개만의 독특한(종 특이적인) 의사소통 행동 패턴을 표현한다.

● 사회화시기의 행동들

3~4주가 되면 강아지들은 호기심이 많아져서 이리저리 탐색하기 시작한다. 강아지들은 분만 상자 안을 이리저리 살펴보고 같이 태어난 한 배 새끼들과 어미와 놀이를 시작한다. 이 시기에는 어떠한 두려움도 없이 새로운 자극을 따라 조사한다. 5주가 되면 이러한 대담함은 조

금 사라지고 점차 새로운 자극에 대해 조심하기 시작한다. 이러한 변화는 개의 선조들의 행동을 생각하면 특이한 것은 아니다. 5주는 늑대 새끼들이 그들이 사는 굴에서 처음으로 굴 밖을 나가는 시기와 일치한다. 이 시기에 새로운 것에 대한 두려움, 혹은 다른 종에 대한 두려움은 늑대의 생존율 증가시키며 잠재적인 포식자로부터 보호한다.

장소에 대한 애착은 사회화 시기 초기에 발달하게 된다. 강아지들은 그들이 자는 곳, 먹는 장소는 물론 자신들이 자주 접근했던 공간에 대한 애착을 형성한다.

한배의 새끼들과 놀이는 매우 복잡해지고 개들과의 상호관계를 발달시키고 의사소통 패턴 등의 사회적인 행동의 발달에 매우 중요한 역할을 하게 된다.

놀면서 상대를 무는 것과 같은 돌발 행동은 한배 새끼들이 울음소리(Distress Calling)를 유발하고 놀이가 중단된다는 점을 빠르게 깨닫게 된다. 얼굴 표정을 통한 의사소통이나 공격적인 으르렁거림은 5주 시기에서 시작된다. 이 시기에는 운동능력이 발달하여 달리고 기어오르고 씹는 행동이 성숙해진다. 또한 이 시기에 상대적인 공격적, 순종적인 의사소통, 그리고 놀이 유도나 돌봄 유도 등이 시작된다.

● 개가 되는 법을 배움

강아지는 한배 새끼들과 어미와 같이 지내는 것이 중요하다. 만약에 강아지가 무례한 행동을 하게 되면 어미는 으르렁거리거나 몸의 자체, 혹은 주둥이를 무는 것과 같은 신체를 이용한 훈계를 한다. 이러한 교육으로 강아지는 다른 강아지의 우위성 신호에 대해서 정확하게 해석할 수 있게 된다. 그러므로 상대를 물지 않게 되고 우위성 개에 대해서 친화적인 자세를 취하는 방법을 배운다. 일반적으로 강아지들은 같은 배 새끼들과 7~9주까지 같이 있게 된다. 특히 무엇보다 사회화 초기에 한배 새끼들과 같이 있는 것이 매우 중요하다.

암캐는 생후 3.5주에서 4주부터 이유를 시작한다. 이 과정은 점진적으로 진행되어 7~9주면 거의 완성된다. 이유를 하는 동안 개들은 점차 집 밖 멀리 나돌아다니기 시작하며, 매우 짧은 시간만 돌봐준다. 강아지들을 천천히 부모와 떨어뜨리는 것이 갑작스럽게 하는 것보다는 낫다.

● 새로운 강아지를 입양하기

강아지를 입양하기 위해서는 일반적으로 7~9주에 입양하는 것이 바람직하다. 이보다 일찍 입양하게 된다면, 다른 개와 정상적으로 의사 소통하는 방법을 배우지 못할 가능성이 있다. 게다가 너무 일찍 사람을 향하게 되면, 나중에 지나친 애착관계가 형성될 가능성이 있다.

● 사람과의 사회화

14주 동안 어미와만 접촉하고 사람과 전혀 접촉하지 않은 개는 사람에 대해서 극도로 두려움을 가지게 되고 성견이 되어도 훈련이 매우 어렵다. 14주 동안 사람과 거의 만나지 않거나 사람과 접촉하지 않는 다면, 이 개를 사람에게 사회적인 애착이 생기도록 하기가 힘들다. 그러므로 비록 같은 배의 새끼들과 놀고 있을 때도 사람이 핸들링을 해주는 것이 나중에 사람에 대한 애착이 생기도록 하는 데 중요한 역할을 한다.

개와 같은 사회적인 동물은 어미와 같은 배 새끼들과 놀다가 사회화 시기 후반에 입양을 가게 되면 그 애착이 사람에게로 옮겨진다. 만약에 개가 다른 동물과 같이 살아가야 한다면, 이 시기에 다른 동물과 접촉해야 한다. 예를 들어, 고양이, 토끼, 저빌(설치류의 한 종류) 혹은 다른 가정의 반려동물과 같이 살아가야 한다면 매우 중요하다고 할 수 있다. 만약에 입양 가는 집에 개가 한 마리밖에 없다고 해도 개들이 비슷한 나이의 다른 개와 어울리는 것은 매우 중요하다.

● 두려움 각인기

강아지는 3~5주가 되면 호기심이 많고 두려움이 적지만 5주가 넘어가게 되면 새로운 사람이나 물체, 혹은 환경에 대해서 두려움을 가지기 시작한다. 이러한 변화는 생후 8~10주에 최고조에 이른다. 이 시기 자체는 일정한 편이지만 이 시기의 강아지의 반응은 상당히 달라질 수 있다. 즉 어떠한 동물은 매우 불안해할 수 있지만, 어떤 동물은 그 두려움이 별로 드러나지 않을 수도 있다. 이것은 아마도 유전적인 영향과 초기의 사회화 영향이 복합적으로 나타나는 것으로 생각된다.

이 시기는 대개 새로운 집으로 입양 간 이후이기 때문에 새로운 주인은 이 강아지에게 가능하면 트라우마를 일으킬 만한 사건을 일으키지 말아야 한다.

● 사회화 과정

사회화가 제대로 이루어지면 개들은 다른 개들과 사람들에게 애착이 형성되고 새로운 환경에 대해서 잘 적응한다. 또한 새로운 자극에 대해서도 두려움을 심하게 느끼지 않으며 훈련에 잘 반응한다. 반대로 사회화가 제대로 이루어지지 않는다면 반대의 결과가 나타날 것이다. 이러한 개들은 생활하면서 새로운 자극을 받는 것이 매우 큰 스트레스라고 할 수 있다.

사회화 민감기인 3~12주 사이에는 가능하면 같은 배의 새끼들과 어울리게 하면서 점차적으로 다양한 환경에 노출시키는 것이 중요하다. 강아지들이 이행기를 거치면서 매우 활동적이기 때문에 철망으로 문을

만들어 놓는다면 다양한 자극에 노출될 수 있다. 정상적인 집안에서 발생하는 소음이나 사람이 집안일을 하는 과정이나 동작들, 새로운 사람들, 어린이들, 그리고 가족의 다른 반려동물들이 소개되는 것이 좋다. 또한 강아지들은 사람이 자주 핸들링을 해주는 것이 효과적이다. 아직 이 시기엔 어미의 돌봄이 중요하기는 하지만 잠시 동안은 어미와 다른 새끼들과 떨어져서 사람과 같이 지내는 것이 바람직하다. 뿐만 아니라 이러한 시간은 점차 성숙해지면서 길어지는 것이 좋다. 이렇게 함으로써 어미와 갑자기 떨어지는 것이 아니라 점진적으로 헤어지는 법을 배우게 되고 사람과의 유대관계가 형성되기 시작하며 나중에 혼자 지내는 법을 배우는 데 도움이 된다.

　사회화는 7~9주 사이에 새로운 집으로 입양된 이후에는 좀 더 다양하고 적극적으로 시도되어야 한다. 비록 12주가 초기 사회화가 종료되는 시기라고 하지만 새로운 강아지에게 생후 4~5달까지는 이러한 사회화에 영향을 미치는 시기이다. 사실 성견이 되기 전까지 계속 사회화를 하는 것이 효과적이다.

사회화하는 가장 좋은 방법은 강아지 유치원이라고 하는 사회화 프로그램에 등록하는 것이다. 아직 국내에서는 이러한 프로그램이 활성화되지는 않았지만, 일부 애견 카페를 중심으로 이러한 프로그램이 가능하기도 하다. 또한 이 시기에 흔히 말하는 복종 훈련, 혹은 기본 예절훈련을 받아두는 것이 좋다. 4주간의 사회화 프로그램에 참여한 강아지가 기본 명령어(앉아, 기다려, 이리와, 옆에)를 쉽게 배우는 것을 확인할 수 있다. 강아지에게 집안 예절을 가르치고 산책을 하거나, 차를 타는 것을 가르치는 것은 후에 행복한 성견으로 자라는데 매우 중요하다.

● 양치기 개가 양과 같이 살아갈 수 있는 것은 사회화 때문

　양치기 개 중에서 특히 마렘마 쉽독은 어릴 적부터 양과 접촉하면서 사회화가 이루어지기 때문에 양의 무리에서 무리 없이 섞일 수가 있다. 양치기 개들은 양을 따라다니면서 같이 어울리고 늑대 포식자가 공격할 경우, 이에 맞서 싸우는 것이 아니라 짖는 등의 행위로 늑대의 행동패턴을 교란시켜서 사냥이 실패하도록 한다. 그럼에도 불구하고 싸울 수가 있는데 이때는 가시가 있는 목띠를 차고 있기 때문에 보호를 받을 수가 있다.

목띠를 차고 있는 양치기 개 (출처 : (c) friend of tr:user:Onur1991 (wikipedia))

이렇듯 개와 양은 서로 사회화를 통해서 유대관계가 형성될 수 있다.

유년기 이후(제2차 사회화 시기)

개의 유년기는 사회화 민감기를 지나서 성적으로 성숙하는 성격이 되기 전까지의 시기이다. 이 시기에 운동능력을 더 발달하게 되고 관심사가 확대된다. 영구치가 4~5개월부터 나기 시작하고 6개월이면 모두 영구치로 대체된다. 3~4개월경에 강아지들은 탐구적인 행동이 증가하고 보다 자신감이 넘치고 독립적으로 바뀐다. 이러한 점진적인 변화는 학습 및 그 전의 경험과 관련되어 있다. 실제로 연구 결과 문제풀이를 훈련받은 개는 주인에게 덜 의존적이고 스스로 문제를 풀기 위해 더 노력하지만 그렇지 않은 개는 문제가 생기면 바로 주인을 쳐다보고 도움을 요청한다. 사춘기가 되면서 성적인 행동이 발달하기 시작한다. 암캐는 견종 및 크기에 따라서 6~16개월 사이에 성숙하게 되고 수컷은 일반적으로 10~12개월 사이에 성숙하게 된다. 성적으로는 대개 1년 안에 성숙하지만 사회적인 행동은 18개월까지 계속 발전한다. 사춘기가 시작되면서 수컷은 소변 마킹, 공격성, 그리고 돌아다님(Roaming) 및 마운팅 동작이 일어나기 시작한다. 그 외 영역관련 공격성, 보호적인 공격성 그리고 우위성, 공격성은 암수 모두 성적으로 성숙한 이후에 나타난다.

15장

개들의 사회화 시기와 인지능력

사회화 시기와 인지능력

● 개의 가족냄새

개의 냄새가 배도록 천을 3일 정도 깔개로 깔아둔 다음에 이것을 2년 동안 떨어진 어미에게 가져다 준 결과 자기 새끼의 냄새가 배어 있는 천에 더 관심을 보였다. 하지만 같은 배의 새끼는 어미와 같이 살았을 경우에만 자기의 형제자매를 인식할 수 있었다. 이러한 연구는 가족 간의 냄새를 공유한다는 것을 의미할 뿐만 아니라 개의 후각 능력이 매우 우수하다는 것도 확인할 수 있다.

개는 다른 동물과는 달리 같은 종이 아닌 다른 종과도 매우 친하게 지낼 수가 있다. 예를 들어 그레이트 피네리즈와 같은 양치기 개는 어릴 적부터 양과 같이 지낼 경우 양을 매우 친하게 생각한다. 뿐만 아니라 고양이와도 어릴 적부터 접촉한 개는 고양이와도 친하게 지내며, 특히 고양이끼리의 인사법이라고 할 수 있는 코 접촉(Nose Touch)을 같이 시도하는 것을 볼 수 있다.

● 개의 동종 간 혹은 이종 간의 사회화

동종 간의 친밀성은 늑대가 새끼를 키울 때 늑대 무리 속에 있기 때문에 자신의 부모가 아닌 같은 무리의 다른 늑대와도 친하게 지내야 하기에 생긴 특징일 가능성이 높다. 늑대는 태어나면 자신의 부모뿐만 아니라, 1년 일찍 태어난 다른 늑대들도 같이 육아에 도움을 준다.

개들에게 있어서 사람은 개의 부모는 아니지만, 친척처럼 보일 수는 있을 것이다. 일반적으로 이유할 때까지 강아지들은 어미를 더 따르지만, 이유시기가 지나면 사람이 매일 먹을 것을 주고 놀아주기 때문에 사람을 더 따르게 된다. 이러한 현상이 오리 등에서 볼 수 있는 각인 현상이라고 생각되지는 않지만, 진돗개와 같은 경우는 주인이 바뀌면 적응하기 힘들어 하는 것으로 봐서는 각인현상과 유사한 측면이 있다고 본다.

● 사회화를 매우 조심스럽게 해야 하는 이유

개에게 있어서 사람과 친해진다는 것은 사람으로 따지면 한국어와 영어(혹은 다른 외국어)를 같이 사용하는 것과 비슷하다. 한국 사람끼리

고양이(마지)가 강아지(테오)에게 노즈 터치를 하고 있다. 노즈 터치는 고양이들 간의 인사 방식이지만 개도 이것의 의미를 이해하고 있다. (출처 : © Living in Monrovia /Frickr)

이야기 할 때는 한국어를 사용하지만, 외국사람과 이야기할 때는 한국어를 섞지 않고 영어로 자연스럽게 넘어간다. 이러한 과정이 어릴 적부터 훈련되어 있지만 쉽지는 않다. 개도 개와 같이 있을 때는 개와 관련된 행동을 하지만, 사람과 같이 있을 때는 사람에게 적절한 행동을 하게 된다. 뿐만 아니라 개가 고양이와 같이 살게 된다면 고양이와도 의사소통을 할 수 있게 된다. 개가 이러한 능력이 개발되기 위해서는 천천히 점진적인 사회화가 필요하다.

만약 강아지가 8주 이전에 어미와 떨어져서 개가 아닌 다른 동물, 예를 들어 고양이와 키워지고 다른 개들과 접촉이 없을 경우, 그 강아지는 또래의 강아지를 만나게 되면 다른 강아지에 대해서 공격성을 보일 수가 있다. 이는 다른 강아지에게 어떻게 행동해야 하는가를 제대로 배우지 못했기 때문이다. 이러한 현상은 개에게서만 나타나는 것이 아니라, 애완동물로 키워지거나 혹은 기계장치에 의해서 키워진 많은 동물에게서 볼 수 있는 것이기도 하다.

사회적 민감기에 강아지를 고양이에게 양육시키면 처음 만난 다른 강아지를 두려워한다는 연구 결과가 이미 1969년에 발표되었다.[59] 하지만 이러한 두려움도 16주령에 서로 같이 키우기 시작하면 곧 서로 잘 놀기 시작한다. 이것으로 봐서 개의 다른 개들에 대한 사회화 민감기는 사람에 대한 민감기 보다는 길다고 생각된다. 하지만 이러한 연구가 반복되어 실험된 것은 아니라서 검증된 것이라고 하기는 어렵다.

또한 고양이가 새끼 고양이를 입양하고 잘 키우는 것도, 고양이가 자기새끼와 남의 새끼를 구분하기 보다는 자기가 새끼를 낳아서 돌보는 구역의 고양이는 자기 새끼로 간주하는 단순한 판단 때문으로 생각된다. 위의 연구에서도 고양이는 새끼 치와와 강아지를 자기 새끼처럼 받아들였다.

● 사회화 과정 중의 강아지의 인지능력

　어린 강아지들은 자신의 형제자매 혹은 가족의 냄새를 알고 있으나, 각각의 강아지들 간의 개성이 나타나지는 않는다. 개들 간의 개성이 나타나고 그것을 탐색하게 되는 것은 11~12주 정도이다. 이 시기는 일반적으로 개가 다른 집으로 입양된 이후라고 할 수 있다. 즉 개들은 입양되기 이전에는 형제자매 사이에 각각의 개체에 대한 개별적인 인식이 발달하지 않는다.

16장

강아지의 7가지 감정

사람의 두뇌는 일반적으로 3층으로 이루어져 있다고 생각한다. 이것을 처음으로 주장한 사람은 폴 맥클린(Paul D. MacLean) 이라는 대뇌생리학자이다. 그의 주장을 요약하면, 뇌는 크게 파충류의 뇌, 고대 포유류의 뇌, 신 포유류의 뇌의 3층으로 이루어져 있다고 분류했으며, 이것을 삼위일체 두뇌(Triune Brain)라고 부른다.

이러한 주장은 뇌의 기능에 대해서 대략적인 기능을 파악하는데 도움을 준다고 할 수 있다.

뇌의 가장 안쪽에 있는 뇌간 부분은 호흡, 순환, 체온, 고통 등의 생명현상에 필수적인 기능을 담당하고 대뇌연변계(혹은 변연계)라고 불리는 부분은 공격성, 동기 부여, 불안, 호기심 등의 감정과 관련된 기능을 담당하며 대뇌 신피질은 운동연합, 감각자극 처리, 윤리, 계획 등의 고차원적인 뇌 기능을 담당한다.

대뇌 발달의 3층에서 2번째 층, 흔히 대뇌연변계라고 불리는 곳은 주로 감정을 관장하며, 이를 1차 감정이라고 부른다. 이러한 감정은 생존에 절대적인 영향을 미치고 있다. 이 감정을 이용해서 동물들이 빠르게 행동을 결정하게 된다.

사람들이 종종 일단 일을 저지르고 후회하는 것은 매우 빠르게 작용하는 신경전달물질의 반응으로 행동을 수행한 후에 뇌의 신피질에서 이를 분석하기 때문이다. 이 때문에 18세기 스코틀랜드의 유명한 철학자이자 회의주의자의 선구자로 인정받는 데이비드 흄은 "이성은 감정의 노예"라고 했다. 실제로도 현대의 뇌신경과학은 인간의 판단은 감정이 먼저 작용하고 그 이후에 이를 합리화하기 위한 이성이 작용한다는 것을 밝히고 있다.

동물에게 있어서 왜 감정이 중요한가?

● 행동은 감정에서 시작된다

서양에서는 흔히 감정을 이성의 반대라고 생각했다. 그렇기 때문에 플라톤은 감정을 자극하는 예술을 금지하고 이성에 의한 통치를 주장했다. 르네 데카르트는 여기서 더 나아가 감정과 이성을 구분하고 육체도 정신과 다른 것이라고 나누었다. 임마누엘 칸트 역시 지극히 감정을 무시하고 이성적인 판단을 추구했었다. 현대사회에서도 이성을 중요시하고 감정을 이용한 판단을 무시하는 경향이 있지만, 이러한 사고는 뇌과학의 발전과 더불어 현재는 좀 해석이 달라지고 있다. 예를 들어, 많은 사람들이 감정을 절제하면 이성적으로 판단할 수 있다고 생각한다. 하지만, 실험 결과를 보면 오히려 그 반대라고 할 수 있다.

연구에 따르면, 쥐나 원숭이에게 편도체를 제거하는 수술을 한 경우, 이들 쥐나 원숭이는 기본적인 생활은 아주 정상적이다. 하지만 두려움이 없어진다. 실험 원숭이들이 평소 먹이를 향해가는 시간은 5초였으나 뱀 모양의 장난감을 두면 40초 정도 간 멈췄다가 안전이 확인되면 달려갔다. 그러나 편도체가 제거된 원숭이는 위험을 느끼지 못하고 먹이로 직행했다. 쥐도 역시 마찬가지인데, 옆에 뱀이 있어도 전혀 위험을 느끼지 못하고 자고 있는 고양이의 귀를 물어뜯기도 했다. 사람도 역시 편도체가 제거되면 정상적인 의사결정을 못하는 것으로 알려져 있다.

이상의 결과를 바탕으로 생각하면, 사람들 대부분의 매일 매일 빠른 판단은 감정에 의한 것이며, 대뇌 피질의 영향을 별로 받지 않는다. 사실 뇌의 발달 과정에서 신피질은 가장 나중에 발달한 것이기 때문에 동물을 이해하기 위해서는 오히려 감정을 중심으로 이해하는 것이 바람직하다.

이러한 사실을 잘 알려주는 것들이 바로 사고나 질병으로 뇌를 손상당한 사람들의 이야기이다. 피니어스 게이지(Phineas P. Gage)의 사례는 매우 흥미로운데, 그는 버몬트 철도 공사현장에서 일하던 중에 사고로 길이 1m 무게 6kg의 쇠막대가 두개골을 관통하는 부상을 입었다. 쇠막대가 왼쪽 광대뼈에 박혀 오른쪽 머리로 뚫고 나왔기 때문에 그의 전전두피질이 크게 손상되었다. 그는 기적적으로 회복되어 작업장에 다시 나갈 수 있게 되었으나, 사고 전과 다른 사람이 되었다. 예의 바르고 가정과 사회에서 인간관계가 원만했던 사람이 거칠고 충동적인 성격으로 변했다.

안토니오 다마시오가 관찰한 엘리엇이라는 환자도 유사한 사례이다. 엘리엇은 성공적인 삶을 살던 30대 남성이었으나, 뇌막종 때문에 전전두피질을 상당 부분 제거하는 수술을 받아야 했다. 수술은 성공했으나 엘리엇의 일상적인 행동은 크게 변했다. 엘리엇은 시간을 제대로 운용하지 못하게 되었고 무분별한 부동산 투기에 빠졌으며 두 번 이혼했다. 그러나 일련의 테스트 결과 엘리엇의 지각능력, 단기기억과 장기기억, 이해력, 언어능력과 계산능력은 전혀 문제가 없었다. 다마시오는 엘리엇의 도덕적 능력을 측정한 결과 이 또한 연령대 평균보다 높은 값을 보였다.

비슷한 몇몇 연구에서도 인간의 수행 능력은 변연계를 중심으로 한 감정회로와, 비교하고 판단하는 전두엽의 협력이 얼마나 잘 이루어지느냐에 달렸다는 것을 밝히고 있다.

즉 사람이 제대로 판단하기 위해서는 무엇보다 감정이 제대로 작용해야 한다는 것이다. 그런데 사람보다 두뇌 신피질이 덜 발달한 대부분의 동물들에게 있어서 그들의 생존은 논리적인 사고보다는 오히려 감정에 의존한다는 것은 상식적이라고 할 수 있다.

뇌 신경학자 특히 미국 워싱턴 주립대학 수의학과의 신경생물학자 야크 판크세프(Jaak Panksepp) 교수는 이러한 감정 중에서 7가지를 가장 기본적인 감정으로 분류하고 이것을 블루 리본(Blue Ribbon) 감정이라고 했다.

이러한 감정은 동물의 행동을 이해하는 열쇠가 될 수 있다. 동물 행동학자인 템플 그랜딘(Temple Grandin)[60] 박사는 동물 행동을 7가지 감정을 이용하여 설명하고 있다. 7가지 감정은 호기심(SEEK), 두려움(FEAR), 당황(PANIC), 분노(RAGE), 성적인 욕구(LUST), 놀고 싶음(PLAY) 및 새끼를 돌봄(CARE)이며 모든 포유 동물은 이 7가지 감정을 가지고 있기 때문에 이것이 가장 기본적인 감정이라서 이를 통해 동물을 이해하는 것이 가장 쉬운 방법이라고 생각된다.

이 중에서 성적인 욕구와 놀고 싶음과 돌봄을 제외한 4가지 호기심, 두려움, 당황, 분노가 동물을 이해하는데 가장 중요하다. 7가지 감정을 표현하는 단어는 영어로는 모두 대문자로만 표기한다.

개들의 7가지 감정

호기심(SEEK)은 동물들이 가지고 있는 호기심을 말한다. 동물들을 행복하게 해주려면 이 감정을 자극해야 한다. 동물이 호기심을 가지는 가장 큰 이유는 먹이활동을 하기 위한 것이다. 즉 호기심이 없는 동물은 먹이를 찾기 위해 돌아다니지 않게 되며 결국 먹이활동을 제대로 하지 못하고 죽을 것이다. 그러므로 호기심은 생존에 있어서 가장 중요한 감정이라고 할 수 있다. 뿐만 아니라 호기심은 동물이 훈련되는 가장 중요한 이유이다. 즉 개와 고양이는 훈련을 하면서 생기는 보상을 바라고 호기심 때문에 훈련을 유지할 수 있다.

두려움(FEAR)은 동물이 위협을 느낄 경우, 그 장소에서 빨리 벗어나거나 혹은 숨도록 하기 위한 감정이다. 두려움은 걱정과는 다른 개념인데, 걱정은 대개 직접적인 위협이나 확실한 위협이 없는 상황에서 생기는 감정이다. 그러므로 두려움은 흔히 새로운 것이 갑자기 나타났거나, 뭔가 갑작스럽게 반응했을 때, 혹은 포식자들로부터 숨으려 할 때 생기는 감정이다.

그러므로 작은 동물일수록 두려움이 매우 발달되어 있다. 두려움이 생길 때 이와 관련된 행동이 동물마다 다를 수가 있다. 예를 들어, 저빌(모래쥐)은 두려움을 느끼기 때문에 땅을 파고 숨는 것이고, 암닭이 알을 낳을 때 숨는 것도 역시 두려움 때문이다. 특히 말은 두려움을 느끼면 도망을 가는 습성이 있는데 이것을 이용한 것이 바로 채찍이다. 달리는 말에 채찍을 가하면 말이 더욱 속도를 내는 것은 채찍의 느낌이 포식자가 달려드는 느낌이기 때문에 더 빨리 도망가려고 하기 때문이다.

두려움은 특히 반려동물이나 가축의 행동을 이해하는 데 가장 중요한 감정이다. 템플 그랜딘은 특히 가축이 어떠한 것에 대해서 두려움을 느끼는가에 대해서 자세히 정리했는데, 비록 가축이기 때문에 개와는 좀 다르다고 생각되지만 그렇다고 해서 완전히 동떨어진 것은 아니라고 생각된다. 템플 그랜딘이 제시한 것은 다음과 같다.

1. 진흙 바닥의 반짝이는 반사광
2. 부드러운 금속 표면에서의 반사광
3. 공중에서 흔들리는 사슬
4. 금속성 소음과 침몰
5. 시끄러운 소음, 예를 들면 트럭의 후진 경고음과 차량의 고음 사이렌 소리
6. 공기 중의 쉿소리
7. 강한 맞바람을 맞을 때
8. 담에 걸린 옷가지
9. 움직이는 플라스틱 조각
10. 저속 팬 날개의 움직임
11. 앞에서 움직이는 사람을 보는 것
12. 바닥에 놓은 작은 물건
13. 바닥과 천의 변화
14. 바닥의 창살 배수구
15. 장비의 급작스러운 색깔 변화
16. 통로로 들어가는 입구가 지나치게 어두운 경우
17. 눈을 멀게 만드는 태양처럼 밝은 빛
18. 한 방향으로만 열리거나 뒤로 젖혀지지 않는 입구(되밀림 방지문)

하나하나의 자세한 설명은 템플 그랜딘의 《동물과의 대화》에서 자세히 찾아볼 수 있다.

하지만 자세한 점을 이해하기에 앞서 초식동물은 거의 대부분 결국 포식동물에 잡아먹혀 죽게 되고, 포식동물은 굶어 죽는다는 점에서 다

른 동물에게 죽임을 당할 수 있는 모든 동물은 조금이라도 위험하다고 생각되는 장소에는 가려고 하지 않을 뿐만 아니라, 익숙하지 않은 곳에는 잘 가려고 하지 않거나 매우 조심스럽게 접근한다는 것을 기억할 필요가 있다. 그나마 개들은 이러한 것들에 대해서 잘 적응할 수 있다는 점은 다행이다. 하지만 사람들이 손을 내밀어 쓰다듬어주는 동작은 개에게 있어서는 다른 포식동물이 공격하는 것과 구분하기 어려운 동작이기 때문에 낯선 사람이 개를 쓰다듬어 주려고 하는 동작 자체도 두려움을 일으킬 수 있기 때문에 대부분의 훈련사들은 개들에게 접근할 때 가슴과 배 부분을 만져준다.

최근에 많은 프로그램에서 개들의 행동을 수정하는 내용을 다루고 있다. 그 프로그램의 내용도 대부분 잘못된 행동을 강화하는 주인의 행동은 무엇이었는가를 분석하고, 개가 무엇을 두려워하는 가를 파악해서 개에게 자신감을 심어주고 사회성을 길러주는 것이다. 개가 두려

움을 느끼는 이유만 파악해도 문제행동의 상당부분은 해결된다.

패닉(PANIC) 혹은 당황은 당황이라고 해야 하지만, 최근에는 슬픔이라고 부르기도 하는 감정이다. 패닉이라는 영어 단어는 극심한 공포를 의미하지만, 7가지 감정에서 말하는 패닉은 그러한 감정보다는 혼자 있을 때 느끼는 불안감을 의미한다. 즉 어린 강아지가 갑자기 주인이 떠났을 때 분리불안을 가지면서 느끼는 감정이 바로 이것이다.

우리가 느끼는 패닉은 사실 두려움에 더 가깝게 설명하기 때문인지 최근에는 패닉이라는 용어보다는 슬픔이라는 표현을 더 많이 사용하기도 한다. 개들이 무리를 이루고 살아가는 이유가 무리에서 떨어졌을 경우 슬픈 감정을 느끼도록 진화했기 때문이다. 그리고 개가 성견이 돼서 주인과 떨어져 새로운 주인을 만나게 되면 며칠간을 우는 경우가 있는데, 이것은 개가 패닉이라는 감정을 느끼기 때문이다. 사람들은 동물의 눈물에 대해서 오해하는 경우가 있다. 예를 들어 소가 도축업자에게 판매될 때 눈물을 흘리는 것을 두고 소가 죽음을 직감하고 슬퍼한다고 생각하는데, 아마도 그럴 가능성은 낮을 것이다. 소는 오히려 사람과의 관계가 끊어지고 자신이 홀로 떨어지는 것에 대해서 슬퍼하는 것이라고 생각해야 한다. 만약 소가 죽음을 예상한다면, 단순히 죽음을 받아들이지 않고 분노를 이용해서 그 상황에서 탈출하려고 할 것이다.

유사한 오해의 사례로서 서울대공원에서 돌고래 쇼를 하던 제돌이가 야생 방류를 앞두고 눈물을 흘리는 사진이 공개되었다. 돌고래도 기뻐서 눈물을 흘리는 것처럼 묘사한 기사가 있었으나, 이것은 잘못된 해석이다. 이 경우는 눈물의 기능에 대해서 잘못 해석한 것이다. 눈물의 가장 중요한 기능은 눈에 물기를 제공해 안구운동을 부드럽게 하고 이물질을 제거하는 것이다. 눈꺼풀에 있는 눈물샘에서 지속적으로 눈물이 흘러나오며, 이를 기저 눈물(Basal Tears)이라고 한다. 또한 눈에 자극적인 물질이 들어오면 평소보다 더 많은 눈물을 흘리게 되는데 이를 반사 눈물(Reflex Tears)이라 한다. 또 사람은 기쁘거나 슬플 때에도 눈물을 흘리는데 이는 감정 눈물(Emotional Tears)이다. 제돌이의 눈물은 기저눈물로 해석해야 한다. 하지만 설사 감정에 의한 것이라고 해도 제돌이가 눈물을 흘렸다면, 그것은 기쁨의 눈물이라기보다는 헤어짐의 눈물일 가능성이 훨씬 더 높다.

분노(RAGE)는 분함 혹은 화를 의미하는 감정이다. 이 분노는 생존에 필수적인 감정으로 흔히 말하는 도망가거나 싸우거나(Fight-or-Flight)전략과 관련되어 있다. 즉 도망갈 때는 두려운 감정이 앞서지만 싸울 때는 분노 감정을 이용한다. 판크세프 박사는 이 감정이 포식자들이나 적들에게 포위되었을 때 상황을 벗어날 때 탈출하기 위해서 진화된 것이라고 생각하고 있다. 그러므로 분노라는 감정은 단순히 자기 맘에 들지 않아서 생긴다고 하기보다는 자기가 원치 않는 상황에서 보통의 감정으로는 벗어날 수 없다고 생각하기 때문에 발생한다고 할 수 있다.

좌절은 약한 형태의 분노이다. 무슨 일을 하다가 안 되면 슬픈 감정보다는 화가 나는 이유가 바로 자신이 어떤 상황에서 벗어나지 못했다는 느낌인 분노 때문이다.

성적인 욕구(LUST)는 글자 그대로 성과 관련된 감정이다. 성적인 충동은 뇌의 특정 회로와 화학물질에 의해서 조절되며, 암수가 서로 다른 성호르몬의 영향을 받는다.

돌봄(CARE)은 어미가 새끼를 돌보게 하는 감정으로 이 감정이 있기 때문에 안전하게 새끼들을 돌볼 수가 있다. 임신 후기의 호르몬 변화가 모성본능을 자극하고 새끼들과 유대관계를 강하게 한다. 이 감정은 옥시토신과도 관련이 있다.

일부 개들은 성장하면서 새끼를 본 적이 없을 경우 두려움으로 인하여 첫배의 새끼를 잘 돌보지 않는 경우가 있다. 이때 새끼의 냄새를 맡게 하면 돌봄 감정이 유발되는 경우가 있다.

놀고 싶음(PLAY)은 어린 개체들이 사회적 지식을 축적하고 생존에 필요한 사회적인 상호작용을 익히는데 도움을 준다. 도파민에 의해서 활성화된 호기심 시스템이 놀고 싶음을 자극하기도 한다.

개의 7가지 감정

기본 감정	강아지의 정서에 미치는 영향	인간의 감정
호기심	동기부여, 흥미, 좌절	승부/성공, 익스트림 스포츠, 중독, 갈망, 집착 등과 관련된 감정
분노	화, 불안	경멸, 증오
두려움	걱정, 공포증, 당황, 심리적 트라우마	걱정
당황(슬픔)	분리불안, 슬픔	죄책감, 부끄러움, 수치감, 당황, 자신감 결여
놀고 싶음	즐거움, 행복	유머감
성욕	성적인 감정	질투
돌봄	애정어린 돌봄	사랑, 낭만적인 매력, 관계가 끊어졌을 때의 아픔

감정과 행동연구

7가지 감정 체계를 이해한 후 지금까지의 행동에 관한 연구를 살펴보면, 많은 연구가 감정 시스템이 혼재된 연구를 진행한 것을 알 수 있다. 호기심이라는 감정이 아닌, 활동성이나 감정 반응성(Emotional Reactivity) 등의 단어가 사용되었다면, 이는 호기심 이외의 다른 감정이 섞여 있을 가능성이 높다.

뿐만 아니라 반응 정도를 측정할 경우, 두려움과 공포가 섞여 있을 수가 있다. 예를 들어 분리불안은 전형적인 당황 반응이지만 많은 경우 두려움으로 오해받고 있다. 간단히 말하면 두려움은 위협으로부터 멀리 떨어지고자 하는 감정이고 패닉은 오히려 무리에서 떨어지지 않으려는 감정이다.

일부 학자들은 양과 같은 동물의 한 개체를 무리에서 떨어뜨린 후 두려운 감정을 측정하는데 이러한 상황에서는 두려움이 아니라 패닉 감정이 행동의 주된 원인이다. 특히 숨을 곳이 없는 오픈된 공간에서 무리를 이루는 동물의 감정을 측정할 때는 두려움과 패닉을 혼동해서는 안 된다.

두려움과 호기심에 영향을 주는 뇌 부위(측좌핵)가 서로 가깝기 때문에 호기심과 두려움이 빠르게 교차할 수 있다.

뿐만 아니라 호기심은 유전적인 영향을 많이 받는다는 것이 이미 알려져 있다. 쥐를 이용한 연구에서 새로운 것을 좋아하는 쥐의 경우, 양육의 효과가 거의 호기심에 영향을 주지 않았으며 교차양육(Cross-Fostering) 또한 큰 영향이 없었다. 이는 호기심이 유전적으로 결정될 수 있음을 보여주는 결과이다. 개와 관련해서 생각해보면 테리어의 왕성한 호기심은 유전적인 것임을 알 수 있다. 호기심이 풍부한 동물의 경우 측좌핵의 도파민 유발 활성이 매우 높음을 알 수 있다.

호기심뿐만 아니라 두려움 역시 유전적인 영향을 많이 받는다. 두려움은 환경의 영향도 크게 받는 것으로 알려져 있다. 임신 중에 강한 스트레스가 가해지면 어미와 새끼 모두 두려움 시스템(Fear System)이 더 활성화된다. 또한 심한 스트레스는 측좌핵의 식욕 시스템을 억제한다. 간단히 말하면 스트레스는 동물의 호기심 기능을 차단할 수 있고 그렇게 될 경우 그 동물은 주변을 조사하려고 하지 않는다.

패닉 감정은 유전적인 성향이 매우 강한 것으로 알려져 있다. 양을 이용한 실험에서 개체를 분리한 후, 얼마나 자주 우는 가를 측정한 결과 패닉 감정은 유전적인 성향이 매우 높다는 것이 확인되었다. 또한 성적인 욕구 역시 유전적인 성향이 강하다. 이에 대한 가장 대표적인 사례가 중국의 수컷 돼지이다. 미국에서 한배의 출산 산자수를 늘리기 위해 중국의 수컷 돼지를 수입하여 실험한 결과 이 수컷 돼지는 미국과 유럽의 일반 상업용 돼지와 교미를 하려는 본능이 다른 돼지들보다 매우 강했다.

사람의 경우는 기본적인 감정과 자아의 이미지나 다른 사람의 의도 등과 섞여서 복잡한 2차 감정으로 발전한다. 일반적으로 오래전에는 동물들은 2차 감정을 가지지 않았다고 생각하는 경향이 많았으나, 지금은 일부 2차 감정을 가지고 있다고 생각한다.

새로운 것에 대한 관심

새로운 것에 대한 관심은 한편으로는 두려움을 한편으로는 호기심을 유발한다는 면에서 매우 독특하다고 할 수 있다. 일반적으로 쉽게 두려움을 느끼는 동물은 의외로 새로운 것에 대한 호기심도 많으며, 신경질적이고 쉽게 흥분하는 성격을 가지고 있다.

아프리카에서 톰슨 가젤을 이용하여 관찰한 결과 톰슨가젤은 평상시에 포식자의 행동을 관찰하며, 자연에서 주로 도망가는 전략으로 살아남는 동물들은 새로운 것에 대한 호기심이 그렇지 않은 동물보다 강한 것으로 알려져 있다. 톰슨가젤은 포식행동을 하는 포식 동물과 그렇지 않은 포식동물을 구분할 수 있다. 톰슨 가젤은 치타가 사냥하지 않을 때에는 치타에게 접근하는 경우가 있다. 만약 치타가 이들의 무리를 통과할 때 도주거리는 포식자의 종에 따라서 변화하는 것을 볼 수 있다.

민감한 동물은 새로운 것이 갑자기 나타나면 두려움을 느낀다. 동물에게 있어서 새로운 것에는 새로운 케이지, 이상하게 생긴 차량을 이용한 운송, 갑작스러운 큰 소리, 그리고 오픈된 공간에 놓여지는 것 등이라고 할 수 있다.

동물들이 새로운 것에 대해서 관심을 가지지 않을 경우, 뇌의 발달이 지연될 수 있다. 이미 앞에서 언급했듯이 고양이의 경우 시각자극이 수직으로만 주어진다면 수평선과 관련된 능력이 발달하지 못한다는 것이다.

에어데일 테리어와 독일 셰퍼트를 자유로운 환경과 고립된 켄넬에서 키운 결과 고립된 환경에서 키운 동물들이 감각적인 자극에 대해서 훨씬 더 민감하게 반응하는 것을 알 수 있다. 이것은 아마도 신경계가 거의 자극이 없는 환경에 맞춰져 있기 때문으로 해석된다.

결론적으로, 동물들에게 새로운 자극은 항상 두려움을 일으키기도 하지만 발달과정에서 필요한 것이기도 하다. 특히 새로운 자극에 자발적으로 접근할 수 있다면 이러한 새로움은 동물에게 도움이 된다. 하지만 새로운 자극이 동물에게 갑자기 등장하면 두려움을 일으킬 수 있으므로 주의해야 한다.

두려움과 관련된 생리학

두려움은 많은 연구를 통해서 뇌의 편도체가 매우 중요한 역할을 하는 것으로 확인되었다. 또한 편도체는 동물이 도망갈 것인지 싸울 것인지 반응을 결정하는데 중요한 부분이다. 편도체의 전기자극은 쥐와 고양이의 스트레스 호르몬의 분비를 촉진했다. 쥐의 편도체를 파괴할 경우, 쥐는 좀 더 길들이기 쉽게 되었고, 감정적인 반응이 줄었다. 그

뿐만 아니라 고양이와 같은 다른 동물에 대한 두려움 반응이 유발되지 않았다.

마지막으로 사람에게 편도체를 자극할 경우, 두려움이 생겼다. 다른 동물을 이용한 연구에서 두려움이라고 해도 새로운 것에 대한 두려움과 움직이지 못하는 것에 대한 두려움은 뇌에서 다른 회로를 이용한다는 것이 밝혀졌다. 그러므로 두려움 자체는 하나의 차원이 아니라 여러 차원을 가지고 있다고 생각된다. 두려움을 느껴서 도망갈 것인지 싸울 것인지 결정해야 하는 상황에서 심장이 빨리 뛰고 혈압이 올라가고, 호흡수가 증가하는 데 이것은 모두 편도체와 신경이 연결되어 있기 때문이다.

두려움으로 인하여 본능을 억제할 수도 있다

두려움이 심한 동물은 종종 본능이 억제된다. 예를 들어 TV에서 일부 개들이 새끼를 낳고 새끼를 돌보지 않은 경우가 방송된다. 이와 유사한 사례로서 한 연구자는 호주의 퀸즈랜드 블루 힐러 종의 개가 처음으로 새끼를 낳았는데, 그 개는 주변에서 다른 개가 새끼를 낳거나 돌보는 것을 본적이 없었기 때문에 새끼가 태어나자 매우 겁을 먹고 새로 태어난 강아지에게 핥아주려고 하지 않았다. 그러나 이후 새끼 강아지의 냄새를 맡게 하자 모성본능이 생겨서 새끼를 핥아주기 시작했다. 이때 태어난 개가 2년 뒤에 다시 새끼를 낳았을 때 그 개는 더욱 두려움이 심해서 방을 심하게 뛰면서 돌아다니고 새끼 근처로 가지 않았다. 주인이 갓난 새끼의 냄새를 맡게 해주자 이러한 반응이 진정되었다. 만약 주인이 이렇게 하지 않았다면 그 개는 결코 새끼를 돌보지 않았을 것이다.

도주거리와 두려움

도주거리를 이용하여 가축을 이동시킬 수 있는 기술은 주로 소를 이용해서 발달했다. 사람은 도주거리의 경계면에서 왔다 갔다 하면서 소를 원하는 방향으로 움직일 수 있다. 마찬가지로 개들도 도주거리를 이용해서 소와 양을 몰아가는 것으로 알려졌다.[61]

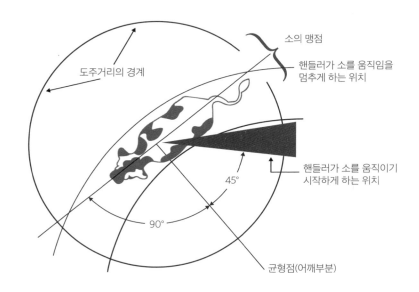

개들의 1차 감정의 상호작용

각각의 1차 감정은 서로 연결되어 있다. 예를 들어, 호기심(SEEK) 감정은 두려움(FEAR), 패닉(PANIC), 분노(RAGE)를 모두 억제하는 감정이고 두려움(FEAR), 패닉(PANIC), 분노(RAGE) 역시 호기심을 억제한다. 하지만 두려움(FEAR) 감정은 패닉(PANIC)과 분노(RAGE)로 이어질 수 있다. 분노(RAGE)는 일단 반응이 유발되면 두려움으로 다시 되돌아가지 않고 패닉 감정도 억제한다.

개들은 자발적으로 훈련을 원하는 것이다

'개들은 정당한 보상을 하지 않으면 호기심을 잃는다.'

개들의 훈련이 사실은 사람에게 복종하기 싫은 것을 하는 것이 아니고 스스로 호기심을 잃어버릴 경우 훈련을 받지 않으려고 한다. 개들이 호기심을 잃어버리는 가장 극적인 경우가 자신이 받는 훈련의 보상이 다른 개가 받는 것보다 형편없이 낮다는 것을 깨달았을 때이다. 이 경우 개들은 일종의 불공정함으로 기분이 나빠지며, 호기심이 급격히 사라진다. 개들은 훈련이 복종이라고 생각하지 않고 주인과 의사소통을 하는 필요한 운동 정도로 생각한다.

훈련이 가장 잘 되는 동물은 돼지라고 알려져 있다. 이는 돼지가 가장 호기심이 많기 때문이다. 돼지가 인공적이지만 자연환경과 유사하게 꾸며놓은 공간에서 하루의 52%를 땅을 헤집고 먹이를 찾거나, 풀을 뜯어먹는 것만 봐도 먹이 활동이 매우 큰 비중을 차지하기 때문이라고 할 수 있다. 펜실바니아주립대학의 캔데이스 크로니(Candace Croney)와 스탠 커티스(Stan Curtis)는 돼지에게 조이스틱으로 게임하는 법을 가르치기도 했다. 특히 돼지는 음식 보상 시스템이 망가져도 게임을 계속하는 등 호기심이 매우 풍부한 것을 알 수 있다. 동물의 상대적인 IQ를 측정한다는 것은 별 의미가 없겠지만, 돼지가 매우 똑똑하다는 것은 사실이다. 스키너 박사의 이론을 동물 훈련에 처음 활용한 켈러 브릴랜드(Keller Breland)는 타임지에서 돼지가 가장 똑똑하며 그 다음은 라쿤, 개 그리고 고양이 순이라고 말한 바가 있다.

이상에서 봤을 때 머리가 좋은 동물은 대개 호기심이 많은 동물이고 호기심이 많은 동물이 훈련도 잘 되는 것을 알 수 있다.

개들이 훈련을 받는 것이 즐겁기 때문이라는 것은 노벨상 수상자이며 동물행동학자인 콘라드 로렌츠 박사의 책《사람이 개를 만나다(Man

Meets Dog)》에서 밝힌 바 있다. "아무리 뛰어난 개도 그가 그 일을 좋아해야만 사람과 협력한다"고 지적하고 있다는 점에서, 이미 상당히 오래 전부터 잘 알려진 사실이라고 할 수 있다.

17장

개의 2차 감정

사람들은 자신의 감정과 개의 감정이 거의 비슷할 것이라고 착각한다. 하지만 개가 가지고 있는 감정이나 능력에서 사람과 많은 차이가 있다. 가장 큰 차이는 자신을 인식하는 능력이 부족할 수 있다는 점이다. 사람은 자신의 행동에 대해서 생각할 수 있지만, 개는 이러한 생각하는 능력이 매우 부족하다. 뿐만 아니라 개가 사람과 달리 생각하는 능력이 부족하기 때문에, 감정이 훨씬 중요하게 삶을 지배하고 있다.

개는 자신을 인식할 수 있는가?

동물이 자신을 인식할 수 있는가를 확인하는 가장 간단한 방법은 동물의 얼굴에 포스트잇과 같은 것을 붙이고 거울을 보게 하는 것이다. 거울에 비친 자신의 얼굴을 아는 동물은 포스트잇을 떼기 위해서 노력한다. 이러한 테스트를 통과한 동물은 몇 되지 않는다. 침팬지, 돌고래 등은 이러한 테스트를 통과했다. 하지만 개는 이러한 테스트를 통과하지 못했다. 즉 개는 자신을 인식한다고 보기 어렵다는 것이다.

하지만 이것은 개가 얼굴에 묻은 것에 관심을 가지지 않았을 수도 있고, 개가 느끼는 세상은 사람과 침팬지와 돌고래와는 달리 시각적인 세계가 아니라, 냄새의 세계일 수도 있다. 이러한 문제 때문에 알렉산드라 호로비치는 거울대신 냄새를 이용한 실험을 진행했다. 실험 결과 개들은 자신의 소변냄새보다는 다른 개들의 소변냄새를 선호하는 것으로 알려졌다.

일반적으로 철학자들이나 동물권리론자들은 개의 자기 인식능력을 더 높게 평가하는 경향이 있다. 동물이 자기 자신을 인식할 수 있느냐는 질문은 이런 의미에서는 좀 더 철학과 가까울 수도 있다.

개는 어떤 감정까지 느낄 수 있는가?

사람이 느끼는 감정의 상당부분은 1차 감정이 아니라 감각수용체를 통해서 바로 느껴지는 감정인 뇌의 분석에 의해서 만들어지는 2차 감정이다. 일반적으로 사랑, 흥미, 호기심, 즐거움, 두려움, 슬픔, 놀람, 걱정, 분노 등은 1차 감정이지만, 질투, 죄의식, 동감, 자부심, 당황같은 감정은 2차 감정으로 간주한다. 오래전에는 개들은 1차 감정만 가지고 있고 2차감정은 없다고 생각되었지만, 최근 들어 일부는 2차 감정도 가지고 있는 것으로 생각한다. 하지만, 설사 2차 감정을 가지고 있다고 해도 사람과 비교한다면 상당히 낮은 수준으로 느낀다는 것은 확실하다.

영국에서 개 주인을 대상으로 조사한 결과[62]에 의하면, 개 주인들은 대부분 개가 다양한 감정을 가지고 있다고 생각한다. 다음의 그림에서 1차 감정이라고 생각하는 것들은 붉은색으로 표현했다. 영국 사람들은 개들이 질투와 죄책감을 느낄 수 있다고 생각한다. 하지만 개가 질투와 죄책감을 가지고 있지 않다는 것이 일반적인 동물행동학자들의 주장이다.

사람들은 개들을 의인화하여 자신과 동일한 감정을 가질 수 있다고 착각하는 경향이 강하다. 동물행동학자들은 오래전부터 이것을 경계하였다. 영국의 브리스톨대학의 심리학과 윤리학 교수였던 로이드 모르간은 동물의 행동을 1차 감정으로만 설명이 가능할 때 2차 감정을 이용해서 설명하지 말아야 한다고 주장했다. 이러한 접근법은 과학적으로는 매우 타당한 것이다. 이런 주장은 흔히 오캄의 면도날로 알려진 것이다. 간단하게 오캄의 면도날을 설명하자면, 어떤 현상을 설명할 때 불필요한 가정을 해서는 안 된다는 것이다.[63] 즉 2차 감정이 있다고 가정을 하기 위해서는 2차 감정을 가지고 있을 수밖에 없는 뇌 구조 등을 가정해

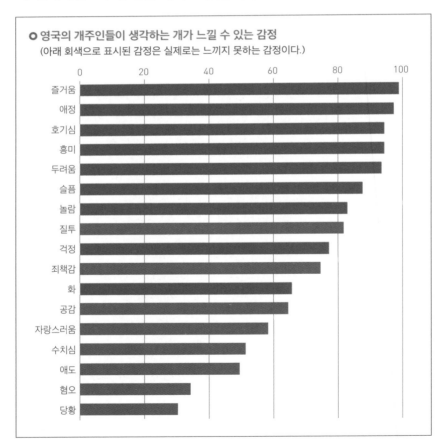

○ 영국의 개주인들이 생각하는 개가 느낄 수 있는 감정
(아래 회색으로 표시된 감정은 실제로는 느끼지 못하는 감정이다.)

야 하지만, 만약 1차 감정만 가지고 있다면 그러한 가정이 필요 없다.

오캄의 면도날은 로이드 모르간의 주장으로 발전하였고, 이것을 일반적으로 모르간의 캐논(Canon)이라고 불렀다. 캐논이라는 것은 가톨릭에서 교회법, 정경, 미사전문, 성인 명부 등을 의미하는 용어이다.

이 모르간의 캐논이 동물행동학에 미친 영향은 엄청나다고 할 수 있다. 그 이후로 동물에 관한 연구에서 과학자들은 동물들이 2차 감정을 가지고 있다는 확실한 증거가 없는 이상 2차 감정을 인정하지 않았다.

하지만, 모르간의 캐논은 주의하라는 것일 뿐, 결코 동물이 2차 감정을 느끼지 못한다는 의미는 아니라는 것이다. 개가 2차 감정도 일부 가지고 있다는 것은 어느 정도 확인이 되고 있기는 하다. 개가 전두엽의 기능이 발달하지는 않았다고 해서 전혀 기능이 없는 것은 아니기 때문

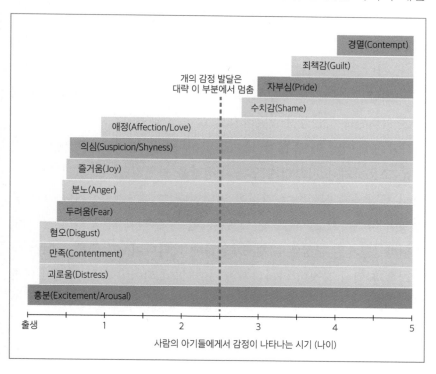

이다. 최근에는 개들도 정신병을 앓는 것으로 알려지기 시작했다. 이러한 질병에는 공격성, 개의 자폐증, 우울증, 외상 후 스트레스장애(PTSD)와 튜렛 증후군 등이 있다.

특이한 것은 수의사와 동물행동학자들은 개의 감정이 단순하다고 가정한 이후에 하나씩 새로운 감정을 확인한다면, 사람들은 개와 사람의 감정이 거의 같다고 생각하고, 개의 부족한 감정을 제외하는 방법으로 이해를 한다. 그 결과 일반인들은 개들이 질투와 죄의식 같은 것을 가지고 있다고 생각하지만 실제로는 거의 그렇지 않다는 것이 동물행동학자들의 생각이다.

개들은 2차 감정 및 복합감정이 발달하지 못했다

일반적으로 개들은 사람의 2살 반 정도에서 발견되는 감정을 가지고 있다. 사람은 생후 1년 동안 기본적인 감정이 발달하고, 약 3살쯤 되면서 수치감, 자부심, 죄책감, 경멸 등의 2차 감정이 발달하기 때문에 개들은 이러한 2차 감정이 발달하지 않았다고 생각한다.

사람은 태어날 때 흥분이라는 감정 하나만을 가지고 태어나서 아기들은 조용하거나 시끄럽게 우는 감정만을 가지지만, 1주일이 되지 않아서 좋아하고 싫어하는 감정이 발달한다. 이때, 만족하거나, 괴로움 감정이 나타나고 그 뒤로 몇 달 안에 혐오, 두려움, 분노의 감정이 발견된다. 즐거운 감정은 대개 6개월쯤에 나타나며, 그 뒤를 이어서 부끄러움과 의심 감정이 나타나고 9~10개월이 되어야 사랑 감정이 나타난다. 부끄러움과 자부심은 대략 3살이 되어야 나타나고 죄의식은 이보다 6개월 정도 늦게 나타난다.

개들은 수치감이나 자존심, 죄책감, 경멸 같은 감정은 잘 발달되어 있지 않다. 그러므로 개들은 상대적으로 덜 우울해지고, 주어진 환경에서 잘 적응하는 것 같다.

뿐만 아니라 개들의 견종이 만들어지고 유형성숙된 개체가 선별되면서, 얼굴 모양만 바뀌는 것이 아니라 감정의 발달에도 영향을 주었다. 특히 일부 견종은 이로 인하여 사회적 활동에 필수적인 기술을 익히지 못하는 경우가 있다.

그러므로 우리는 개들이 정서적으로 매우 어린 상태에서 성장하지 못했다는 것을 이해해야 할 필요가 있다. 그리고 더 어려보이는 개들이 더 어린나이의 정신상태에서 머물러 있다는 점도 알아둘 필요가 있다.

● 개는 질투하는가?

많은 일반인들은 개가 질투를 할 수 있다고 생각하지만, 대부분의 동물행동학자들은 개가 질투하지 못한다고 생각한다. 즉 질투할 만큼 뇌가 발달하지 못했다는 것이다. 사람들이 질투라고 착각하는 많은 감정은 사실은 다른 1차 감정에 의한 것이기 때문에 질투라는 단어를 사용해서는 안 된다는 것이 개 행동학을 연구하는 사람들의 거의 공통적인 의견이다. 하지만 2014년 크리스틴 해리스의 연구 결과[64]에 의하면 개는 사람으로 보면 유아 수준의 원시적인 질투심을 가지고 있다고 결론을 내렸다. 설사 그녀의 연구 결과가 사실이라고 할지라도 사람이 생각하는 수준의 질투심은 아니다.

사실 질투는 매우 정의하기 어려운 감정이라고 할 수 있다. 질투의 원시적인 형태는 어린아이들에게서 나타난다는 것이 하나의 근거가 되고 있다. 예를 들어 아기들도 어머니가 책을 들고 좋아하는 것과 다른 아이(실제로는 가짜 인형)를 안고 좋아할 때 반응이 다르다는 것이다. 이러한 실험을 개에게도 진행했을 때 개들 역시 다른 반응을 보이기 때문에 개가 원시적인 형태의 질투심을 가지고 있다는 것이다. 물론 이러한 질투심을 가지고 있다고 해서 그 질투의 정도나 상태가 인간과 유사한 것인가에 대해서는 논란의 여지가 있다.

학자들이 질투심에 대해서 부정적인 관점을 가진 것과는 달리 개를 키우는 사람들은 개가 질투심을 가지고 있다고 생각하는 경우가 많다. 스탠리 코렌 교수는 개가 질투심을 느낀다는 주장에 더 가깝게 주장하고 있다. 그러나, 제임스 서펠 교수는 질투라는 것으로 해석할 수도 있지만, 보다 더 근본적인 감정인 다른 개에 대한 적대감으로 해석할 수 있다고 주장했다.[65] 사실 개는 다른 개와 관련하여 공격성을 보이거나 혹은 라이벌 의식이 있는 경우가 매우 흔하다. 이것과 질투를 구분하기는 어렵고, 만약에 그렇다면 이것을 질투라는 감정으로 해석하는 것은 바람직하지 않다는 것이다. 물론 이러한 해석은 오캄의 면도날 방식을 취한 것이라서 틀릴 수도 있다. 반대로 사람이 개가 질투를 느낄

수 있다고 판단하면, 개에 대해서 부정적으로 생각하고 문제를 더 악화시킬 수가 있다.

그러므로 개가 질투심을 느끼는가에 대한 결론은 애매하기는 하지만, 질투심과 관련된 호르몬인 옥시토신이 개의 뇌에서도 존재하므로 원시적인 형태의 질투심은 존재하고, 고차원의 판단을 근거로 한 질투심은 아직 논란의 여지가 있다고 생각할 수 있다.

● 개는 죄의식을 가지는가?

집에 돌아와 보니 강아지가 배변 실수를 해서 신문지를 돌돌 말아 혼냈을 때 강아지가 잘못했다는 표정을 지으며 꼬리를 내리는 것을 보고 강아지가 잘못한 것을 이해하고 있다고 착각하는 사람들이 있다. 하지만 이것은 잘못된 상식이다. 개들은 왜 주인이 화내는지 모르고 안절부절못하는 경우가 많다. 배변 때문에 화를 낸 경우라도 개는 그것이 자기가 배변 실수를 해서 화내는 것인지 모르고 단지 주인이 있는 상태에서 배변하면 화를 내는 것으로 생각할 수 있다. 그러므로 개를 야단치는 것은 아무런 효과가 없다. 실제로 위 사례의 개는 그 이후 배변 훈련을 받아 실수하지 않게 되었으나, 그 개의 주인이 새로운 강아지를 입양한 후 새끼 강아지가 배변 실수를 했음에도 주인이 돌아오자 마치 자기가 배변 실수를 한 것 같이 안절부절못하고 잘못했다는 표정을 지었다는 사례도 유명하다.

이는 개들은 처벌로 훈련할 경우 사람이 의도하지 않은 반응을 보일 수 있다는 것을 잘 보여주는 사례이다.

알렉산드라 호로비츠는 개와 그 주인을 대상으로 실험을 진행했다. 실험은 개에게 주인이 먹지 말라고 혹은 다른 것에 대한 금지 명령을 내린 다음에 주인은 방에서 내보내고 실험을 진행했다. 개와 비디오카

메라만 있는 상태에서 개가 음식을 먹은 상황(즉 명령을 어긴 상황)에서 주인이 돌아왔을 때의 반응과 개가 먹지 않았지만, 다른 실험참가자가 마치 개가 먹을 것처럼 꾸며 놓은 상황에서 주인이 다시 돌아 왔을 때의 반응을 비교하였다. 그 결과 개가 마치 죄책감을 느끼는 것처럼 하는 행동은 간식을 먹거나 안 먹거나 큰 차이가 없고, 오히려 주인이 야단치는 태도에 더 많은 영향을 받는다는 것을 확인할 수 있었다. 즉 개는 주인이 야단치기 때문에 죄책감을 느끼는 듯한 표정을 짓는 것이다. 개가 불안해하는 이유는 집안이 더럽혀져 있거나, 먹지 말라고 하는 음식이 더럽혀져 있고, 주인이 있다면 곧 야단을 맞는다는 것을 알기 때문이다.

하지만 이러한 내용은 개가 죄의식을 느낀다고 생각했던 것이 그렇지 않다는 것을 보여주기는 하지만 죄의식이 전혀 없다는 것을 증명하는 것은 아니다. 아마 원시적인 형태의 죄의식이 있다는 주장이 밝혀지는 날이 곧 올 수도 있다. 그러나 중요한 것은 일반인들이 생각하는 개의 죄책감은 사실은 학습된 것이고 사람들의 착각일 수 있다는 것이다.

● 개는 죽음을 애도하는가?

개가 죽음을 이해하는 가에 대한 질문에 대한 답변은 매우 어렵고 질문도 사실은 모호하다고 할 수 있다. 개가 죽음 자체에 대해서 전혀 모를 리는 없다. 하지만 죽음의 의미에 대해서 제대로 알고 있는가에 대해서는 현재 애매하지만, 일반적으로 동물행동학자들은 대체적으로 모른다고 생각한다. 침팬지는 무리의 한 개체가 죽으면 이를 애도하는 것으로 잘 알려져 있다. 이렇게 죽음을 애도할 수 있는 동물은 침팬지 이외에도 코끼리 등이 있다. 하지만 개는 이러한 수준의 정신능력을 가지고 있다고는 생각되지 않는다.

개들도 진정한 위험을 본능적으로 피한다. 그리고 우리는 개가 사람과 다를 이유가 없기 때문에 개도 죽음을 알 것이라 생각하지만, 저명한 동물 행동학자인 알렉산드라 호로비츠는 자신의 책에서 개는 죽음을 모른다고 쓰고 있다. 개가 죽음에 이르는 행동을 피하는 것은 사실이다. 그러나 개가 죽음의 위험에 처한 사람을 구했다는 수많은 이야기가 있음에도 불구하고 그 이야기의 본질은 개가 사람이나, 위험에 처한 상황에 빠진 사람에게 다가갔다는 것이며, 그것은 개가 죽음을 이해하지는 못해도 일어날 수 있는 일이기 때문에 이러한 사례만으로 이것을 개가 죽음을 이해한다고 생각하기는 어렵다.

개가 죽음을 이해하는가를 확인하기 위한 실험이 발표된 적이 있다.[66] 실험 내용은 개 주인과 실험자가 짜고 개가 보는 앞에서 위급상황을 만든 다음 개가 어떻게 반응하는지 살펴보는 것이었다. 한 실험에서 개 주인은 숨을 헐떡거리고 가슴을 부여잡으며 과장된 모습으로 바닥에 쓰러지며 심장마비를 일으킨 척했다. 그리고 또 다른 실험에서는 가벼운 합판으로 만든 책장을 주인의 몸 위로 쓰러뜨린 다음 바닥에 깔린 개 주인이 고통스럽게 비명을 지르는 시늉을 했다. 두 실험 모두 실제 주인이 기르는 개들이 곁에서 지켜보게 했다. 실험에 참여하

개는 사람의 응급상황을 이해할 수 없다는 실험

는 제삼자는 실험 전에 개들을 미리 만나게 한 다음 그 사람을 사건 현장에 세워두었다. 그 제삼자에게 개가 사고를 알릴 수 있는 대상 역할을 맡긴 것이었다.

그 결과 개들은 주인에게 관심과 애착을 보였지만 위급한 사건이 일어난 것처럼 굴지는 않았다. 어떤 개들은 계속해서 주인에게 다가갔고, 이제 아무 소리나 반응이 없는 주인(심장마비 실험)과 도와달라고 비명을 지르는 주인(책장을 이용한 실험)을 앞발로 건드리거나 얼굴에 코를 비비기도 했다. 하지만 그 틈을 타 주변을 돌아다니면서 잔디나

바닥 냄새를 맡는 개들도 있었다. 다른 이의 주의를 끌 수 있게 소리를 내거나 주인을 도울 수 있는 제삼자에게 다가간 개는 극히 드물었다. 다시 말해서 주인을 위험에서 구할 최소한의 가능성이라도 있는 행동을 한 개는 단 한마리도 없었다.[67]

좀 다른 사례로, 돼지와 대형 견종의 경우는 털썩하고 눕는 과정에서 갓 태어난 새끼를 깔아뭉개서 죽일 수가 있다. 이러한 일이 발생해도 그 돼지나 개가 슬퍼하는 것을 본 적이 있는 주인은 거의 없다. 뿐만 아니라 다른 개체를 물어 죽인 개가 죄의식을 보이는 경우도 드물다.

동물이 죽음에 대해서 그렇게 심각하게 생각하지 않는다는 것은 일본원숭이를 관찰해도 알 수 있다. 일본원숭이는 봄의 짝짓기 시기가 되면 젊은 수컷이 아직 새끼를 데리고 있는 암컷을 공격해서 새끼를 뺏으려고 한다. 암컷이 수유하는 동안에는 배란이 되지 않기 때문에 수컷이 암컷을 차지하기 위해서 새끼를 죽이려는 것이다. 물론 암컷은 이를 필사적으로 막으려고 하고 이를 방어하지만, 분명한 것은 만약 새끼를 잃게 되면 다시 배란이 오고 번식하는데 문제가 없다는 점이다.

이러한 것은 사자도 마찬가지로 알려져 있다. 사자는 무리의 대장 수컷이 바뀌게 되면 가장 먼저 어린 사자새끼를 죽인다. 어미는 처음에는 이를 막으려고 하지만 막상 사자가 자기 새끼를 죽인 다음에는 새롭게 짝짓기를 한다. 이러한 행동은 사자에게서만 볼 수 있는 것이 아니며, 얼룩말의 경우도 마찬가지이다. 새로 대장이 되면 어린 새끼를 죽이려고 한다. 새끼가 죽으면 대장 얼룩말의 새로운 대장의 새끼를 임신하게 된다. 만약 동물이 죽음을 이해하고 있다면 이러한 일이 일어날 수 있을까?

동물이 죽음을 이해하지 못하는 것은 사람에게도 5세 이하의 어린이는 죽음을 이해하지 못한다[68]는 것을 생각하면 당연한 것이다.

● 개는 정의감(혹은 공정함)을 가지고 있는가?

개가 정의감을 가지고 있다고 하는 이유 중의 하나가 훈련 중에 다른 개가 자신과 다르게 더 좋은 간식으로 보상받으면 급격히 훈련에 대한 호기심이 떨어지기 때문이다(하지만 이 결과를 스탠리 코렌 교수는 질투심으로 해석하기도 한다).

하지만 정의감에 대한 가장 좋은 사례는 원숭이와 침팬지의 비교이다. 이 원숭이를 가지고 프란스 드 발과 사라 브로스넌은 두 마리 원숭이에게 칸막이 한쪽 구멍으로 돌을 주고 다시 되돌려주면 보상을 해주도록 훈련 시켰다. 왼쪽 원숭이에게는 보상으로 오이를 주었고 이것만을 받은 원숭이는 불만이 없었다. 오른쪽 원숭이는 같은 행동에 달콤한 포도를 주었다. 이것도 문제가 사실 없었다. 하지만, 이 두 원숭이를 상대방이 무슨 보상을 받는지 알게 하자, 왼쪽 카푸친 원숭이가 처음에는 오이를 받고 화가 나서 던져버린다. 그리고 다시 돌을 주자, 혹시 이게 돌이 아닌지 벽에 두드려 보고 돌이 맞다고 확인했는데, 다시 오이를 받자 이번에도 화를 냈다. 왜 자기는 같은 일을 하는데, 다른 원숭이는 포도를 주고, 자기는 맛없는 오이를 주는가라는 것에 대해 항의를 하는 것이라고 할 수 있다.

사라 브로스넌의 연구 결과는 공정성에 대한 감각이 그들이 들인 노력과 결합될 때에만 작동한다는 것을 발견했다. 단지 불공평하게 먹이를 주는 것만으로는 거부반응을 일으키지 않는다. 즉 내가 뭔가 해서 보상을 받는데, 왜 자기는 원숭이나 침팬지와 다른 것을 먹어야 하냐고 항의하는 것이다.

침팬지들에게 단순한 과제를 수행하고 포도와 당근을 보상으로 주었다. 한쪽은 당근을 주고 다른 한쪽은 포도를 주었다. 같은 과제를 수행했는데도 당근을 받은 침팬지는 당근을 내던지고 실험을 계속하기를 거부했다. 하지만 침팬지는 여기서 한 걸음 더 나아가 포도를 받은 침팬지조차도 화를 내었다.

일반적으로 고수준의 정의감은 내가 다른 사람보다 더 나쁜 대우를 받는 다는 것에 대해서 항의하는 것이 아니라, 남들도 나만한 대우를 해주지 않는 것이 문제라는 것까지 인식해야 하기 때문이다. 현재로서는 원숭이도 이러한 수준에 이르지 못했기 때문에 아마도 침팬지 정도가 이러한 정의감을 가지고 있는 것으로 생각된다. 개는 이러한 수준에는 전혀 미치지 못할 것으로 생각된다.

개들도 유사한 반응을 보이는 것으로 알려져 있다. 훈련할 때 쓰는 간식이 다르고 자기가 더 맛없는 간식으로 훈련을 받는다는 것을 알면 훈련받기를 거부한다고 알려져 있다. 하지만 일부 사람은 꼭 그런 것은 아니라고 보고하는 등 개의 이 문제는 처음 생각했던 것보다 매우 복잡한 양상을 띠고 있다.

개들이 전혀 공정하지 않다는 것은 아니다. 예를 들어 2마리의 개가 서로 놀이를 할 때 한 마리가 항상 경쟁에서 이기게 되면 지는 측에서는 놀이가 재미없게 되고 심할 경우 실제 공격적인 싸움으로 번질 수가 있다. 이런 경우에 개들은 스스로 역할을 바꾸기도 하며, 우위에 있는 개가 스스로 핸디캡을 보이기도 한다. 종종 놀이과정에서 개가 배를 보이고 눕는 것은 바로 이러한 핸디캡을 보여주는 것이라고 할 수 있다.

위와 같이 개가 공정함에 대해서 이해를 하고 있다는 주장은 오래전부터 시작되었으나, 체계적인 연구의 시작은 독일의 랑게(Range) 박사가 처음 시작하였다. 실험은 시험결과 대조군으로 사용되는 개 2마리로 구성되어 있다. 우선 2마리에게 모두 간단한 업무인 앞발을 달라고 해서 앞발을 내밀면, 가치가 낮은 간식인 마른 빵조각을 주었다. 이러한 간단한 업무에 숙달되면 그 다음 단계로 시험견에게는 업무를 실시

실험 조건	시험견		파트너견		실험결과
	Task	보상	Task	보상	
공평(조건 1)	+	낮은 가치	+	낮은 가치	-
보상불평등(조건 2)	+	-	+	낮은 가치	거부
보상없음(조건 3)	+	-	파트너견 없음		-

시험 개는 앞발을 요구하고 앞발을 내밀지만 보상하지 않는다. 대조군용 개는 같은 일을 요구하고 보상한다. 마지막으로 시험 개에게 동일한 요구를 하자, 요구를 거부한다.

한 후에 빵조각을 주지 않고 다른 개(파트너)에게 같은 업무를 시킨 후에 빵조각을 주었다. 이때 시험견은 곧 시간이 지나면서 업무를 거부했다. 하지만, 이 실험을 2마리에게 시킨 것이 아니라 한 마리만 데리고 실험했을 때는 이러한 거부가 일어나지 않았다.

이 실험결과가 발표되자, 미디어는 개가 공정함을 이해한다고 소개되었다. 하지만 이 실험은 간단해 보이지만 매우 복잡한 측면이 있었다. 실험과정을 보면 시험견과 대조군으로 사용하는 개에게 모두 간식을 주면서 훈련을 시켰는데, 시험견에게 간식을 주지 않을 경우 훈련된 대로 발을 내밀지 않는 것은 소거로도 해석할 수 있기 때문이다. 또한 발을 내미는 것은 복종적인 동작이기 때문에 주인이나 실험자와의 관계가 영향을 줄 수 있다는 것이 제기되었다.

이 때문에 알렉산드라 호로비츠가 새로운 실험을 진행했으며, 결론적으로 랑게 박사의 결과와는 달리 불평등 거부 반응이 나타나지 않았다.

공정함에 대해서도 2가지로 구분할 수 있다. 우선 자신에게 유리한 상황으로 실험이 진행되었을 때 이것을 어떻게 거부하는 가와 두 번째는 자신에게 불리한 상황으로 실험이 진행되었을 때 이를 어떻게 거부하는 가에 대한 실험으로 나눌 수가 있다.

이는 앞선 실험이 보상을 전혀 하지 않을 경우 소거 반응이 일어날 수 있었기 때문에 보상을 전혀 하지 않는 것이 아니라, 보상의 정도를 다르게 하는 것으로 실험이 변경되었다. 그 결과 개가 자신을 기준으로 훈련사를 평가하는 것을 보여준다.[69]

첫번째 실험으로는 자신에게 유리한 불평등에 대해서 어떻게 대응하는 가에 대한 것이었다. 공정한 훈련사는 대조군 개와 시험군 개에게 동일하게 보상하지만, 불공정한 훈련사는 대조군 개는 보상하지 않고 시험군 개에만 보상하였다.

실험 조건	보상으로 주는 간식 갯수	
	대조군 개	시험군 개
공정한 훈련사	1개	1개
불공정한 훈련사(적게 보상)	0	1개

이 경우 개들은 불공정한 보상을 하는 사람, 즉 대조군 역할을 하는 개에게 보상하지 않는 훈련사에 대해서 선호도가 떨어졌다. 이것은 쉽게 이해가 되는 상황이다. 하지만 자신에게 불리하게 불평등 보상을 하는 경우 실험결과는 예상과 달랐다.

다음 실험은 불공정한 상황을 유도하였다.

자신에게 불리한 불평등	보상으로 주는 간식 갯수	
	대조군 개	시험군 개
공정한 훈련사	1개	1개
불공정한 훈련사(적게 보상)	3개	1개

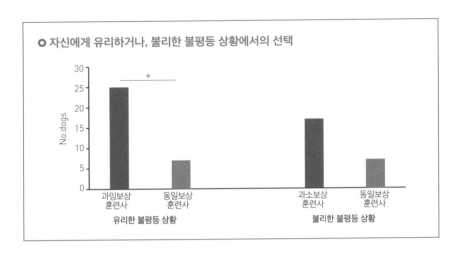

○ 자신에게 유리하거나, 불리한 불평등 상황에서의 선택

위의 경우 공정한 훈련사의 경우, 각각 업무에 대한 보상으로 간식을 하나씩 주었다. 하지만, 불공정한 훈련사의 경우, 대조군의 개에게는 간식이 하나가 아니라 3개를 주었다. 이런 상황에서 이 두 훈련사중 한 훈련사를 선택하는 상황에서 의외로 동일 보상한 공정한 훈련사와 자신에게 과소하게 보상한 훈련사 모두의 선택 비율이 대략 비슷했다.

이 상황에서 해석하기 어려운 부분은 자신에게 불리한 불평등 상황에서도 과소보상 훈련사에 대한 선호도가 낮아지지 않았다는 것이다. 알렉산드라 호로비츠는 논문에서 이 연구의 설계상의 문제점을 지적했는데, 과소보상 훈련사가 평소에 개들에게 더 많은 간식을 준 훈련사임을 밝혔다.

이와 같이 공정함을 평가하는 실험은 변수들이 의외로 복잡하게 얽혀 있어서 쉽게 판단하기는 어렵다. 하지만 최근에 개의 공정성과 관련된 연구를 지속한 랑게는 지금까지의 실험과는 달리 부저를 누르는 실험으로 교체를 했고, 각각의 상황에 따라서 다음과 같은 결과를 얻었다.

실험조건	실험대상	파트너(대조군)
사회적 상황		
동등(baseline)	낮은 가치 보상물	낮은 가치 보상물
가치불평균(QI)	낮은 가치 보상물	높은 가치 보상물
보상불평등	보상 없음	높은 가치 보상물
보상 교체(FC)	높은 가치 보상물을 보여주지만, 실제로는 낮은 가치 보상물 보상	높은 가치 보상물을 보여주지만, 실제로는 낮은 가치 보상물 보상
비사회적 상황		
수행능력 평가	낮은 가치 보상	낮은 가치 보상
보상 없음	보상 없음	보상없음

위의 조건별 실험결과는 아래와 같았다.

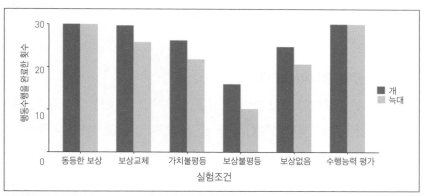

개(왼쪽)와 늑대(오른쪽)의 공정성 평가 실험 사진. 개와 늑대는 부저를 누르면서 다른 개의 행동이나 보상을 관찰할 수 있다.

각 조건별로 봤을 때, 보상의 질이 낮았을 때는 업무를 수행하는 비율이 떨어지기는 하지만 많이 떨어지지는 않았으며, 보상 자체가 없었을 때는 그 비율이 현저하게 낮아짐으로써 이미 앞서 실험한 결과와 대략적으로 일치했다.

이 결과에서 놀라운 사실의 하나는 개와 늑대의 실험결과가 거의 차이가 없다는 것이다. 이것은 흔히 개가 사람과 같이 살아가면서 사회적인 공정함을 더 발달시켰을 수 있다는 가정이 사실이 아니며, 늑대 역시 사회적 동물로 공정함에 대한 개념을 가지고 있다는 것을 지적했다.

마지막으로 한 가지 지적할 것은 진정한 정의는 자신에게 유리한 경우에도 이를 거부해야 하지만, 이러한 정도의 정의감을 가지는 경우는 자연에서는 매우 드물게 일어나며 일부의 영장류에서만 관찰된다.

개들은 유머 감각이 있는가?

개들이 유머감각이 있는가라는 질문에 대해서 사례로 생각되는 것은 많지만, 학술적인 연구가 된 것은 몇 건 되지 않는다. 하지만 종의 기원을 저술한 찰스 다윈도 이미 개들이 유머 감각이 있다는 것을 언급한 바가 있고, 많은 동물행동학자들은 개가 유머 감각을 일부 가지고 있다고 생각한다. 개들이 놀이를 즐기는 것을 관찰한 사람들은 개들이 나름의 유머 감각을 가지고 있다고 생각한다.

스탠리 코렌교수는 《개는 꿈을 꾸는가(Do Dogs Dream?)》에서 개가 웃을 수 있다는 패트리시아 시모네(Patricia Simonet)교수의 연구 결과를 소개하고 있다. 실제로 오래전부터 콘라드 로렌츠 박사는 개가 웃을 수 있는 것 같다고 제안했다. 연구 결과 개의 웃는 소리는 헐떡거림(팬팅)에 고주파음이 섞여 있다고 생각된다. 개가 이런 소리를 낼 경우, 일반적인 헐떡거림과는 달리 다양한 범위의 소리를 내며 이런 소리를 들려주면 강아지는 즐거워하고 불안해하는 개도 좀 평안해 하는 것을 발견할 수 있었다.

18장

개의 인지 능력

동물의 인지에서 감정이 차지하는 비율은 매우 높다. 직관적인 판단은 사람이나 동물이나 큰 차이가 없을 수도 있다. 하지만 이보다 고차원적인 추리 능력에 대해서 많은 연구가 진행되었으며, 이에 대해서 많은 연구는 인지능력이라는 용어로 설명하고 있다.

생각하는 능력

● 손다이크의 퍼즐상자

손다이크(Edward Thorndike)는 동물의 학습실험을 통해 시행착오를
통해서 동물이 학습할 수 있다는 것을 발견했다. 그는 동물이 지능이
있는지 확인하기 위하여 퍼즐상자를 만들어서 실험했다. 퍼즐상자는
다양한 형태로 제작되었으며, 이중 몇 가지의 그림은 다음과 같다.

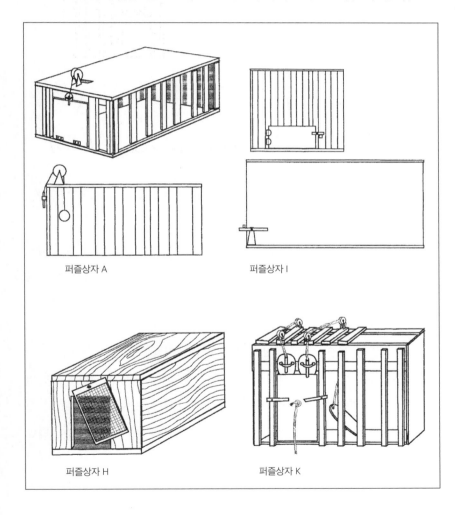

퍼즐상자 A

퍼즐상자 I

퍼즐상자 H

퍼즐상자 K

이 중 박스 K는 문을 열고 나오기 위해서는 여러 번의 동작을 이해해야 하며, 이것을 통해서 동물이 복잡한 것도 기억할 수 있는가를 확인하려고 하였다. 그 결과는 다음과 같다.

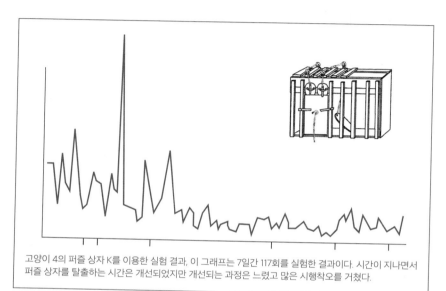

고양이 4의 퍼즐 상자 K를 이용한 실험 결과, 이 그래프는 7일간 117회를 실험한 결과이다. 시간이 지나면서 퍼즐 상자를 탈출하는 시간은 개선되었지만 개선되는 과정은 느렸고 많은 시행착오를 거쳤다.

고양이를 이용한 이 실험은 후에 비판을 받았다. 고양이가 탈출하는 데 있어서 사람과의 인사 동작을 통해 우연히 탈출하게 된 것이기 때문에 이것이 의도적인 행동과는 다르다는 의미였다. 하지만 그 연구에서는 왜 탈출시간이 줄어들었는가에 대한 의견은 없었다.

위와 같은 실험은 개를 대상으로도 진행되었다. 당시 사람들은 개가 나름대로 통찰력이 있을 것이라고 믿었기 때문에 처음 몇 번만 경험하면 나오는 방법을 쉽게 찾을 수 있다고 생각했다. 손다이크 박사는 우연히 성공하고 밖에 나온 개에게 음식으로 보상하고 반복적으로 퍼즐 상자에서 나오도록 했다. 예상과는 달리 개는 탈출하는데 많은 시행착오를 거쳤고 탈출시간도 천천히 줄어들었다.

이러한 결과와 여러 가지 실험을 바탕으로 현재는 개들의 추론 능력이 매우 제한되어 있다고 생각한다. 이런 수준의 추론 능력은 일부 새들보다도 못한 것이다. 하지만 개들은 이러한 기억을 실험 후 몇 개월 후까지도 유지한 것으로 알려져 있다.[70]

그렇지만 위의 결과만으로 개들의 추론 능력이 형편없다고 결론 내릴 수는 없다. 대개 위와 같은 실험들은 인간에게 유리한 것이지 개들에게 거의 필요 없는 능력일 수도 있다. 위의 실험에서 개들이 추론 능력이 부족하다고 해도 개가 살아가는 데는 충분한 능력을 가지고 있다.

● 기억의 종류

장기기억을 구분하는 방법이 여러 가지 있지만 일반적으로 장기기억은 서술기억과 절차기억으로 나눈다. 서술기억이란 우리가 의식적으로 떠올릴 수 있는 기억이다. 절차기억은 반대로 의식적으로 떠올릴 수 없는 기억이다. 수영하는 방법과 같은 것은 의식적으로 떠올릴 수 없지만, 수영장에서 수영을 하는데 전혀 문제가 없다. 서술기억은 다시 사건에 대한 기억인 '일화기억(Episodic Memory)'과 객관적인 지식을 기억하는 '의미기억(Semantic memory)'으로 구분한다.

절차적 기억에 속하는 기억으로 고전적 조건화가 가장 대표적이라고 할 수 있고 또한 비연합적 기억이 포함되는데 이는 민감화(Sensitization)와 습관화(Havituation)와 관련된 기억이다.

존 브레드쇼는 개들은 일반적으로 자신이 행동한 것에 대한 기억은 가치가 있지만 어떤 사건에 대해서 기억하는 것은 그다지 중요하지 않다고 지적한다. 예를 들어 먹잇감을 쫓다가 눈앞에서 사라진다고 해서 그 위치를 기억해서 찾아가 봐야 별 의미가 없고 이미 먹잇감은 사라지고 없기 때문에 포기하는 것이 더 현실적이다. 뿐만 아니라 특정한 장소에서 먹잇감을 발견했다고 해도 항상 그 장소에 먹잇감이 존재하는 것은 아니므로 이러한 기억이 의미 있는 경우가 많지 않다. 그러므로 개들의 삽화적 기억능력은 매우 떨어지는 것이다.

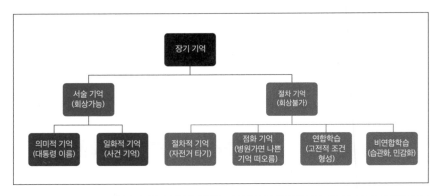

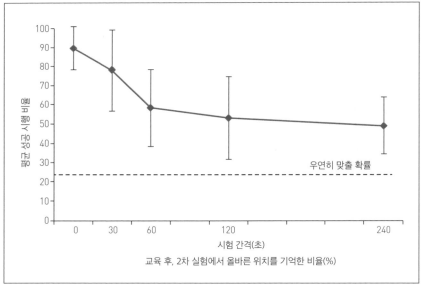

교육 후, 2차 실험에서 올바른 위치를 기억한 비율(%)

일반적으로 일화적인 기억은 해마에서 모이고 그러한 기억들이 모여서 나중에 의미적 기억으로 추출된다. 개들이 일화적 기억을 잘 하지 못한다는 것은 의미적 기억도 사람에 비해서 상당히 떨어진다는 것을 알 수 있다.

● 개의 단기 기억력

개가 사라진 물체를 기억하는 시간[71]에 대한 실험에선 일반적으로 집중하지 않는다면 개의 기억력은 사람보다 오래 지속되지 않는다는 것으로 알려져 있다.

개는 단어를 얼마나 기억하는가?

개 중에서 가장 많은 단어를 기억하는 개는 1,022개의 단어를 기억한 체이서라고 불리는 보더 콜리 종으로 알려져 있다.[72] 연구는 미국의 워포드대학 심리학과 교수인 앨리슨 레이드(Allison K. Reid)와 체이서의 주인인 존 필리(John W. Pilley)에 의해서 수행되었다. 이 결과는 그 이전까지 가장 많은 단어를 기억한다고 알려졌던 리코가 200단어를 기억한 것과 비교해도 상당히 뛰어난 결과로, 당시에 리코의 결과도 쥴리 카민스키에 의해서 사이언스[73]에 발표되었었다.

체이서는 특별히 선별된 개가 아니다. 주인이 한배의 새끼 중에서 무작위로 선택하여 지속적으로 훈련한 개일 뿐이다.

일반적으로 사역견 특히 사람과 같이 일을 해야 하는 목양견들은 사람의 제스처에 대해서 매우 민감하게 반응한다. 그러므로 보더 콜리가 이와 같은 훈련이 가능한 것은 그 견종의 특성 때문일 수도 있다.

이 연구가 있기 전에 사람의 아기는 단어를 익힐 수가 있지만 개는 그렇지 못하다는 예일대학의 발생심리학자 폴 블룸(Paul Bloom)의 주장이 있었다.[74] 이 말은 개라는 단어를 말했을 때, 사람의 아기는 이것이 단순히 네 발 달린 동물이나, 자신의 집에서 키우는 특정한 개를 말하는 것이 아니라 일반화된 개를 의미한다는 것을 배울 수가 있지만 개는 그럴 수가 없다는 주장이었다. 하지만 체이서를 통한 연구를 통해서 개가 장난감과 장난감이 아닌 것을 구분할 수 있다는 것을 확인할 수 있었다. 존 필리는 체이서가 장난감의 이름을 모두 알고 있는 상태에서 프리스비, 볼, 그리고 다른 장난감으로 구분을 했다.

그는 체이서에게 예를 들어 "프리스비 가져와"라고 말하면 체이서가 해당되는 장난감을 가져오면 칭찬을 해주었다. 이런 방식으로 프리스비와 공에 해당하는 장난감을 훈련시킨 다음, 이번에는 훈련하지 않은 새로운 장난감들을 섞은 후, 프리스비 혹은 공을 가져오라고 하였다. 체이서는 프리스비나 공을 한 번의 실수 없이 골라서 가져왔다. 이는 개가 단순히 사물의 이름만 기억하는 것이 아니라, 이들을 분류하는 능력도 가지고 있음을 나타낸다. 또한 이것은 사람의 아기가 사물을 기억하는 것과 같은 방식이다.

쥴리안 카민스키는 리코가 단순히 소리만 기억하는 것이 아니라, 의미를 기억하는지 파악하기 위해서 새로운 실험을 진행했다. 각 방에 서로 다른 장난감을 놓아두고, 이번에는 말을 하지 않고 실제 장난감과 비슷한 장난감(레플리카)을 보여주며 가져오라고 했다. 놀랍게도 개들인 그 행동의 의미를 알아서 원하는 장난감을 가져왔다. 보여주는 장난감의 크기가 가져올 장난감보다 크기가 같거나 작아도 이와 상관없이 개는 이를 잘 찾아왔다. 리코와 같이 여러 마리의 개가 같은 테스트를 했을 때 리코와 다른 개 한 마리는 사진만을 보여줘도 정확하게 장난감을 물고 왔다.

이러한 실험을 통해서 개들은 사물을 분류할 줄 알고, 심볼의 의미를 이해한다는 것을 확인할 수 있었다.

지도 능력

개뿐만 아니라 벌도 머리 속에 지도를 만들 수가 있다. 머릿속에서 지도를 그리는 능력은 생존에 필수적이기 때문에 동물은 이를 효율적으로 만들어낼 수 있어야 한다.

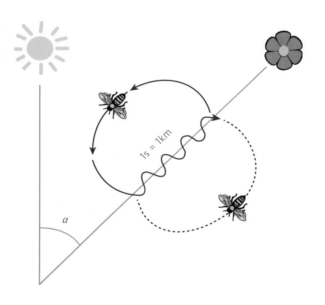

벌은 태양의 위치를 기준 삼아 거리와 방향을 알려주는 춤을 춘다. 이것으로 봐서 벌은 원시적인 공간 감각이 있다고 생각된다. 벌과 같이 아주 간단한 신경망을 가진 동물도 이러한 능력를 갖췄다는 것은 랜드마크(Landmark)를 이용한 공간인지능력은 의외로 간단한 것일 수도 있다. 머릿속에서 지도를 만드는 것은 매우 복잡할 수 있지만, 벌은 간단히 랜드마크 특히 태양을 이용하여 방향을 표시할 수 있다.

이러한 지도는 매우 간단하다. 하지만 구체적으로 지역을 머릿속에 넣어두는 것은 생각보다 어렵다. 개가 어떠한 방식으로 머릿속에서 지도를 구성하는가를 확인하기 위해서 다음과 같은 실험을 했다.

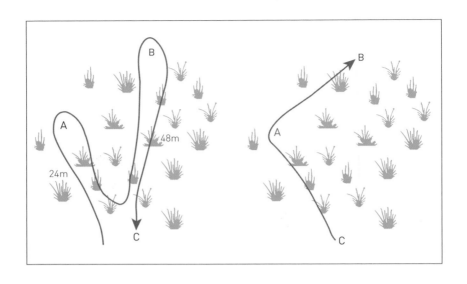

개를 C에서 A로 데려갔다가, 다시 C로 오고 이번에는 B를 향해서 갔다가 왔다. 참고로 A와 B 사이에는 나무와 풀로 가로막혀서 길이 보이지는 않는다. 개가 A에서 B를 찾아갈 때 만약 C로 돌아와서 간다면 이것은 랜드마크형 지도를 가지고 있다는 의미이고 A에서 B로 갈 수 있다면, 이것은 더 복잡한 형태의 지도를 가지고 있다는 의미이다.

일반적으로 개들은 오른쪽 패턴으로 움직인다. 연구 결과를 살펴보면 개들이 왔던 곳을 다시 온 경우는 한 번도 없고, 머릿속에 형성된 지도를 따라서 움직였다는 것을 알 수 있다.

개들은 사냥을 하면서 방향과 위치를 잘 파악해야 하므로 공간감각이 매우 뛰어나고 지형지물을 잘 기억하는 편이다. 이런 능력이 없으면 머릿속에 지도를 만들 수가 없다. 하지만 이러한 능력은 사람과 비교하거나 늑대와 비교할 경우, 일반적인 동물 수준이지 더 뛰어난 것은 아니다. 참고로 이러한 능력은 쥐도 가지고 있는 능력이다.

아래의 그림처럼 A에서 B를 통해 원형의 넓은 공간에서 우연히 C를 통하고 D를 거쳐서 G로 이어지면 먹을 것을 보상받는다. 이러한 상황에서 D를 막아서 먹이가 있는 곳에 갈 수 없게 하는 대신 지름길을 갈수 있도록 작은 길을 만들었다. 만약 쥐가 먹이를 얻은 곳에 대한 위치를 기억한다면 5번과 6번으로 이동할 것으로 예상된다. 결과는 6번으로 가장 많이 이동한 것으로 나타났다. 이러한 결과를 바탕으로 쥐도 머릿속에서 지도를 그릴 수 있다는 것이 확인되었다.[75]

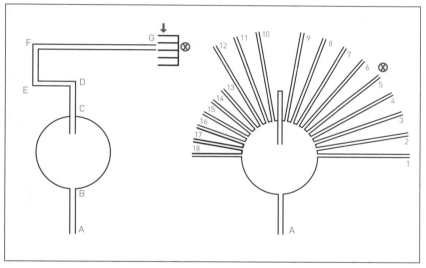

왼쪽 장치는 마우스를 훈련할 때 사용한 것이며, 오른쪽 장치가 테스트용임(마우스가 6번 통로를 선호함).

이런 식으로 맵을 만드는 능력은 벌이 랜드마크를 이용하여 목표를 찾는 것과는 비교할 수 없을 정도로 복잡한 능력임은 분명하다.

개들이 머릿속에서 지도를 그릴 수 있는 능력이 제한적이기 때문에 대부분의 개들은 집을 잃어버리면 집을 찾지 못하는 경우가 많다. 영화나 이야기로 전해지는 수백 킬로 떨어진 곳에서 다시 집을 찾아왔다는 것은 그냥 우연히 집을 찾은 것에 불과하다.

응시 이해 능력

개는 사람의 의도를 잘 파악한다. 때문에 원숭이들도 사람의 손짓이나 몸짓을 잘 파악할 것이라고 생각했던 학자들은 원숭이가 사람의 의도를 잘 파악하지 못한다는 것을 알게 되었다. 사람의 몸짓이나 의도를 파악할 수 있는 것이 개의 독특한 능력임을 알게 되었다.

가장 대표적인 것이 인간의 눈길이 가지는 의미를 파악한다는 것이다. 이 연구는 특이하게도 미국과 헝가리에서 거의 동시에 진행되었다. 미국의 브라이언 헤어는 자신의 개가 원숭이와는 달리 자신의 의도를 빨리 알아챌 수 있다는 것을 발견했다.

● 손으로 가르키기

주인이 손으로 먹이가 있는 컵을 가리키면 개는 그 의미를 파악하고 그 컵 안의 먹이를 찾는다는 것이었다. 이 능력은 개가 사람과의 교감이 있었을 가능성이 있기 때문에 각각 나이별로 같은 실험을 진행했을 때, 놀랍게도 매우 어린 강아지인 9주령의 강아지도 같은 결과를 보였다.

● 쳐다보기(눈길)

손으로 가르키는 것이 아니라, 눈길만으로도 개에게 신호를 보낼 수 있다는 것이 확인되었다.

더욱 특이한 것은 몸은 양쪽의 컵 중에서 먹이가 없는 쪽을 향하지만 눈길을 먹이가 있는 쪽을 향하면 개는 눈길을 따라간다는 것을 확인할 수 있었다.

또한 개는 단순히 그 방향을 보는 것이 아니라, 사람이 컵을 쳐다봐야만 그 컵을 선택한다. 즉 컵이 있는 방향을 쳐다보지만, 컵 위를 쳐다보면 개는 그 컵을 선택하는 비율이 낮아진다.

● 블록 장난감 이용하기

블록 장난감을 이용한 실험을 진행했다.

예를 들어 두 컵에 장난감을 올려놓았을 때, 개들은 그 장난감에 대한 선호가 보이지는 않았다. 하지만, 개는 사람이 직접 장난감을 컵 위에 올려놓는 것을 보게 되면 장난감이 올려진 컵을 선택하는 경향을 보였다.

● 다른 개의 눈길을 이용하기

몸이 불편한 개를 양쪽 컵의 중간에 앉히고, 사람이 앞의 컵의 하나에 먹이를 넣는 것을 보여준다. 그런 이후에 다른 강아지를 데려올 경우, 그 강아지는 몸이 불편한 개가 먹이가 있는 컵을 쳐다보기 때문에 그 컵을 선택한다. 이는 개가 사람뿐 아니라 개의 눈길의 의미를 이해한다고 판단된다.

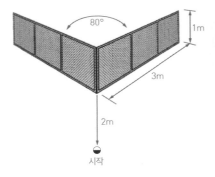 

유사한 실험

일반적으로 위의 그림처럼 V자 형태의 펜스 안에 먹을 것을 놓아두면 늑대는 먹이를 찾기 위해서 펜스 끝을 돌아가서 먹이를 찾을 수 있지만, 개들은 먹이와 가장 가까운 곳에서 땅을 파기 시작한다. 그러다가 성공하지 못하면, 펜스쪽으로 가다가 다시 돌아오는 행동을 반복하기도 한다. 이 문제를 결국 해결하기는 하지만 상당히 많은 시도 혹은 오랜 시간 후에 성공한다. 이것은 개가 늑대보다 모든 능력이 뛰어난 것은 아니라는 것을 보여준다.

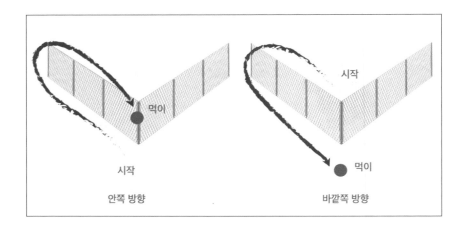

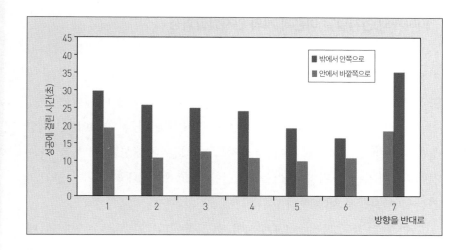

추가적으로 사회적 학습(Social Learning)과 관련된 연구가 진행되었다. 사람이 시범을 보이거나, 혹은 다른 개가 시범을 보이면 펜스 옆을 돌아가서 먹을 것을 찾을 수가 있다. 이는 개의 지적능력이 아주 우수하지는 않지만, 그렇다고 해서 주어진 상황을 전혀 이해 못하는 수준은 아니라는 것을 보여준다.

이 펜스 문제는 2가지 방식으로 진행이 되었다. 한 번은 바깥쪽에서 안쪽으로 먹이를 찾아가는 것이고 또 다른 방식은 안쪽에서 바깥쪽으로 이동해야 하는 것이다. 개들은 안쪽에서 밖으로 향하는 문제에 대해서 더 오래 걸렸다.

또한 흥미로운 것은 같은 방향, 즉 안에서 바깥쪽으로 먹이를 찾는 것을 6번 반복하면, 반복하면서 찾는 시간이 더 줄어든다. 이때 반대로 밖에서 안쪽으로 먹이 찾는 방향을 바꿀 경우, 개들은 여전히 처음 하는 것처럼 시간이 오래 걸린다.

이는 개가 3차원적인 구조에 대한 이해도가 떨어지기 때문이라고 생각된다.

피아제의 인지발달 이론과 개의 인지발달과정

피아제의 인지발달 이론은 사람의 인지발달을 크게 4단계로 나누고 이중 첫 단계가 감각운동기(출생 직후~2세/영아기)이다. 이 시기에는 영아가 새 정보를 얻기 위하여 감각, 운동을 통해 세상을 이해하는 단계이다. 정보수집, 모방, 대상 영속성 능력이 발달하는 단계이다. 대상 영속성이란 눈 앞의 물건이 사라져도 대상은 존재한다는 것을 아는 것이다. 아기는 물건을 집어들고, 입에 넣고 빨고 내려놓으며 물건의 기본적인 속성을 이해한다.

그 이후로 전 조작기(2~7세/유아기)에 시작된다. 이 시기는 언어를 배우고 몸을 움직이면서 경험하는 시기이다. 이 시기가 지나면 구체적인 조작기(7~11세/아동기)에 접어들게 되며 자아중심적 사고에서 벗어나 보존 개념이 생긴다(같은 양의 물이 다른 그릇에 담겨있을 때 물 높이가 달라도 양이 같음을 이해함). 또한 논리적인 사고를 하기 시작하고 인과관계를 이해하기 시작한다.

하지만, 아직은 생각의 대상이 눈에 보이는 구체적인 대상에 국한되기 때문에 구체적 조작기라고 한다.

그다음은 형식적 조작기(11~15세/청년기)에 접어든다. 이 시기에는 실제 대상이 없어도 머릿속에서 추상적으로 생각하여 해결방안을 찾을 수 있다. 그뿐만 아니라 논리적 사고가 가능해 가능성에 근거하여 연역적 사고를 할 수 있다. 조합적 사고도 가능하여 문제 해결을 위한 방법들을 생각하고 가설을 세워 그중 가장 정확한 것으로 시도한다.

사람의 입장에서 개를 이해하기 위해서는 개가 2~3세의 아동 수준에 머물러 있다는 것을 염두에 두어야 한다. 그러므로 개의 인지발달도 주로 감각운동기에 집중되어 있다.

감각운동기는 다시 6단계로 나눈다.

단계	특징
1단계: 반사활동기	출생~약 1개월의 시기로 이 단계에서는 반사적 행동에 의존하여 다양한 반사 도식들을 사용하여 외부세계에 대처한다.
2단계: 1차 순환반응	출생 후 약 1~4개월의 시기로 이 시기에는 예를 들어 손을 입에 넣고 반복적으로 계속 빨아댄다. 이 시기에는 아기들의 관심이 자기 자신에게 향하고 있다. 시행착오 학습을 통해 유아는 구체적 인과관계를 분명히 알지는 못할지라도 어느 정도 인과 개념을 발달시킨다.
3단계: 2차 순환반응	출생 후 약 4~8개월의 시기로 이 단계의 유아는 이제 외부의 사건과 대상에 열중하고 손을 뻗어서 만지려고 한다. 이 시기의 반복적인 동작은 의도적이며 우연이 아니다. 유아는 외부세계의 어떤 사건들이 유아 자신의 행동으로 발생한다는 것을 이해하기 시작한다. 그러나 행동의 그 행동의 결과 간에 의식적 결합은 아직 불가능하다
4단계: 2차 반응의 협응	출생 후 약 8~12개월의 시기로 이 시기에 유아의 행동은 좀 더 분화되며 분리된 도식을 협응하게 된다. 즉, 이 단계에서 유아는 목적을 달성하기 위해 의도적으로 수단이 되는 기존의 다른 도식들을 협응시키는 것을 의미한다. 또한, 이 시기의 영아는 대상 영속성의 개념이 어느 정도 획득된다.
5단계: 3차 순환반응	출생 후 약 12~18개월까지 유아는 단순한 목적을 지닌 반복이 아니라 새로운 행동이 어떤 결과를 가져올 것인가를 알아보기 위해 다양하게 반복적으로 실험해 본다.
6단계: 사고의 시작	출생 후 18~24개월까지의 유아는 행동하기 전에 상황에 대해 사고를 하고 행동으로 옮기기 때문에 시행착오 없이 더 빨리 문제를 해결할 수 있다.

이 과정에서 감각과 관련된 인지반응 중 대상 영속성은 다음과 같이 발달한다.

1, 2단계에서는 아기들은 물체가 눈에서 안 보이면 없어졌다고 생각하고 관심을 보이지 않는다. 다만 움직이는 물체에 관심을 보이고 몸과 머리를 이용해서 움직이는 것을 따라가기는 한다.

3단계에서는 장난감을 숨기면 숨긴 곳에 장난감이 있다는 것을 아는 단계이다.

4a단계에서는 장난감이 움직이는 것을 눈으로 추적한 후에 사라졌다면 사라진 곳에서 물건을 찾아올 줄 아는 단계이다. 이 단계에서 대상 영속성의 개념이 생겼다고 생각한다. 4a단계에서는 완전히 숨기는 것을 따라가지 않았다고 해도 물건을 찾아낼 수 있다. 이 단계에서는 아이들 앞에서 장난감을 같은 장소에 숨긴 후 다음 테스트에서는 다

른 곳에 숨길 경우이다. 분명히 아이는 다른 곳에 숨겼다는 것을 보았음에도 불구하고 앞에서 찾던 곳(지금까지 항상 숨긴 곳)을 먼저 확인하는 것이다. 이것을 A-not-B 오류라고 하는데 이 오류가 지속되는 단계이다.

5단계에서는 A-not-B 오류를 범하지 않는 단계이다. 숨기면 숨긴 곳에서 장난감을 찾아낼 수 있다.

6단계에서는 설사 안 보이는 곳에서 누군가가 이동시켰다고 해도 그것을 추론할 수 있는 단계이다.

실험결과에 의하면 개들은 2단계(4주), 3단계(5주), 4a단계(6주), 5a단계(7주), 5b단계(8주)에 도달한다. 그 6단계가 언제 시작되는지는 모르지만, 11개월의 개가 6a단계에서 문제를 해결했다.

뒤를 이어 추가적인 실험을 진행하였다. 23일령의 늑대가 이미 2단계에 있었으며, 26일째 3단계가 시작되었다. 3단계에서 늑대는 예를 들면 한 마리가 다른 개를 물면 물린 개는 도망가고, 물고 싶은 개는 더 빨리 따라가서 한번 더 문다. 이 단계에서는 새끼들끼리 물고 노는 것을 좋아한다.

50일이 되면 4단계에 이르게 된다. 이 단계에서는 장난감을 물고, 멀리 도망가서 편안한 곳에서 장난감을 씹는다. 주변의 환경에 관심을 가지는 단계이다.

10주차에 3마리의 늑대새끼에게 큰 종이상자를 주었을 때 3마리 모두 종이상자에 관심을 가졌지만, 이들 사이에서 사회적인 상호작용을 하지는 않았다. 4단계에서는 주로 입을 이용해서 주변을 탐험한다. 시험은 76~79일 시기에 종료되었다. 그때까지는 5, 6단계의 행동이 발견되지 않았다.

대상 영속성에 대한 실험도 진행되었다. 실험에 참여한 개체수가 적

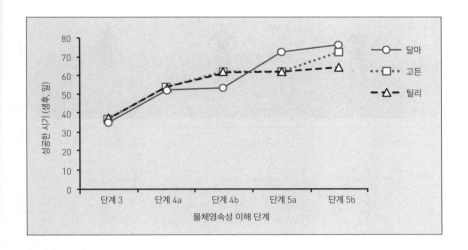

기 때문에 정확한 결과라고 하기는 어렵지만, 개와 늑대에 대해서 실험한 결과를 요약하면 다음과 같다.

일반적으로 개와 늑대는 5단계의 대상 영속성이 발견된다고 생각되지만, 6단계의 대상 영속성에 대해서는 아직 결론이 나지 않은 상태이다. 초기에는 6단계의 대상 영속성이 발견되었다고 생각되었지만, 현재는 개가 다른 신호를 이용해서 이를 파악한 것으로 판단하고 있다. 대상 영속성에 대한 실험은 어떤 의미로는 매우 까다롭기 때문에 쉽게 파악하기는 어렵다.[76]

그중 하나를 소개하면 다음과 같다. 3개의 그릇 중에 하나만 먹이를 숨기고 그 다음은 그릇의 위치를 바꾸었을 때, 개와 늑대가 어떻게 반응하는지를 확인한 실험이다.

결론적으로 개들이 대상 영속성을 이해하는 것으로 판단된다. 하지만 ST에서는 성공률이 낮다는 면에서 아주 뛰어난 능력을 가지고 있다고 판단하기는 어렵지만, 개와 늑대의 차이가 거의 없다는 점에서 이러한 능력이 사냥에 있어서 결코 불편하지는 않다는 것을 잘 알려준다.

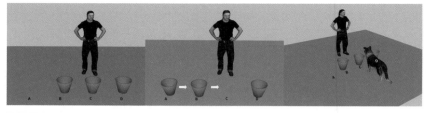

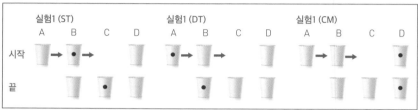

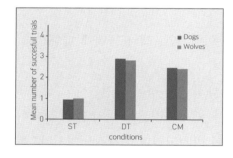

개들이 6단계의 대상 영속성을 인지한다는 초기의 주장은 현재로서는 좀 이른 판단이었으며, 개들이 다른 신호를 이용해서 이러한 문제를 해결했을 가능성도 없지 않다.

늦대가 일반적으로 큰 동물을 사냥할 때에는 사냥감이 눈에 보이기 때문에 아무 문제가 없다. 하지만 토끼 같은 작은 동물을 사냥할 때는 시각이나 후각에 정보가 들어오지 않으면 추적해 봤자 이미 놓쳤을 가능성이 높기 때문에 대상 영속성 인지 능력이 아주 뛰어나게 발달하지는 않은 것 같다.

자기중심적, 타자중심적

개들은 공간 내에서 뭔가를 추적할 때 2가지 전략을 사용할 수 있다. 그 중 하나가 자아중심적인 전략으로 이것은 자신의 몸과 환경의 관계를 이용하는 것이다.

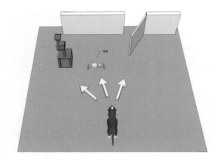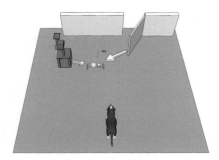

왼쪽이 자아중심적(Egocentric) 전략이고 오른쪽이 타자중심적(Allocentric) 전략이다.

즉, 숨겨져 있는 공을 찾기 위해서 몸을 왼쪽으로 돌리는 것과 같은 행위는 자신의 몸을 기준으로 이루어지기 때문에 자아중심적 전략이라고 부른다. 이러한 전략은 특히 환경에서 얻을 수 있는 정보가 매우 적을 때 유용하다. 사냥 중에 개들은 주변환경을 제대로 파악할 수 없다. 그러므로 주변환경에 대한 지도가 만들어질 수 없으므로 그 개는 집으로 돌아올 때 자신의 행동을 기억해서 돌아와야 한다.

개들은 자신이 달려온 거리, 달려온 속도, 그리고 방향 전환 등을 고려해서 정보를 얻는다. 개의 눈과 귀를 가린 후에 L자형으로 이동시켰을 경우에도 눈과 귀를 풀어주자 정확하게 위치를 파악하고 되돌아왔다. 이는 개가 자아중심적 전략을 이용할 수 있다는 것을 의미한다.

타자중심적 전략은 이와는 다르다. 예를 들어 공이 의자 밑에 있다. 혹은 장난감이 탁자 위에 있다는 식의 주변환경의 정보 자체를 이용하는 것이다. 개는 비콘(Beacon)과 랜드마크 둘 다 이용할 수 있다. 비콘은 숨겨진 물건 바로 근처에 있는 시각적으로 확인하기 쉬운 물건이며, 랜드마크는 환경에서 볼 수 있는 더 커다랗고 간접적으로 위치를 파악하게 해주는 것을 의미한다.

실험실에서 작은 규모로 개를 실험할 때는 주로 자아중심적인 전략을 사용하고 환경이 복잡하거나 아니면 개와 물건 사이의 공간이 막혀 있을 때는 주로 타자 중심적 전략을 사용한다.

실베인 피셋(Silvain Piset) 등이 정교한 실험을 통해서 밝힌 바에 의하면, 자아중심적인 기억은 오래가거나 나이가 들어도 별로 감소하지 않지만, 타자중심적 기억은 나이가 들면서 감소하는 것으로 알려졌다. 이것은 사람도 마찬가지이다.

그럼에도 불구하고 개가 지능만으로 물건을 찾는 능력은 그다지 높다고 보기는 어렵다.

개들의 공간에 대한 이해도가 사람에 비해서 현저히 떨어지기 때문에 개들은 집을 잃어버리면 다시 집에 찾아오지 못한다. 그러므로 개를 잃어버린 이후 몇 년이 지났는데도 주인을 찾아왔다는 영화나 혹은 신문에서의 이야기는 개의 뛰어난 능력을 나타내는 것이 아니라 단순히 우연일 가능성이 더 높다.

미로찾기

미로찾기에 있어서 가장 대표적인 동물은 클라크잣까마귀(Clark's Nutcracker)이다. 이 작은 새는 수 평방 킬로미터 지역에 수백 곳에 걸쳐서 3만 3천개의 씨앗을 가을에 숨겨놓고 겨울이 되면 이것을 대부분 회수한다. 박새(Black Capped Chickadees) 역시 실험실의 나무에 숨겨둔 씨앗을 28일이 지나도 회수했다고 알려져 있다. 쥐는 17개의 팔을 가진 미로에서 정확한 위치를 찾아가는 비율이 높았다.

아래의 미로는 쥐 뿐만 아니라 많은 동물에서도 테스트 된 실험이다.

아래와 같이 8곳의 팔이 있는 미로이며, 미로의 끝에는 구멍이 있거나, 혹은 모양을 약간 변경시켜 중앙에서는 안 보이도록 먹이가 숨겨져 있다. 대개는 아래의 모양이다. 마우스나 쥐를 이용할 경우에는 미로의 가운데 바닥에 기둥을 만들어 탈출하지 못하게 한다.

이 미로의 한 가운데에 쥐를 올려놓고 8곳의 길 중에서 4곳으로 가는 길을 막은 후에 쥐를 꺼낸다. 그런 다음 정해진 시간이 경과한 후(예를 들어 5분) 다시 미로 한가운데 놓는다. 이때는 모든 미로를 이동할 수 있도록 길을 막은 장치를 제거한다.

실험에 의하면 대개의 쥐는 자신이 먼저 방문한 곳에는 이미 음식을 얻었기 때문에 지금까지 방문하지 않은 미로를 먼저 확인한다. 쥐는 4시간이 지나도 90%의 정확도로 자신이 처음에 방문하지 못한 곳을 방문하고 24시간이 지나고 약간의 기억력이 유지된다.

침팬지의 경우 16개의 방이 있는 건물에서 어떤 곳에 먹이가 있는 컵이 놓여있는지 기억할 수 있다.

하지만 개들의 기억력은 이보다는 떨어지는 것으로 알려졌다. 한번 방문한 미로(길)를 다시 방문하는 비율이 다른 동물에 비해서 월등히 높은 것으로 알려져 있다.

일반적으로 이러한 연구의 결과는 개의 공간 기억능력이 매우 낮다는 것이 결론이다. 하지만 개들이 처음에 먹이를 찾은 곳을 반복하고자 하는 경향이 있을 가능성도 있다.

삽화적 기억

개가 아무리 삽화적 기억능력이 부족하다고 해도 아주 없는 것은 아니다. 개의 경우 특히 행동의 모방은 삽화적 기억이라고 할 수 있으며 이러한 능력을 가지고 있다. 하지만 삽화적 기억에 대한 확실한 증거는 부족한 상황이었으나, 최근 헝가리의 아담 미클로시 팀에서 이를 확인하는 실험결과를 발표했다.

미클로시 팀은 DAID(Do As I Do) 훈련법[77]을 개발한 것으로 유명하다. 먼저 주인이 특정한 행동을 하고 개에게 "Do it"이라고 명령하면 개들이 주인의 행동을 모방한다. 이 훈련법을 약간 조정해서 개가 주인의 행동을 기억할 필요가 없는 상황에서 시범을 보여주고 중간에 다른 훈련을 한 다음에 "Do it"이라고 명령을 하면, 개는 대체적으로 앞에서 주인이 시범 보인 모습을 그대로 따라 한다는 것이다. 개가 주인의 행동을 기억해야만 하는 상황이 아니기 때문에 이는 개가 삽화적 기억능력을 가지고 있다는 증거가 된다.

그러나 이러한 결과에도 불구하고 개의 삽화적 기억의 능력은 일부 상황에서만 뛰어나다는 점을 주목해야 한다.

개의 추론 능력

개에게 막대의 한 쪽은 고기를 연결하고 다른 한 쪽은 아무것도 연결하지 않은 상태에서 고기를 얻기 위해서 어떤 막대를 잡아당기는 가를 실험했다.

상자의 윗면에 철망을 사용했기 때문에 위에서 볼 때 어느 막대에 고기가 연결되었는가를 확인할 수 있도록 했다. 개들은 고기가 연결된 막대를 잡아당길 경우 고기를 먹을 수 있는 보상이 있었음에도 불구하고 고기와 가까운 막대를 잡아당긴다. 때문에 막대를 X자 형태로 배치하여 먼 곳의 막대를 잡아당겨야만 고기가 끌려오도록 했을 때도, 무조건 가까운 막대를 잡아당기는 것으로 알려졌다.

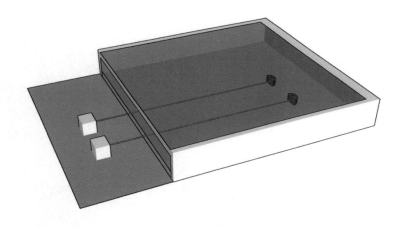

일반적으로 타마린, 까마귀, 코끼리 등은 이 실험에서 고기가 연결된 막대를 제대로 선택한다. 하지만, 개와 고양이는 먹이를 당기기는 하지만 어떤 막대를 당겨야 하는가는 이해하지 못하는 것으로 알려져 있다.

이 실험은 한 번만 수행된 것이 아니라 그 뒤로 랑게(Range)와 동료들에 의해서 여러번 수행되기도 했다.

이는 개가 뛰어난 추론 능력을 가질 필요가 없는 상황에서 살아왔다는 것을 잘 보여준다. 개들에게 필요한 것은 사람의 신호를 간파하

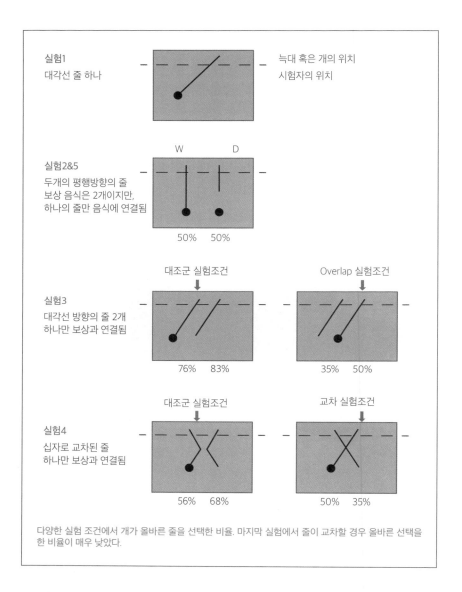

실험1
대각선 줄 하나

늑대 혹은 개의 위치
시험자의 위치

실험2&5
두개의 평행방향의 줄
보상 음식은 2개이지만,
하나의 줄만 음식에 연결됨

W   D

50%   50%

실험3
대각선 방향의 줄 2개
하나만 보상과 연결됨

대조군 실험조건   Overlap 실험조건

76%   83%   35%   50%

실험4
십자로 교차된 줄
하나만 보상과 연결됨

대조군 실험조건   교차 실험조건

56%   68%   50%   35%

다양한 실험 조건에서 개가 올바른 줄을 선택한 비율. 마지막 실험에서 줄이 교차할 경우 올바른 선택을
한 비율이 매우 낮았다.

는 것이지 추론 능력이 아니며, 이것은 개들이 문제를 풀다가 이해가
되지 못하거나 풀지 못하면 주인을 뒤돌아본다는 것으로도 잘 알 수
있다.

강아지가 추론 능력을 가지고 있는가?

2개의 컵을 뒤집어 놓고 이 중에 하나의 컵 안에만 보상물(먹이감)이 있는 컵을 보여주고 다시 선택하도록 하면, 개들은 먹이감이 있는 컵을 선택한다. 또한 보상물이 없는 컵을 들어서 그 컵에 보상물이 없다는 것을 보여주면 의외로 75%는 빈 컵을 그대로 선택한다.

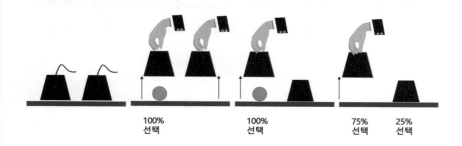

이것은 개가 배제연산을 하지 못한다는 증거로 사용될 수 있지만, 그것보다는 개는 사람의 동작에 매우 민감하게 반응하는 즉, 사회적 신호(Social Cue)에 민감해서 사람이 선택한 것을 그대로 따라서 선택한 결과

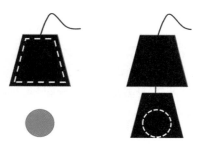

일 수도 있다. 그러므로 실험 도중에 사람에 의한 사회적 신호(Social Cue)를 줄이기 위해서 컵을 이중으로 만들고, 컵을 안쪽과 바깥쪽의 컵을 모두 들어 올려서 그 안의 내용물을 볼 수 있게 하거나, 혹은 겉의 컵만 들여 올려서 내용물을 확인할 수 없도록 했다.

이는 내용물을 보여주거나, 혹은 보여주지 않을 때 모두 손을 이용해서 컵을 들어 올리는 동작이 가능하기 때문에 사람이 특정한 컵에게 사회적 신호(Social Cue)를 주지 않는다. 이렇게 한 후에 다시 실험을 진행한 결과는 다음과 같았다.

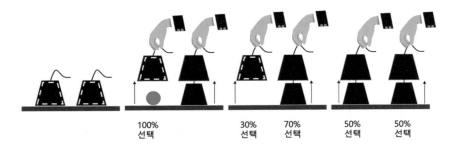

| 100%
선택 | | 30%
선택 | 70%
선택 | 50%
선택 | 50%
선택 |

즉, 만약 보상물이 있는 컵 안을 보여준다면 100% 그 컵을 선택하지 만, 보상물이 없는 컵의 내용물을 보여주면, 개의 70%는 내용물을 볼 수 없는 컵을 선택한다. 즉 2개의 컵 중에 하나의 보상물이 있을 때, 실 험자가 보여준 컵에 보상물이 없기 때문에 내용물을 보여주지 않은 다 른 컵에 보상물이 있다고 배제연산을 한 것으로 생각할 수 있다.[78]

개의 사회적 학습(Social Learning)

개가 관찰을 통해서 훈련되는 것을 사 회적 학습(Social Learning)이라고 한다.

옆의 그림은 거지가 벨을 당겨서 음식 을 얻어먹는 것을 관찰한 개가, 자신도 동일하게 벨을 당기는 것을 묘사한 것이 다. 이 이야기는 Menaut의 저서 《The Intelligence of Animals(동물의 지능)》에 실린 것으로, 당시에 매우 유명한 이야기 다. 프랑스의 개가 수녀원에서 거지가 문의 벨을 눌러서 스프를 얻어먹는 것을 보고는 자기도 약간의 음식을 얻어먹기 위해서 벨을 누르기 시작했다는 이야기를 그린 것이다.

개가 태어나서 어떤 음식을 먹어야 하는지, 어디에서 찾아야 하는지, 혹은 다른 개와 어떻게 행동해야 하는가에서부터 다른 포식동물이 공격할 때 어디에 숨어야 하는 것들은 배우기 쉽다. 하지만, 어느 정도 성견이 된 이후에 개가 다른 개의 움직임을 모방해서 뭔가를 배우는 것은 사실상 거의 일어나지 않는 일이다. 다만 개가 사람의 행동을 관찰한 후에 이로부터 학습을 할 수 있다는 것은 아주 최근에야 실험적으로 증명이 되었다.

개가 모방을 할 수 있는가에 대한 논의는 오래전부터 있었다. 일반적으로 자연에서 무리를 이루고 사는 개들은 늑대보다 모방능력이 떨어지지만, 반려동물은 모방능력이 뛰어나다고 생각되었다. 하지만 2009년 발표된 논문에 의하면 앉아, 엎드려와 같은 훈련을 할 때 이것을 바라본 개와 그렇지 않은 개는 서로 큰 차이가 없다는 것이 보고되었다. 이 실험에서는 미리 앉아, 엎드려 훈련받은 개가 있기 때문에 명령어 자체를 다른 것으로 대체해서 실험했다.

이러한 결과만을 보면 개가 다른 동물의 모방에 그렇게 잘 따라 하지 않는다는 것으로 생각된다. 하지만, 개가 다른 동물이나 사람의 행동을 잘 모방하기도 하는데 이러한 것을 이용한 것이 "내가 하는 대로 따라 해(Do As I Do)" 훈련법이다. 그러므로 개가 무조건 사람의 행동을 잘 모방하는 것도 아니고 상황에 따라서 이해한다고 볼 수 있다.

내가 하는 대로 따라 해(Do As I Do)

앞서도 설명했지만 "내가 하는 대로 따라 해"라는 훈련법이라는 것은 개에게 사람이 먼저 시범을 보인 후에 따라 해(Do It)라고 말하면 개가 그 동작을 따라 하도록 하는 훈련법이다. 개는 사람의 동작 자체를 그대로 따라 한다기보다는 자신의 버전으로 변형시켜서 따라 한다.

이러한 것이 가능한 이유 중의 하나가, 개가 다른 동물에 비해서 사람이 보내는 신호에 매우 민감하기 때문이다.

개는 다른 개를 무조건 모방하지는 않는다

다음 그림은 개가 봉을 당길 때 먹이가 나오는 장치를 작동시키는 모습을 묘사한 것이다.[79] 이 장치는 입으로 당기면 먹이가 나오지 않도록 하고 오직 발로만 눌러야만 먹이가 주어지게끔 하였다. 이 장치를 사용할 때 굳이 발을 사용하는 것보다는 입을 사용하는 것이 더 편리하다. 개들은 시범을 보이는 개를 따라서 먹이를 얻을 수가 있었다. 연구자는 시범을 보이는 개가 입에 아무것도 물고 있지 않음에도 발을 이용해서 봉을 누를 때에는 다른 개들도 따라서 발로 봉을 누르지만, 만약 개가 입에 공을 물고 있다면, 개들은 마치 시범을 보이는 개가 입에 공을 물고 있기 때문에 입을 사용하지 못하는 것으로 추론하고 입으로 먼저 봉을 당겨 본다는 것을 확인했다.

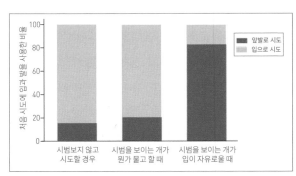

개들은 사람의 마음을 모니터한다

● 개는 사람이 언제 볼 수 있는지 알고 있다

장난감 2개를 앞에 두고 하나는 앞에 있는 사람이 볼 수 있게, 다른 하나는 사람이 볼 수 없게 배치하였다. 이 상태에서 개에게 "가져와"라고 명령하면, 개들은 사람의 눈으로 볼 수 있는 장난감을 주로 가져오는 것으로 확인되었다. 그 말은 개들은 사람이 어떤 장난감을 보고 있는지 알고 있었다는 것을 의미한다.

더 재미있는 것은 개들이 언제 음식을 훔쳐 먹는가를 연구한 후속 실험이다. 그 실험은 어두운 방에 한 곳에 사람이 앉아있고 좀 떨어진 한 곳에는 음식물을 놓아두었다.

이 두 곳은 각각 등이 있어서 끄고 켤 수 있었는데, 여러 가지 조건으로 개가 언제 훔쳐 먹는가를 살펴보았다. 일단 사람이 없으면 훔쳐 먹었고, 그다음은 음식이 있는 곳의 불이 꺼져 있는 경우에만 훔쳐 먹었다.

이는 그 개가 사람은 밤눈이 어둡고, 어둡기 때문에 누가 먹었는지 알 수 없으리라 생각했기 때문이라고 할 수 있다. 사람이 있는 곳은 불이 켜져 있거나 밝혀져 있거나 큰 차이가 없었다.

개는 생각보다 영리하여 사람이 무엇을 알고 있는지, 무엇을 모르는지 짐작할 수 있다. 개들은 어두운 상태에서 훔쳐먹으면 사람들이 모를 것으로 생각하는 것 같다.[80]

하지만 이런 실험을 보고 개들이 자동적으로 불을 끄기만 하면 훔쳐 먹었을 것으로 생각할 수도 있는데 실제 실험 결과는 그렇게 극적이지는 않았다. 즉 4번의 시도 중 1.64번은 양쪽에 불이 켜져도 훔쳐 먹었다. 다만 이 실험을 통해서 개가 사람의 관점을 이해할 수 있다는 것을 확인한 것뿐이다.

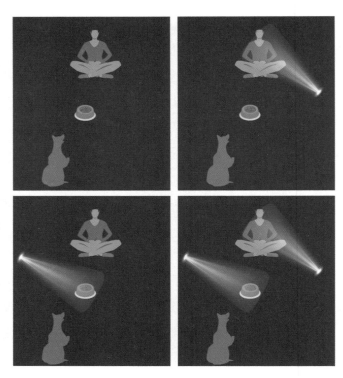

구분	음식 - 어둠 사람 - 어둠	음식 - 어둠 사람 - 밝음	음식 - 밝음 사람 - 어둠	음식 - 밝음 사람 - 밝음
평균 (4회)	3.32	2.64	2.39	1.64

● 개는 사람을 볼 수 없을 때도 사람이 볼 수 있다는 것을 인식하는가?

다음과 같은 정교한 장치를 만들었다. 실험 내용은 간단했다. 먼저 그림 A처럼 배치를 하고 사람은 B 공간에, 개는 A 공간에 두었다. 그림 B에서 보듯이 개는 사람이 B 공간에 존재하는 것을 파악할 수 있으며, 중간에 먹이가 있다는 것도 알 수 있다. 하지만 이 먹이는 먹지 말라고 금지되어 있다. 개는 D처럼 양쪽 터널을 통해서 먹이를 취할 수 있다. 이때 개들은 사람을 볼 수 없지만, 사람은 개의 발을 볼 수 있다. 터널도 한쪽은 투명하기 때문에 사람이 볼 수 있고, 다른 절반은(오른쪽으로 접근하

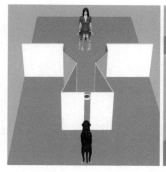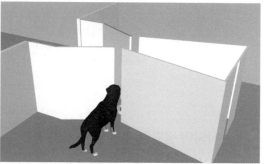

는 경우) 불투명하기 때문에 사람이 보기 어렵다. 과연 개는 이러한 상황에서 어떠한 곳으로 접근할까? 개는 자신이 사람을 볼 수 없다면 투명하거나, 불투명한 터널에 대해서 신경쓰지 않는다는 것을 알 수 있다. 이것은 개가 자아중심적 접근방식을 사용했음을 알 수 있다. 즉 개들은 "내가 사람을 볼 수 없으니까, 사람도 나를 볼 수 없을 거야"라고 생각했다는 것을 의미한다. 오늘날까지 사람이 안 보여도 사람이 쳐다볼 수 있다는 것을 이해한 동물은 침팬지 뿐이다.[81]

멜리스의 실험에 의하면, 음식을 먹지 못하게 한 후에 한 쪽은 벨이 달린 컵에 음식을 놓아두고 한쪽은 벨이 없는 컵에 음식을 놓아두었을 경우, 사람이 보지 않았을 때, 개는 벨이 없는 즉, 소리가 나지 않는 컵을 선호한다는 결과를 발표했다. 즉 이 말은 개가 사람이 소리를 들을 수가 있기 때문에 소리가 안 나는 컵을 선택했다는 것을 의미한다.

이 연구 결과가 발표되자 다시 위의 연구를 한 브라우워(Brauer)는 유사한 실험을 진행했다. 이번에는 위의 구조물에서 양쪽의 터널을 모두 투명하게 만들었다. 대신 바닥을 한쪽은 플라스틱 호일로 만들어서 걸으면 소리가 나도록 했고 다른 쪽은 이러한 소리가 나지 않는 조용한 카펫을 깔아두었다. 개들은 이러한 조건에서 소리가 나지 않는 카펫을 선호하는 것으로 밝혀졌다. 하지만 사람이 없을 경우에는 소리 나는 바닥재도 별로 신경 쓰지 않았다.

이는 어떤 의미에서 개가 야생에서 사냥할 때, 우선 사냥감을 찾아내고 나면 은밀히 접근해야 하므로 충분히 예측할 수 있는 것이다.

개는 사람이 필요한 것을 알 수 있는가?

방에 실험자가 장난감을 숨기고, 이 장난감을 꺼내는 데 필요한 막대기를 같이 숨긴다. 개가 이것을 모두 본 상태에서 다른 사람이 들어와 장남감을 찾으려고 하면 장난감이 있는 곳을 가르쳐 준다. 하지만 사람은 막대기 없이 장난감을 꺼낼 수 없다. 그러므로 개들이 막대기가 있는 곳을 알려줘야 하는데 막대기가 있는 곳을 알려주는 경우는 거의 없었다. 이것은 개의 인지능력에 한계가 있음을 잘 보여준다.

사람과의 의사소통 능력

개가 사람의 시선을 이해하는가에 대한 실험도 있었다. 즉 개는 사람의 시선을 파악하고 먹이를 발견할 수 있는 사람의 판단(시선)을 따르는가에 대한 실험이다.

오스트리아 비엔나수의과대학 메세를리연구소 연구진은 '추측자-인지자 패러다임(Guesser-Knower Paradigm)'으로 불리는 기본 실험을 통해 개가 사람의 관점(시각)을 이해하고 이것을 바탕으로 숨겨진 먹이를 발견할 수 있다는 사실을 밝혀냈다.

실험은 매우 정교한데, 다음의 그림처럼 배치를 하였다. 용기 4개 중의 한 곳에 먹이를 넣어둔다. 이때 양쪽의 사람은 예를 들어 왼쪽을 보게 된 경우, 가장 왼쪽의 사람은 먹이를 숨기는 사람을 볼 수가 없고

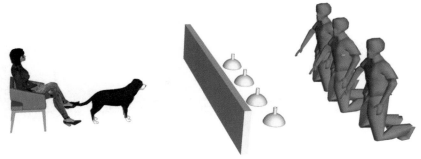

오직 오른쪽의 사람만 먹이를 어디에 숨기는지 볼 수 있다. 개는 이 상황을 보고 있다가 숨기는 사람(가운데 있는 사람)을 볼 수 있는 사람이 가르키는 곳에 있는 상자를 선택해서 먹잇감을 찾아낼 수 있다는 것이다. 여기서 흔히 왼쪽 사람은 추측자(Guesser)이고 오른쪽 사람은 어디에 먹이를 숨겼는지 알 수 있기 때문에 인지자(Knower)라고 부른다.

결과적으로 약 70%에 해당하는 개들이 실험이 진행될수록 인지자가 가리킨 용기를 선택하는 것으로 나타났다. 즉 개들은 먹이를 얻기 위해 진짜 먹이가 어디에 숨겨져있는지 아는 사람(인지자)과 정보를 몰라 추측하는 사람(추측자)을 구분해야 했다. "이들은 먹이 용기를 골라야 하는 상황에서 자신들이 의지할 수 있는 정보 제공자를 알아내야만 했다"고 설명했다. 실험이 진행되면서 성공률은 70%까지 올라갔다. 점차적으로 개들이 인지자와 추측하는 사람을 구분하는 방법을 배운 것으로 생각된다.[82]

사실 이 실험은 몇 가지 변형으로 이루어져 있기는 하지만 대략적인 결과는 다음과 같다. 여기서 GLA는 위에 설명한 방식대로 실험한 것이고, GP는 그냥 가만히 있어 누가 인지자인지 추측자인지도 개가 알아서 습득해야 하는 상황이고, GA는 추측자가 먹이를 숨기는 동안에 방을 나가 있는 것이다.

좋게 생각하면 우수하다고 할 수 있지만 실험은 50%는 확률로도 맞출 수가 있기 때문에 70%라고 하면 그다지 탁월한 능력은 아닐 수가 있다.

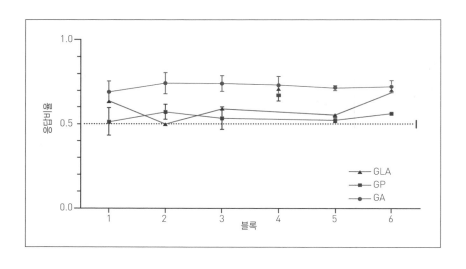

개는 속임수를 쓰는 사람을 구분하는가?

2009년에 페터(Petter)와 동료들에 의해서 발표된 유명한 논문의 내용이다. 2개의 양동이 중에 하나의 양동이에만 보상물(음식)을 넣어준다. 이때 한 사람은 먹이가 있는 양동이 뒤에 서있도록 한다. 이때 개는 주로 사람이 있는 양동이를 선택한다. 반대로 실험자가 만약 먹이가 없는 양동이뒤에만 서 있다고 하면 처음에는 사람이 있는 곳을 선택하지만 점차 사람이 없는 양동이를 선택한다.

이 실험을 좀 변형해서 사람이 아니라 사람대신 사람 크기의 길고 흰 상자를 이용해서 먹이가 있는 양동이 옆에 세워두었을 경우와 검은 상자를 이용해서 먹이가 없는 쪽의 상자 옆에 둘 경우, 선택 비율을 확인한 결과 역시 흰색상자를 보고 양동이를 선택하는 것으로 나타났다.

위의 결과가 놀랍기는 해도, 개가 약간의 차이를 구분할 수만 있으면 되는 문제이기 때문에 위의 실험이 개가 속임수를 쓰는 사람을 구분하는 것은 아니라는 반론이 있다.

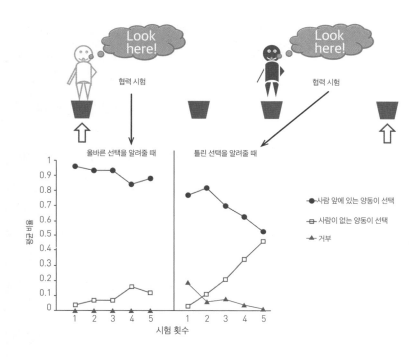

개들은 거울 속의 자신을 인식하는가?

일반적으로 동물은 자기 자신에 대한 인식이 전혀 없다고 할 수는 없을 것이다. 그러므로 대개는 I-Ness는 가지고 있을 것으로 생각한다. 하지만, "마음 이론(Theory of Minds)"을 가지고 있는가는 논란의 여지가 있다. "마음 이론"은 타인의 마음을 읽어낼 수 있는 능력을 의미하며, 좀 더 자세히 설명하면, 다른 사람의 마음의 특징인 신념, 의도, 지각, 혹은 거짓말 등을 파악할 수 있는 능력을 의미한다. 현재까지의 연구 결과는 잠정적으로 개들은 마음 이론이 없다는 것이다. 즉, 개들은 아직 사람이 가지고 있는 수준으로 다른 개의 신념이나 욕구, 의도 등을 이해하지 못한다.

우선 동물들이 자기 자신을 인식한다는 것을 확실하게 알기 위해서는 거울을 보여주는 경우가 많다. 거울에 작은 포스트잇 같은 것을 붙여두면, 침팬지나 돌고래 등은 그것을 자꾸 거울을 이용해서 떼어내려고 하고 신경 쓴다는 것을 알 수 있다. 이것은 자아에 대한 개념이 있다는 것을 의미한다. 하지만, 개들은 이러한 것을 신경 쓰지 않는다. 거울을 보고 얼굴에 붙어있는 것을 떼어내지 않는다는 것이 자아 개념이 없어서가 아니라, 그런 것 따위는 신경 쓰지 않는 것일 수도 있다. 그래서 알렉산드리아 호로위츠는 냄새를 이용해서 개가 자신의 냄새를 알 수 있는지 확인한 결과 개들은 자신의 냄새를 구분할 뿐만 아니라, 자신의 소변 냄새를 그다지 좋아하지 않는다는 것을 밝혀냈다. 아직 애매하지만, 개도 마음을 가지고 있다는 증거가 약하게는 있다. 사람이나, 침팬지, 돌고래, 그리고 코끼리와 비교해서는 현저하게 낮은 수준이라고는 생각된다.

또한 사람과는 달리 언어를 가지고 있지 않은 동물에게서 "마음 이론"을 가지고 있는가를 파악하는 실험은 그 자체가 매우 어렵고 실험방법도 여러 가지이다. 실험에 따라서 어떤 경우에는 "마음 이론"이 있는 것처럼 보이는 결과를 보인다. 중요한 것은 "마음 이론"이 있는가 없느냐는 이분법적인 사고보다는 만약 있다고 해도 매우 약한 수준으로 가지고 있다는 정도라고 이해하면 될 것 같다. 예를 들어 개들이 뭔가를 찾을 때 사람이 손가락으로 가르키는 곳을 먼저 찾아보는 것은 아주 미약하지만 마음이론이 있는 것으로 생각될 수도 있다.

현재 "마음 이론"이 있다고 생각하는 가장 대표적인 행동학자는 마크 베코프이다. 그는 개들이 서로 놀이를 하는 것을 보면 "마음 이론이"이 있다고 생각해야 한다고 믿고 있다. 이 말은 일리가 있기는 하다. 하지만 이것이 어느 정도의 학습효과가 포함되어 있기 때문에 아직 충분한 증거로 생각되지는 않는다.

19장

카밍 시그널

야생의 늑대들은 새로운 늑대 무리를 발견하면, 매우 공격적으로 행동하며, 상대를 죽이기도 한다. 하지만 개들은 그러한 공격적인 행동을 하지 않는다. 오히려 매우 친근하게 접근하는 경우가 많다. 특히 공원에서 커다란 개와 치와와도 서로 친하게 노는 경우가 많다. 일반적으로 길들인 동물들은 도주거리를 확보하지 않는다. 하지만 모르는 사람이나, 모르는 동물과의 처음 접촉시에는 충분한 도주거리가 확보되지 않은 동물은 매우 불안해한다. 그렇기 때문에 개들은 다른 동물의 도주거리 안에서 행동하는 경우가 많은 상황에서 카밍 시그널이 매우 중요한 역할을 한다고 볼 수 있다.

일반적으로 도주거리(Flight Zone)는 동물을 응시하면 더 짧아진다.

분노 감정에 대한 이해

이러한 4가지 기본 감정이 서로 상호작용할 경우에 나타나는 감정의 문제는 다음과 같다.

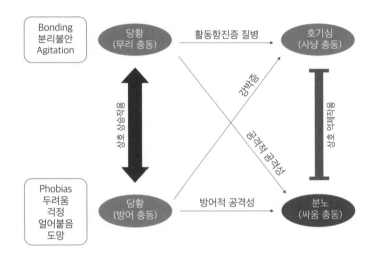

이 감정 중에서 공격성을 보이는 감정은 분노뿐이다. 그러므로 분노라는 감정을 일으키는 것은 매우 위험하다고 할 수 있다. 하지만, 분노는 공격성과 연결되어 있으며, 사냥에 의한 공격성은 반려동물에게서 거의 찾아보기 어렵다. 반대로 방어적 공격성은 많은 문제를 일으키고 있다. 방어적 공격성은 다른 동물에게 포위되었을 때 이를 벗어나기 위한 감정이다. 때문에, 반려동물이 공격성을 보인다면 개가 위험하다고 생각하는 것보다는 강아지가 왜 벗어날 수 없다고 생각하는지를 이해하는 것이 문제를 해결하는 데 도움이 된다.

반려동물들의 두려움의 원인

개들의 입장에서 보면 스스로가 사람에 비해서 매우 작고 힘이 약한 동물이라고 생각할 것이다. 사람들은 보통 개보다 체중도 많이 나가고, 힘도 세고 무엇보다 눈높이가 높아서 자신이 방어하기 어려운 위쪽에서 공격해 올 수 있는 존재이다.

개들은 흔히 생각해서 잡식 동물이고, 다른 무리의 동물에 의해서 자신의 먹이를 뺏길 수도 있다. 고양이는 주로 쥐를 잡아먹고 어차피 나눠 먹을 만큼 양이 되지 않기 때문에 나눠 먹을 가능성이 거의 없어서 사냥도 단독적으로 한다. 하지만 개들은 좀 더 큰 먹이를 사냥할 수 있다. 사냥한 동물을 나눠 먹을 수가 있기 때문에 좋은 점도 있지만, 반대로 강한 다른 동물에게 뺏길 수도 있다. 그러므로 개들은 자신들의 공간에 다른 동물이 들어오는 것을 매우 불안해한다.

두려움에서 분노까지의 진행과정

개들이 이렇게 두려워할 때 보이는 많은 반응을 스트레스의 순서대로 표시하면 다음의 그림과 같다.

개들의 행동을 이해한다는 것은 사실 위의 두려움이 분노로 변화되기까지의 과정을 이해하는 것이 가장 중요하다.

그림에서 스트레스 반응 중 스트레스 두려움에서 분노까지 이어지는 과정을 보여준 것이다. 특히 붉은 색으로 표현한 공격준비, 달려들기, 물기는 분노 반응이라고 할 수 있다.

개들이 이빨을 드러내는 것은 분노를 표시하는 것이기 때문에 결코 무시해서는 안 된다. 분노는 사람을 무서워하고 그 결과 그 자리를 벗어나기 위한 것이지 사람을 싫어하기 때문은 아니다.

동물과 미러신경 그리고 카밍 시그널

동물에게는 거울 신경(Mirror Neuron)이 존재한다. 이 거울신경은 모방을 도와주는 신경세포들이며, 이를 통해서 동작을 모방하고 학습을 하게 된다. 개들은 이 거울신경을 이용해서 다른 개의 행동을 모방할 수 있다. 때문에 스트레스가 강하지 않을 때는 이러한 거울신경의 반응을 이용하여 상대방을 진정시키려고 한다. 이렇게 상대를 진정시키고 자신이 공격적이지 않다는 신호를 카밍 시그널이라고 한다.

스트레스 단계에 따른 개의 행동

카밍 시그널은 노르웨이의 애견 훈련사인 투리드 루가스(Turid Rugaas)*가 처음으로 주장한 개념인데, 현재는 대부분의 학자들이 받아들이고 있다.

카밍 시그널은 개들이 스트레스를 받았거나, 두려움을 느끼고 있다는 신호이기 때문에 카밍 시그널을 잘 이해할 필요가 있다.

다음 그림은 소피아 인(Sophia Yin) 박사가 릴리 친(Lili Chin)이라는 일러스트레이터에게 제작을 의뢰하여 인터넷에 공개한 그림이다.

개의 행동 : 두려움과 걱정

○ 개가 두려워할 때 보이는 가장 대표적인 모습
겁먹은 상태
웅크리기
몸을 털기
겁을 먹고 몸을 숙이기
뒷걸음 치기
도망가기
귀를 뒤로 젖히기
갑자기 음식을 거부함
의심스러워 함
다가가지 않음

*투리드 루가스(Turid Rugaas) 노르웨이의 애견훈련사이다. 루가스는 1948년 처음 개를 키우기 시작했고, 1969년 이후로 개를 훈련시키기 시작했다. 1984년 개 훈련소(Hagan Hundeskole)를 시작했으며 1992년에는 다른 훈련사를 가르치는 교육과정을 시작했다. 현재 애견 훈련사는 은퇴한 상태이지만, 전세계를 돌아다니면서 애견 훈련사들을 위한 세미나를 한다. 그녀는 여러 권의 책을 썼고 특히 카밍 시그널에 대한 발견으로 유명하다.

● 머리 돌리기

공격하는 포식자들은 먹잇감을 항상 바라보고 있을 수밖에 없기 때문에 개들 사이에서 시선을 마주치는 것은 매우 공격적인 행위로 받아들여진다. 개들을 공격할 수 있는 동물들은 매우 많기 때문에 개들은 자신들이 공격받는 것에 대단히 민감하다.

개들은 서로 만날 때도 한 개가 쳐다보면 슬쩍 고개를 돌린 후에 잠시 다시 고개를 돌리면, 이번엔 처음에 쳐다본 개가 다시 고개를 돌린다. 언 뜻 보면 서로 딴짓하는 것 같은 이 행동이 사실은 개들 사이에서는 가장 안전한 인사법이다.

● 돌아서기

돌아서기란 몸을 다른 개의 옆쪽 향하게 방향을 트는 것이다.

● 코 핥기

트뤼드 루가스에 의하면, 많은 개들이 앉혀놓은 다음에 정면에서 사진을 찍으려고 하면 혀로 코 부분을 핥는 것을 볼 수 있다. 개들이 코를 핥는 것은 가장 전형적인 카밍 시그널이다.

● 바닥 킁킁거리기

개는 달리다가 틈나면 땅바닥을 킁킁거리는 경우가 많다. 약간 스트레스를 느끼는 상황에서 딴청 피우는 것이다. 킁킁거리는 것은 냄새를 맡는 것이다. 개들은 킁킁거리지 않으면 공기의 대부분이 냄새를 맡는 경로가 아닌 다른 경로로 진행하기 때문에 킁킁거려야만 냄새를 맡을 수가 있다.

● 긁기

뭔가 딴짓하면서 긁는 것 같은 행동은 상대방에게 긴장을 풀어주는 효과가 있다.

● 하품하기

일반적으로 하품하는 것은 졸
립거나 재미없다는 의미이다. 하
지만 개들에게는 이외에도 현재
의 상황이 약간 당황스럽다는 것
을 보여주는 행동이다. 이것은 명
백히 거울신경을 통해서 자기의
감정을 다른 개들에게 전달하려는
것이다. 동물병원에서 개들을 안정시킬 때도 잠시 딴 데를 보면서 여러 번 하품을 하면 개도 안정되는 것을 알 수 있다.[83]

● 느리게 걷기

느리게 걷는다면, 아마도 자신이 공격적이지 않다는 것을 의미한다. 이것 역시 카밍 시그널의 하나이다.

● 가늘게 눈을 뜨기

고개를 돌리지 않고 지나가야 하는 상황이라면, 눈을 가늘게 뜨기도 한다. 이것은 눈을 온화하게 만들고 지금 긴장하지 않고 있다는 것을 알려준다.

● 놀자고 하기(Play Bow)

개들이 상대에게 놀자고 할 때는 전형적인 동작을 하는데, 앞발을 굽히고 몸을 숙이면서 인사하는 것과 같은 동작을 하는 것이다. 이것은 카밍 시그널이기도 하지만, 같이 놀자는 적극적인 표현이다.

● 앉기

앉는 동작으로도 개들은 카밍 시그널을 보내기도 한다.

● 눕기

눕는 동작도 개들에게는 카밍 시그널이 된다.

● 곡선으로 움직이기

개들이 이동할 때 곡선방향으로 움직여서 직접적인 공격성을 보이지 않는 것을 의미한다.

● 낮게 꼬리 흔들기

꼬리를 세워서 흔드는 것이 아니라, 낮은 상태로 흔든다. 이것 역시 카밍 시그널의 하나이다.

● 다른 개의 입을 핥기

다른 개의 입을 핥는 것이 정확하게 무슨 의미인지는 파악하기 어렵지만, 아마도 늑대의 새끼가 어미의 입을 핥으면 먹이를 토해내는 것과 관련이 있을 것으로 추측되고 있다. 다른 개의 입을 핥는 것은 일종의 친근한 표현이라고 할 수 있다.

● 입으로 소리내기

입을 떼었다가 붙였다 하여 소리를 내는 것도 일종의 카밍 시그널이라고 할 수 있다.

● 가쁜 호흡

가쁜 호흡을 팬팅이라고 하는데, 더위나 운동으로 인하여 팬팅을 하는 것이 아니라 특별한 이유 없이 팬팅을 할 경우에는 스트레스를 받고 있다는 의미이다.

● 확대된 동공

확대된 동공은 매우 긴장하고 있다는 것을 의미이다.

● 아드레날린 털어내기

사람도 생각하다가, 잘 안 풀리면 머리를 흔들 듯이 동물도 몸을 털어내듯이 흔들면 스트레스가 일시적으로 줄어주는데 이것을 아드레날린 털어내기라고 한다.

● 땀에 젖은 발바닥

개는 발바닥에 땀샘이 있어서 두려워하면 땀이 나고 그 결과 발바닥이 젖어서 발자국을 남긴다.

● 부들부들떨기

몸을 떤다는 것은 긴장과 두려움으로 스트레스를 받았다는 의미이다.

● 고래눈

눈을 크게 뜨는 것을 고래눈이라고 하는데, 눈을 크게 뜬다는 것이 굉장히 민감하다는 의미이다. 이 다음에는 물어버리는 동작으로 이어질 수 있기 때문에 개가 고래눈을 하고 있다면 상당히 위험할 수 있다.

● 한발 들어올리기

한발 들어 올리는 동작은 스트레스 때문에 이제 그만하라는 의미이다.

● 귀가 뒷머리에 닿도록 눕히기

개가 사냥을 할 때는 당연히 민감해야 하므로 귀가 바짝 올라가게 된다. 반대로 귀가 내려가면 그건 자신이 사냥할 의지가 없고, 두려움을 느끼고 있다는 의미이다. 기분이 좋을 때도 귀를 붙이는 경우가 있으므로 다른 몸의 시그널을 보면 쉽게 어떤 의미인지 파악할 수 있다.

각 견종마다 다른 카밍 시그널

개가 사회적 신호를 보내는 능력은 품종마다 차이가 있다.

외형 특징	품종		
귀는 크고 꼬리가 짧아서 귀와 꼬리를 이용한 카밍 시그널이 어렵다.	 브리타니 스패니얼	 잉글리시 스프링어 스패니얼	 코카스패니얼
귀가 작고 접혀 있음	 샤페이	 퍼그	
의도적으로 귀를 자르는 수술을 할 경우 공격성으로 보인다.	 도베르만 핀셔	 그레이트 데인	
푸들과 같이 털이 곱슬거릴 경우 목털이 곤두설 수 없다.	 푸들		
으르렁 거릴때 입 모양이 크게 변화하지 않아서 공격성을 예측하기 어렵다.	 프렌치불독	 퍼그	 불독

으르렁 거리는 신호가 짧다.	아키타	차우차우
꼬리가 말려있어 꼬리를 감추는 등의 동작이 어렵다.	차우차우	샤페이
털이 무성해서 카밍 시그널을 파악하기 어렵다.	올드 잉글리시 쉽독	

개들의 카밍 시그널 사용 빈도

2016년 발표된 자료[84]에 의하면 24마리를 이용해서 한 실험에서 2마리의 개들이 서로 만날 때 카밍 시그널의 사용빈도는 위의 표와 같았다. 자료를 살펴보면, 카밍 시그널에서 가장 중요한 것이 머리 돌리기(Head Turning)와 코를 핥는 행위임을 파악할 수 있다. 이는 사람도 공격적인 개를 만나면, 일단 고개를 돌려서 관심을 보이지 않는 것이 가장 효과적임을 보여준다고 할 수 있다.

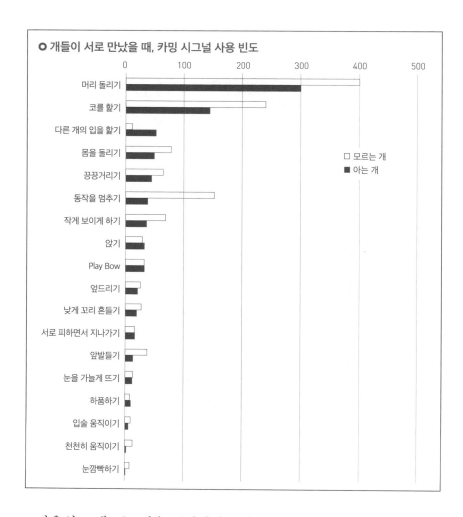

○ 개들이 서로 만났을 때, 카밍 시그널 사용 빈도

	모르는 개
	아는 개

    다음의 그래프는 처음 공격적인 모습을 보인 후 개들의 반응을 보여
준다. 잘 알고 있지 않은 개라면 동작 멈추기가 급격히 증가한 것을 볼
수 있다. 동작 멈추기는 공격 직전의 행동이므로 만약에 상대방이 더
욱 공격적인 모습을 보였다면 싸움으로 연결될 가능성이 있다. 하지만
이점을 제외한다면, 대부분 여전히 머리 돌리기를 사용하여 공격할 의
지가 없음을 보여준다.

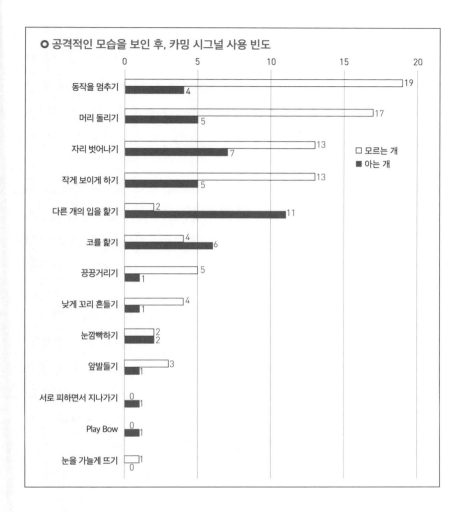

○ 공격적인 모습을 보인 후, 카밍 시그널 사용 빈도

- 동작을 멈추기: 19 / 4
- 머리 돌리기: 17 / 5
- 자리 벗어나기: 13 / 7
- 작게 보이게 하기: 13 / 5
- 다른 개의 입을 핥기: 2 / 11
- 코를 핥기: 4 / 6
- 끙끙거리기: 5 / 1
- 낮게 꼬리 흔들기: 4 / 1
- 눈깜빡하기: 2 / 2
- 앞발들기: 3 / 1
- 서로 피하면서 지나가기: 0 / 1
- Play Bow: 0 / 1
- 눈을 가늘게 뜨기: 1 / 0

□ 모르는 개
■ 아는 개

즉, 다시 말해서 머리 돌리기는 개들 사이에서는 가장 흔하게 사용되는 카밍 시그널이라는 것을 다시 한번 확인한 결과라고 할 수 있다.

일부 어린애들은 개가 짖으면 가만히 노려보는 행동을 하는 경우가 있다. 이는 개들 사이에서 가장 싫어하는 시선을 맞추는 경우와 멈춰 있는 동작 멈추기와 같은 행위로 개들에게는 공격전의 신호로 받아들여지기 때문에 매우 위험한 행위이다.

카밍 시그널과 관련된 공격성

앞에 언급한 카밍 시그널은 모두 두 개체 간의 관계이다. 하지만 자기와 관련 없이 다른 두 마리의 개 사이에, 혹은 개와 사람 사이에 갈등이 발생하면, 이것을 해소하기 위해서 또 다른 개가 카밍 시그널을 보내거나, 혹은 그 사이를 물리적으로 끼어들어 가는 것이다. 이렇게 함으로써 갈등이 해소되기를 바란다.

개들은 이러한 카밍 시그널로도 문제가 해결되지 않으면 긴장을 느끼는 개, 즉 관찰자도 공격성을 보일 수가 있다. 개들이 싸움할 때, 특히 한쪽 개가 일방적으로 공격할 때, 이러한 관계를 잘 파악하고 특히 카밍 시그널을 잘 관찰해서 개들이 서로 어떤 감정을 느끼는 것인가를 반드시 확인해야 한다.

특히 개들은 무리에서 알파독이 되고자 노력하지는 않지만, 무리가 혼란에 빠지는 것을 바라지는 않는다. 주인이 리더십을 보이지 않으면, 무리를 안정적으로 운영하기 위해서 스스로 나서는 경우가 있으며, 이 경우, 공격성으로 드러날 수 있다. 두 마리의 개가 싸울 경우, 그것을 보는 다른 개들도 역시 스트레스를 받으며, 그로 인하여 공격성을 드러낸다면 이들을 전체적으로 행동을 수정해야 한다.

20장

개들의 견종별 성격(기질) 특징

개들의 성격 판정의 문제점

오랫동안 예를 들어 핏불은 사납고, 보더 콜리나 푸들은 똑똑하다는 인식이 있어왔다. 하지만, 이러한 주장은 일부만 사실일 가능성이 높으며, 어떤 경우는 전혀 사실이 아닌 경우도 많다. 개들의 종별 성격에 대해서는 이미 많은 연구가 있고, 간략하게 조사한 결과가 있으며, 이에 대한 결과를 뒤에 소개하겠지만, 무엇보다 중요한 것은 이 연구가 신뢰도가 높지는 않다는 점이다.

개들의 성격이 유전적인 이유 때문이라는 것을 확인하기 위해서는 대략 30마리의 견종을 다른 견종과 동일하게 키운 후에 성격을 비교해야 한다. 이것은 사실상 거의 불가능에 가까운 일이므로 누구도 시도하기 어렵지만, 역사적으로 딱 한번 진행된 적이 있다.

스코트(Scott)와 풀러(Fuller)라는 연구원은 바센지(51마리), 비글(70마리), 아메리칸 코카 스파니엘(70마리), 셔트랜드 쉽독(34마리), 와이어헤어드 폭스 테리어(44마리)와 유전법칙을 연구하기 위해서 번식된 201마리를 대상으로 연구를 진행했다.

이 연구 결과는 결과가 애매하였다. 공격성을 살펴보면, 바센지는 쉽게 물려했고(83%), 비글은 짖고(89%), 테리어는 강제로 움직이는 것에 대한 저항을 하는 특성이 나타났다(53%). 이중에서 공격성은 어떤 것과 관련되어 있는가를 결정하기는 매우 어렵다. 훈련을 받기 쉬운 견종이라는 면도 마찬가지이다. 바센지는 목줄을 할 때, 쉽게 두려움을 느끼고 저항하지만 짖지는 않는다. 비글은 목줄을 하는 것에는 문제가 없지만 하울링을 한다. 코커 스파니엘은 문이나 게이트에서 멈칫거리며 멈추고 셔틀랜드 쉽독은 핸들러에게 달려드는 경향이 있고 결과적으로 사람을 목줄로 엉키게 만들었다.

이 연구 결과는 《개의 유전과 사회적 행동(Genetics and the Social Behavior of the Dog)》이라는 책으로 발간되었다. 이 책의 내용은 어떤 의미로는 모든 견종은 다르다고 해석될 수도 있고, 어떤 의미로는 견종간의 차이가 크지 않다고 할 수도 있다. 이 연구는 훌륭했지만, 오래전 연구이기 때문에 당시의 시대적 한계가 있다.

개들의 성격 판단의 어려움

사람의 경우 외향성, 개방성, 친화성, 성실성, 신경증으로 구분하고 자기 자신에 대한 서술을 근거로 판단할 수 있다. 하지만 개들은 말을 하지 않기 때문에 이것을 파악하기가 쉽지 않다.

이에 대한 가장 체계적인 연구는 덴마크의 스톡홀름 대학교의 스워츠버그(Kenth Svartberg)와 덴마크의 왕립수의농업대학의 비외른 포크만(Björn Forkman)의 연구가 대표적이다.[85] 이들은 164종의 견종에 대해서 15,329마리의 개의 성격을 분석했다. 이 연구는 개들이 특정한 상황에서 어떻게 행동하는 가를 기록하고 분석했다. 이들은 개의 성격을 5가지로 구분했다.

- 놀이를 좋아함   • 호기심/두려움이 적음
- 추적 본능   • 사회성
- 공격성

　하지만 이 성격분석은 유의할 점이 있다. 사람의 경우는 이러한 성격이 독립적으로 나타날 수 있지만, 개는 사람과 달리 성격이 복잡하게 발달하지 않았다. 그러므로 놀이를 좋아함, 호기심, 추적본능, 사회성이 모두 연결되어 있다. 이 때문에 이것을 모두 합쳐서 스와츠버그와 포크만은 담대함(Boldness)이라고 표현했다. 담대함의 반대는 소심함(Shyness)이라고 할 수 있다. 소심한 개들은 조심스럽고 사회관계에서 파괴적이다. 여기서 주의해야 할 것은 담대함은 우리말로는 오히려 침착함으로 표현할 수 있는 성격이다. 즉 낯선 것들을 보았을 때 두려워하지 않는 것을 의미한다. 반대로 소심함 이라는 shyness 는 낯선 것을 피하려거나 싫어하는 성격을 의미한다. 모든 견종에서 독립적인 기질은 공격성이다. 즉 일반적인 개가 놀이를 좋아하고, 호기심도 많고, 사회적이라고 해도 특정한 상황에서는 공격성을 보일 수가 있다.

　개들의 성격 분석에 대한 후속 연구는 헝가리의 아담 미클로시 팀에 의해서 이루어졌으며[86] 그들은 대담성(Boldness), 사회성(Sociability), 조용함(Calmness), 훈련가능성(Train Ability)으로 구분했다. 개들은 고대기원의 개(아시아와 아프리카 기원의 개로 늑대와 더 유사한 특징이 있음), 마스티프/테리어, 목양견/시각하운드, 사냥견(최근 유럽에서 형성된 견종), 마운틴(대형견 및 일부 스패니얼 견종)견종으로 나누었다.

	가장 발달	미발달
침착함(Boldness)	마스티프/테리어	고대 견종
사회성(Sociability)	목양견/시각하운드	고대 견종
조용함(Calmness)	고대 견종	마운틴/사냥/목양견/시각하운드
훈련가능성	목양견/시각하운드	고대 견종

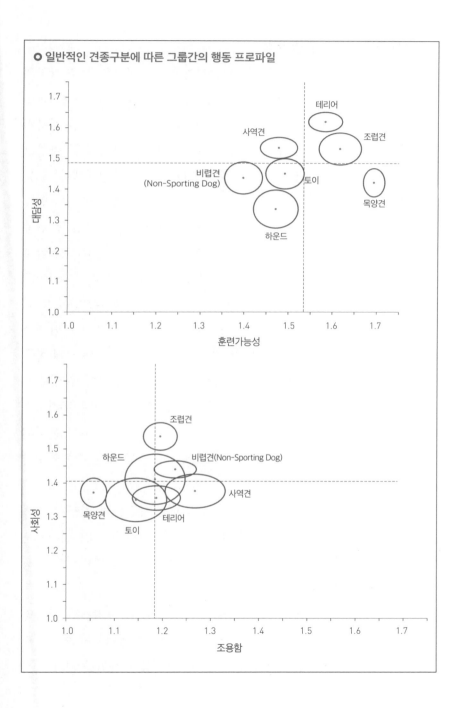

○ 일반적인 견종구분에 따른 그룹간의 행동 프로파일

C-BARQ를 기준으로 한 분석

현재까지 발표된 자료를 좀 더 자세히 견종별로 연구한 것은 미국의 제임스 서펠 교수이다. 그는, C-BARQ(Canine Behavioral Assessment and Research Questionnaire)라는 개의 행동 평가 및 연구를 위한 질문지를 개발하여 지금까지 수만 명의 개의 주인들이 작성한 결과를 바탕으로 견종별, 나이별, 성별로 개들의 성격에 대한 연구를 진행했다. 그동안의 연구 결과를 집대성한 내용이 2014년 발표된《가축화된 개의 인지와 행동(Domestic Dog Cognition and Behavior)》이라는 책의 제2장 '견종과 그들의 행동'[87]에 자세하게 분석되어 있다. 개의 견종별 특징을 알고 싶은 분들은 이 논문이 연구자들의 논문 교환 사이트인 리서치게이트(Researchgate)에 공개[88]되어 있으므로 찾아서 읽을 것을 권한다.

C-BARQ는 100여가지 질문에 대해서 0~4까지의 5단계로 답변을 한다. 질문에 대한 답변은 C-BARQ가 개발되는 시점에서는 11개 항목이었지만, 이후 에너지(Energy)와 경쟁심(Dog Rivalry) 항목이 추가되고, 개를 향한 공격성, 두려움은 개를 향한 공격성 및 개를 향한 두려움으로 분리되는 등 세분화되어 최종적으로 14가지 항목에 대해서 분석되었다. 훈련가능성을 제외하고는 다른 모든 항목에서 높은 수치일수록 좋지 않은 특징이다.

C-BARQ를 중심으로 개의 성격을 분석하는 사람들의 연구 결과를 종합하면 견종 간에 몇 가지 특징이 나타나며, 이것은 어떤 의미로는 개를 다루는 사람들 사이에서는 이미 잘 알려진 사실을 과학적으로 확인했다는 것에 의의가 있다.

최근 제임스 서펠의 연구보다는 적은 규모이지만, 사역견과 비사역견과의 차이를 조사한 연구가 스위스에서 발표[89]되었다. 연구에 따르면, 사역견과 비사역견, 그리고 성별, 나이별로 성격 차이가 있다는 것을 보였다. 예를 들어 사역견들은 비사역견들보다 약 10% 정도 훈련이 더 잘되며 30% 정도 사람과 놀기를 좋아하고 10~60% 정도 두려움이 적었다. 또한 두려움이 많으면 공격적이 되고, 좀 더 사회적인 개들은 두려움이 적고 덜 공격적이었다. 뿐만 아니라 사람과 놀기를 좋아하면 더 쉽게 훈련이 되는 것도 확인할 수 있었다.

이 연구팀의 연구에 포함된 사역견은 말리누아(말리노이즈라고 잘못 불리는 견종), 독일 셰퍼드, 오시(호주 셰퍼드), 브리아드, 도베르만, 호바워트, 복서, 로트와일러, 켈피, 터뷰렌, 슈나우져였으며 비사역견은 골든, 톨러, 암스텟(아메리칸 스탯포드셔 테리어), 잭 러셀, 버니즈 마운틴독, 세틀랜드 쉽독, 라고토, 로디시안, 치와와였다. 이들 견종은 한국에서 키우는 견종과는 좀 다르므로 구체적인 자료를 직접 확인하고 비교할 필요가 있다.

자료를 보면 개들은, 다른 개에 대한 흥미를 가지는 성형과 낯선 사람에 대한 흥미를 가지는 경향이 서로 크게 다르지 않으며, 사람(낯선 사람 포함)과 같이 놀이를 좋아하는 경향은 비사역견과 사역견의 경우 약간 차이가 난다.

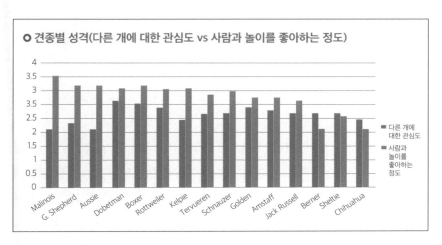

예를 들어 말리누아 독일 셰퍼드는 다른 개에게 그렇게 관심도는 낮지만, 사람과 놀기는 매우 좋아한다. 특히 낯선 사람과도 놀기를 좋아하기 때문에 주인이 자주 바뀌는 경찰견이나 군견으로 활약하고 있다. 특히 최근에는 말리누아가 〈존윅〉과 같은 영화에서도 출연하여 훌륭한 능력을 잘 보여주고 있으며, 트럼프의 아부 바크르 알바그다디 사살 작전에 대테러 특수부대와 함께 투입되기도 했다.[90]

참고로 말리누아는 벨기에 셰퍼드(벨지안 세포트)의 한 종류이며, 다른 벨기에 셰퍼드와는 달리 군견으로 맹활약하고 있다.

● 공격성

초기에는 모르는 사람에 대한 공격성, 주인에 대한 공격성, 다른 개에 대한 공격성 3가지로 구분했으나, 후에 다른 개와의 경쟁성(Rivalry)이 추가 되었다. 이는 같은 집에 사는 잘 알고 있는 다른 개에 대한 공격성을 의미한다.

다른 사람에 대한 공격성은 주로 소형견이나 토이 견종인 치와와, 스탠다드 미니어처 닥스훈트, 말티즈, 미니어처 슈나우저, 토이 푸들 및 요크셔 테리어에서 두드러지게 나타났다. 경비견인 도베르만 및 독일 셰퍼트 그리고 오스트레일리안 셰퍼트도 모르는 사람에 대한 공격성이 강한 편이다. 하지만 불독, 카발리에 킹 찰스 스파니엘, 골든 리트리버, 라브라도 리트리버, 퍼그와 시베리안 허스키는 모두 공격성이 낮게 평가되었다.

이러한 경향은 개에 대한 공격성에서도 유사하게 평가되었다. 잉글리시 스프링거 스파니엘과 프렌치 불독이 공격성이 높아졌다. 주인에 대한 공격성이나 다른 개에 대한 경쟁심의 패턴은 다른 공격성과 큰 차이가 없으나, 말티즈는 주인에 대한 공격성이 매우 높은 것으로 나타났다.

● 걱정과 두려움

모르는 사람에 대한 두려움(4가지 질문), 잘 알지 못하는 개에 대한 두려움(4가지 질문), 비사회적인 두려움(예를 들어, 큰 소리, 혹은 새로운 물체 등, 6가지 질문), 분리 관련된 행동(걱정-8가지 질문) 및 접촉에 대한 민감도(Touch Sensitivity)로 구성되었다. 접촉에 대한 민감도 역시 두려움으로 분류할 수 있기 때문이다. 같은 견종계열이라고 해도 소형견의 경우 걱정과 두려움이 더 심한 것으로 확인되었으나, 특이하게도 단두종인 보스턴 테리어, 불독, 프렌치 불독 및 퍼그는 다른 동물에 비해서 두려움을 별로 느끼지 않는 것으로 나타났다.

● 애착 및 관심추구

사람에 대해서 애착을 보이는 개들은 주인이 다른 개들에게 관심을 보이면 흥분하는 경향이 있다. 많은 개들은 주인의 관심을 받기 위해서 노력한다. 서로 견종간의 특징은 통계학적으로는 명백하지만, 사실상 차이는 크지 않으며, 유일하게 시베리안 허스키만이 큰 차이를 보인다. 일반적으로 시베리안 허스키는 혼자 있기 좋아한다고 알려져 있다. 큰 차이는 아니지만, 애착성향이 강한 개들은 공격성을 보이는 견종과 같은 것들이었다. 이는 애착이나 관심을 추구하는 행동이 일부는 두려움이나 걱정 때문에 유발되는 것을 나타낸다.

● 포식행동을 위한 추적 본능

C-BARQ 질문지에서는 추적본능을 확인할 수 있는 질문이 4가지 포함되어 있다. 추적본능이라는 것은 개가 고양이, 새, 다람쥐 등의 작은 동물을 보면 이를 잡기 위해서 추적하는 경향을 의미한다. 저먼숏헤어드 포인터, 미니어쳐 슈나우저, 시베리안 허스키가 상대적으로 추적

본능이 강하다. 이들은 다른 공통점은 별로 없지만, 전통적으로 사냥과 쥐와 같은 위해동물을 사냥하고 사냥본능이 뛰어난 것으로 유명했다. 사냥본능이 약한 견종의 일부는 해부학적으로도 사냥하기에 적합하지 않은 견종도 포함되어 있다.

● 흥분 가능성

C-BARQ에는 흥분 가능성을 확인할 수 있는 6가지 질문이 포함되어 있다. 흥분 가능성이라는 것은 산책하기 위해서 밖으로 나가려 할 때, 자동차를 타려고 할 때, 현관의 벨이 울릴 때, 손님이 찾아올 때, 혹은 주인이 나갔다가 돌아올 때, 지나치게 흥분하는 것을 말한다. 이러한 견종들은 한번 흥분하면 다시 흥분을 가라앉히기가 쉽지 않다.

흥분 가능성 자체는 각 견종마다 차이가 있기는 하지만 큰 차이는 없었다. 가장 낮은 수치를 받은 불독, 잉글리시 마스티프와 시베리안 허스키는 흥분하는 경향이 낮은 것으로 일반적으로 잘 알려져 있다. 그 외 높은 수치를 보이는 견종들은 공격성, 두려움, 애착 및 관심추구 수치도 일반적으로 높았다.

● 에너지

일반적으로 활력 수준은 개들마다 큰 차이를 보이지 않지만, 오스트레일리안 셰퍼드, 복서, 도베르만 핀셔, 저먼 숏헤어드 포인터 및 말티즈는 활력 부분에서 높은 점수를 얻었다. 반면에 불독, 그레이트데인 및 잉글리시 마스티프는 상대적으로 낮은 점수를 얻었다. 높은 점수를 얻은 견종 중 말티즈를 제외하면 모두 사역견이다. 아마도 활력이 높아서 사역견으로 선택되었을 가능성이 높다. 반대로 잉글리시 불독은 다양한 병을 앓는 것으로 알려져 있는데 이것은 아마 활력이 부족해서 운동량이 부족했기 때문일 수도 있다. 그레이트데인과 잉글리시 마스티프는 너무 덩치가 커서 움직임이 둔한 것으로 보인다.

● 훈련가능성

C-BARQ는 수치 중에서 유일하게 높을수록 좋은 수치이며 8가지 질문으로 이루어져 있다. 훈련가능성이 높은 개는 주인의 행위에 관심을 보이고 기본 명령을 잘 따르며, 주변에 정신을 팔지 않고 행동수정에 대해서 긍정적으로 반응하는 개들이다. 수치가 높으면 장난감이나 물체를 던지면 잘 물고 돌아온다.

훈련가능성은 견종마다 큰 차이를 보인다. 오스트레일리안 셰퍼드, 도베르만 핀셔, 잉글리시 스프링거 스파니엘, 골든 리트리버, 라브라도 리트리버, 스탠다드 푸들, 로트 와일러 및 셔틀랜드 쉽독은 상대적으로 잘 훈련되는 것으로 알려져 있다. 반면에 비글, 닥스훈트, 퍼그 및 요크셔 테리어는 훈련이 잘 되지 않는다. 일반적으로 하운드, 토이, 테리어 및 논스포팅 그룹의 견종들은 평균 이하의 점수를 얻었고, 반면에 조렵견(스포츠독)과 가축몰이견은 평균 이상의 점수를 얻었다. 다른 사역견들은 일정한 경향을 보이지 않았으며 로트와일러는 높은 점수를 얻은 반면 시베리안 허스키는 낮은 점수를 얻었다.

하트의 견종 성격분석

그러나 이외에도 C-BARQ가 사용되기 이전부터 개에 대한 전문가의 의견을 바탕으로 하트(Hart)가 분류한 자료가 있다. 이 방식은 여러 종의 개를 각 항목별로 1에서 10까지의 척도로 구분한 것이며, 절대적인 값이 아니라 상대적인 수치이다. 그 결과의 일부는 다음과 같다.

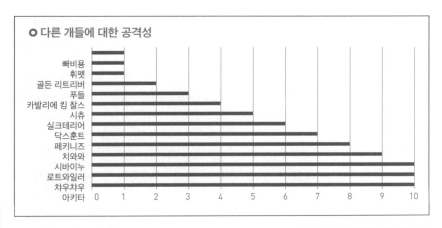

O 다른 개들에 대한 공격성

- 빠비용
- 휘펫
- 골든 리트리버
- 푸들
- 카발리에 킹 찰스
- 시츄
- 실크테리어
- 닥스훈트
- 페키니즈
- 치와와
- 시바이누
- 로트와일러
- 차우차우
- 아키타

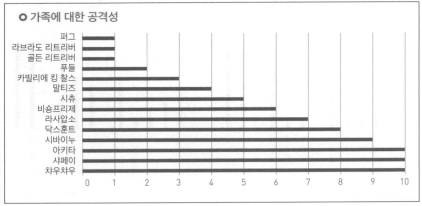

O 가족에 대한 공격성

- 퍼그
- 라브라도 리트리버
- 골든 리트리버
- 푸들
- 카빌리에 킹 찰스
- 말티즈
- 시츄
- 비숑프리제
- 라사압소
- 닥스훈트
- 시바이누
- 아키타
- 샤페이
- 차우차우

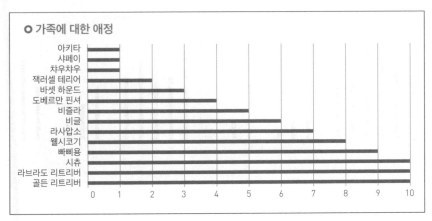

O 가족에 대한 애정

- 아키타
- 샤페이
- 차우차우
- 잭러셀 테리어
- 바셋 하운드
- 도베르만 핀셔
- 비즐라
- 비글
- 라사압소
- 웰시코기
- 빠삐용
- 시츄
- 라브라도 리트리버
- 골든 리트리버

위의 챠트를 보면 대략 개의 특징에 따라서 개의 성격이 다름을 알수 있다. 예를 들어 챠우챠우는 주로 경비견으로 사용되었기 때문에 상당히 공격성이 남아있고, 골든리트리버는 사냥개로서 사냥감을 회수하는 목적으로 사용되었기 때문에 공격성이 매우 낮고 사람에 대한 애정이 강하다.

개의 특성에 대한 자료는 하트의 책에 자세히 언급되어 있다. 참고로 하트는 각 견종을 대표하는 개들을 이용해서 다음과 같이 비교하기도 했다.

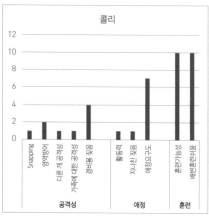

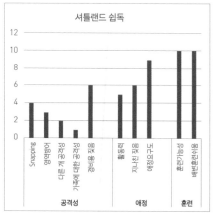

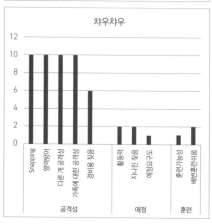

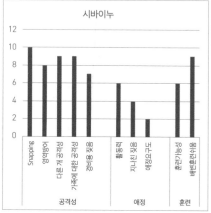

하트에 의하면 개들의 암컷과 수컷의 차이는 아래와 같다.

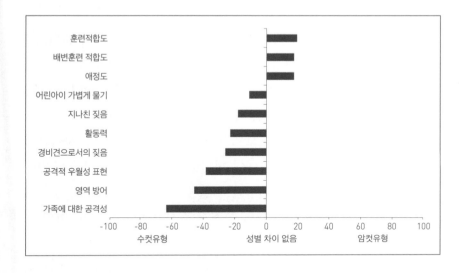

일반적으로 암컷이 훈련이나 애정도가 수컷보다 높으며 공격성은 수컷이 강한 편이다. 위의 자료는 전문가들의 의견을 종합한 것이므로 수치는 절대적인 값을 의미하는 것은 아니다.

공격성에 대한 미신

최근 들어 국내에서도 개에 의한 교상(물림)사고가 발생하면서 공격성에 대한 관심이 높아졌다. 공격성 자체에 대해서 여러 가지 복잡한 문제가 있지만, 여기서는 일단 공격성에 대한 일반인의 잘못된 인식에 대해서만 다루어 보겠다.

일반인들이 가지고 있는 개의 전형적인 특징은 사실은 존재하는 것이 아니라 자기실현적 예언이라고 할 수 있다. 일반적으로 개들 중에서 교상 사고를 가장 많이 일으키는 개는 핏불로 알려져 있다. 핏불은 사람에 따라서 3견종 혹은 5마리의 견종을 합쳐서 말하는 것으로 주로 아메리칸 스태포드셔 테리어, 스탯포트셔 불테리어 및 아메리칸 핏불 테리어를 말하는 것이다. 이들의 유전자는 불독과 큰 차이가 없다. 불독이 불베이팅에 사용되었기 때문에 공격성이 드러날 수 있다.

뿐만 아니라 많은 보고서에서 핏불이 사고를 많이 일으킨다고 알려져 있다. 하지만 이러한 자료에는 문제가 있을 수가 있다.

2009년 연구 결과에 의하면 보호소 직원들은 경험이 많은 사람들이라고 해도 견종을 구분하는 능력이 형편없다는 것을 알 수 있다. 병원에서 교상 사고를 치료하는 사람들도 견종을 구분하는 능력이 떨어지기 때문에 사고를 일으키는 개의 유전자 검사를 맡기는 것이 아니라, 핏불을 닮았다면 핏불이라고 기록하는 경향이 있다.

사람들은 이 뿐만 아니라 핏불이 몸에 걸치고 있는 액세서리 때문에 더 무서워하는 경향이 있다. 핏불을 좋아하는 사람들은 가시가 돋친

것처럼 보이는 악세사리를 좋아하는 경향이 있다. 이러한 문제를 개선하기 위하여 최근에는 핏불에게 핑크 옷을 입히거나, 핑크색 리본이나 꽃 등으로 장식하는 경우가 있다.[91]

핏불의 공격상 자체는 다른 개에 비해서는 매우 낮은 편이다.

그러나, 그렇다고 해서 핏불의 공격성을 무시해서는 안 된다. 비록 공격성은 약한 편이지만, 말티스가 공격하는 것에 비하여 매우 강한 충격을 가할 수가 있으므로 견주들은 이를 조심해야 한다. 핏불이 공격성이 강하지 않다는 것은 유사한 크기의 견종에 비해서 큰 문제가 아니라는 것이지, 공격했을 때 피해가 적다는 의미는 아니다.

보더 콜리가 가장 지적인 강아지?

어떠한 견종이 가장 똑똑한가에 대한 연구가 거의 없기 때문에 특별히 어떤 견종이 더 우수한 능력을 갖췄다고 판단하기는 어렵다. 일반적으로 보더 콜리가 사람의 제스쳐에 더 민감한 것은 사실이지만, 그 원인이 지적인 능력뿐 아니라 다른 이유일 수도 있다.

윌리엄 홀튼(William Holton)은 개의 두상에 따라서 시각능력이 다를 수 있다고 지적했다. 개들은 크게 그레이하운드와 같은 장두종(그레이하운드), 중두종(보더콜리), 단두종(스태포드셔 불테리어)와 같은 견종이 있다. 그레이하운드와 같은 견종은 초점을 맞추는 능력이 다른 견종에 비해서 떨어진다. 반면에 단두종은 양 눈으로 볼 수 있는 공간이 넓기 때문에 시각이 매우 발달했다. 홀튼은 큰 견종의 경우 눈과 눈 사이의 거리가 멀리 떨어져 있어서 시각이 우수하다고 주장했다. 그러므로 목양견의 시각능력이 다른 개보다 우수할 가능성이 높고 이러한 이유 때문에 태어나면서부터 사람의 제스처에 더욱 관심을 두게 되었을 가능성이 높다.

일반적으로 개를 이용한 어질리트 테스트에서 흔히 보더 콜리, 세퍼트 등이 주로 우승하기 때문에 이들 견종이 머리가 좋다고 생각한다. 하지만, 어질리티 테스트는 크게 정확성과 속도로 점수를 매기며, 큰 개들이 스피드 면에서 우수하기 때문에 위의 견종이 높은 점수를 받는다. 정확성 측면에서는 거의 모든 견종이 비슷한 점수를 받는다는 것을 알 수 있으며, 우승한 개의 견주들이 더 오랫동안 훈련을 시켰음을 알 수 있다. 그러므로 보더 콜리나 셰퍼트가 치와와보다 더 머리가 좋다는 것은 아직 사실이라고 하기 어렵다. 오히려 대부분의 견종이 비슷한 지적 능력을 갖춘다고 생각하는 것이 합리적일 것이다.

일반적으로 어질리티 테스트에서 우승하는 개들은 다리가 짧은 닥스훈트와 같은 개들이 아니며, 얼굴이 좁은 그레이하운드와 같은 개들도 아니고, 마스티프와 같은 체구가 큰 개도 아니고, 중간 크기의 전형적인 개의 모습을 한 견종이다.

21장

교정 및 훈련의 기본
이론의 발달 과정

"아이가 무슨 일을 하던 관계없이 칭찬을 하는 것은, 쥐들이 무슨 짓을 하든 관계없이 수시로 먹이를 던져주는 거나 다름없다. - 스키너"

최근 우리나라에는 애견훈련과 관련된 많은 혼란이 있다. 우선 오래 전부터 알려진 방법인 서열위주의 방법이 잘못된 것으로 알려진 이후, 일부는 지나칠 정도로 인간화시켜서 개를 바라보는 관점이 심각해진 것이다.

또한 개를 마치 아기처럼 생각하는 경향이 있어서 잘못을 해도 웃으면서 넘기는 경우가 있다. 이러한 방식은 개들에게 혼란을 느끼게 하고, 개들이 인간생활에 적응하는데 오히려 큰 문제가 되고 있다. 흔히 아이를 어느 정도 시간이 지나고 나면 유치원에 보내서 교육하듯이 반려동물에게도 정확한 메시지를 보내야만 주인을 신뢰하게 된다.

애견 훈련이론의 역사
● 고전적인 훈련법의 발달

개의 훈련과 관련되어 가장 큰 문제점은 개가 늑대와 같은 본능을 가졌고, 늑대는 서열을 중요하게 생각한다는 2가지 잘못된 가정이다. 이

가정은 이미 오래전부터 부정되었지만, 아직도 인터넷을 비롯한 많은 곳에서 볼 수 있는 이야기이다.

개가 서열을 중요시 한다는 개념은 개의 훈련에 처벌이 효과적이라는 개념과 이어져 있다. 개를 훈련시킬 때 처벌을 해야 한다는 주장은 1910년 콘라드 모스트(Konrad Most)가 쓴 독일어 개 훈련 매뉴얼인 《Training dogs: A manual(독일로 원판의 제목: Abrichtung des Hundes)》로 거슬러 올라갈 수 있다. 이 책은 1954년 영문판으로 번역되었다.[92] 이 책에서 모스트는 사람과 개의 관계는 수직적인 계층구조를 이루고 있을 뿐만 아니라, 이러한 서열은 오직 물리적인 힘, 혹은 항상 개와 싸워서 이겨야만 유지될 수 있다고 주장했다. 개를 다룰 때는 사람이 물리적으로도 항상 우월한 힘을 가지고 있다는 것을 개가 인식하도록 해야 한다는 주장은 모두 여기서 시작된 것이라고 할 수 있다.

그는 1906년부터 군견을 훈련시켰던 사람이라서 이러한 훈련 방법은 지금도 군견 훈련방법에 남아있다. 특히 슈츠훈트의 초기 방법론은 바로 모스트의 이론을 그대로 적용했었다. 이 책은 현재 도그와이즈출판사에서 역사적인 가치를 인정받고 판매되고 있다.[93] 현대의 관점에서는 많은 오류가 있으므로 책을 사서 볼 이유는 없으나, 내용이 그 뒤로도 많은 영향을 주었다. 이 훈련서가 스키너의 행동주의보다 이전에 나왔다는 점에서 매우 중요하며 그 뒤를 이어 나오는 군견 훈련에 큰 영향을 주었다. 한국전쟁 이후 군견 훈련도 아마도 이 책의 내용을 기반으로 했을 것으로 생각되며, 이러한 군견 훈련법이 우리나라 애견 훈련의 기초가 되었다. 현재는 이러한 군견 훈련법이 문제가 있다는 것이 잘 알려지고 있지만, 몇 년 전만 해도 이러한 훈련법에 관한 내용이 인터넷을 통해서 찾아볼 수 있다.

한편 1918년 프랑스의 로렌 지역을 공습할 때, 당시 파괴된 독일의 켄넬에서 리 던컨(Lee Duncan)이라는 사람이 셰퍼트 강아지를 발견하였는데 이 개를 린틴틴(Rin Tin Tin)이라고 이름을 붙였다. 참고로 틴틴은 미국식 발음이고 프랑스에서는 "땡땡"이라고 부른다. 당시 독일군 포로가 이 개를 훈련시키는 방법을 알려줌으로 해서 개의 훈련법이 미국으로 알려지게 되었다. 후에 이 린틴틴이라는 개는 26편의 영화에 출연했고 1932년에 사망했다.

또한 미국에서는 모스트의 제자였던 칼 스피츠가 할리우드 독 트레이닝 스쿨을 설립하였으며, 이차대전 중에는 군견의 훈련에 관여했다. 특히 칼 스피츠는 오즈의 마법사의 토토의 훈련사였다.

조셉 웨버(Josef Weber) 역시 콘라드 모스트의 이론을 미국에 소개했으며, 그는 베를린 경찰견 훈련소의 교관이었다. 그는 뉴저지에 애견 훈련센터를 설립했고, 헬렌 화이트하우스 워커와 함께 복종훈련을 도그쇼에 도입한 사람이다.

헨리 이스트와 그의 아내 게일 헨리 이스트도 자신의 켄넬을 가지고 있었다. 그는 영화에도 출연한 스키피라는 개를 데리고 있었다. 이때 스키피를 훈련시킨 사람이 유명한 러드 웨더왁스(Rudd Weatherwax)였다. 후에 러드 웨더왁스는 래시의 훈련사로 유명해졌다. 우리나라에서는 린틴틴은 잘 알려지지 않았지만, 래시는 방영이 되었기 때문에 매우 유명했다. 후에 그의 저서에 의하면, 그는 처벌을 주로 사용한 칼 스피츠와는 달리 간식을 이용한 보상을 통한 긍정강화 훈련을 사용했다.[94] 많은 사람들은 1938년 출간된 스피츠의 저서 《Training Your Dog》와 1950년 웨더왁스와 로스웰에 의해 출간된 책 《래시 이야기: 그의 발견 그리고 강아지시절의 훈련부터 스타덤까지의 훈련》[95]을 비교하여 이 시기에 개의 훈련에 많은 변화가 있음을 지적한다.[96]

웨더왁스의 보상방법이 소개되기는 했지만, 많은 사람들은 모스트가 제안한 방식대로 훈련을 시켰다. 이러한 군견 훈련 방식이 유행을 하게 되고 1962년 윌리엄 퀼러(Willian Koehler)의 《퀼러의 개 훈련 방법 (The Koehler Method of Dog Traning, 1962)》이라는 책이 널리 퍼지게 된다. 이 책은 개와 사람 간의 관계를 주인과 하인(Master-Servant 혹은 Owner-Slave)의 관계로 설명했다.

아마도 모스트의 책의 뒤를 이어 애견 훈련에 가장 큰 영향을 미친 또 다른 책으로는 뉴스킷 수도사들의 훈련서적일 것이다. 미국에서는 1970년대 뉴스킷 수도원의 개 훈련 방법이 발표되고 30년 이상 널리 알려지게 되면서 매우 심각한 악영향을 미쳤다. 우리나라에서도 이 책은 《뉴스킷 수도원의 강아지 훈련법》 등의 제목으로 번역되었다.

이 책은 당시에 아직도 영향력을 미치고 있는 늑대에 대한 오개념을 근거로 만들어졌다. 일단 이 책이 유명한 것은 사실이지만, 가장 권위 있는 것과는 거리가 멀다. 이들은 개를 이해하기 위해서 늑대의 행동을 먼저 이해해야 한다고 가정하고 있으며, 수도원이라는 이미지와 반대로 이들이 미국 사회에 "알파-늑대"라는 개념을 퍼지게 한 가장 큰 책임을 가지고 있는 사람들이다.[97] 뉴스킷 수도원은 "알파-늑대 롤-오버"라는 용어를 사용해서 개를 이해하려고 했으며, 최근에는 이 용어는 간단히 "알파-롤"이라고 불린다. 그들은 늑대 무리의 알파는 다른 늑대가 잘못하고 이를 처벌한다는 것을 잘못된 주장의 근거로 들었다. 예를 들어 강아지가 잘못된 행동을 하면 목덜미를 잡아들고 거칠게 흔든다. 이러한 훈련법은 매우 거칠기 때문에 과학적인 훈련을 추구하는 많은 훈련사들에게서 비난을 받았다. 2015년 8월 우리나라에 이 책이 번역되어 지금까지 팔리고 있다는 것은 우리나라의 반려견 관련된 지식이 최근 과학적인 연구 결과를 반영하지 않음을 보여준다고 할 수 있다.

1980년대가 되면 스키너의 행동주의 심리학에 근거한 애견 훈련서적이 등장하기 시작한다. 그전까지의 훈련법이 주로 경찰견이나 군견을 훈련한 사람들의 경험을 바탕으로 하거나, 뉴스킷 수도사의 잘못된 가정에 근거를 했지만, 드디어 처음으로 과학적으로 합리적인 근거를 가진 훈련법이 탄생하게 된다. 1982년 이안 던바는 스키너의 행동주의 심리학을 바탕으로 루어-보상 훈련을 이용하여 개를 훈련하는 방법을 제시하였다. 1984년에는 카렌 프라이어가 그녀의 명저 《개를 쏘지 마세요(Don't shoot the Dog)》를 출간하여 강압적인 개 훈련법을 비판했다. 이들은 1950년대 이후에 발전한 행동주의 심리학의 기본 원칙에 근거하였다고 주장하지만, 뒤돌아 생각해보면 처벌을 배제한 것으로 봐서는 오히려 인지심리학에 관심을 가지고 있었던 것으로 생각된다.

그러나 이러한 훈련법이 바로 전세계로 퍼진 것은 아니었다. 1980년대 이후로 뉴에이지 운동이 활발해지고, 포스트모더니즘이라는 퇴행적인 철학이 사회에 퍼지면서 오히려 과학적인 발견을 무시하고, 직관을 중시하는 방법들이 널리 유행하게 되었다. 뉴스킷의 수도사들의 책들은 바로 이러한 관점에서 시대의 흐름과 맞았기 때문에 오히려 널리 퍼지게 되었던 것이다.

행동주의 심리학에 따르면 훈련시 처벌을 하지 말아야 할 이유가 없다. 즉 처벌도 중요한 훈련 방법이기 때문이다. 이러한 처벌이 훈련으로서 문제가 된다는 것이 밝혀지게 된 것은 행동주의 심리학의 많은 문제점이 있음을 드러내고 나타난 인지심리학 때문이다.

대니얼 카너만[98]과 같은 사람들은 일찍부터 처벌이 훈련에 도움이 되지 않는다는 것을 알고 있었을 뿐만 아니라, 처벌이 효과가 있다고 사람들이 믿는 이유가 평균회귀의 법칙을 무시하기 때문이라고 밝혔다. 그러므로 조작적 조건화가 비록 행동주의 심리학의 주요 도구이고 반려동물 훈련의 가장 중요한 이론임에도 불구하고 처벌이 아닌 긍정강화 훈련이 오늘날 개의 훈련법에 영향을 미친 것은 아마도 인지심리학적인 발견이라고 할 수 있다.

● 긍정강화를 중요시한 훈련사들

초기에 긍정적 강화가 훈련효과가 더 탁월하다는 것을 연구한 사람들은 앞에서도 언급한 이안 던바(Ian Dunbar), 카렌 프라이어(Karen Pryor), 진 도널드슨(Jean Donaldson), 소피아 인(Sophia Yin) 패트리샤 맥코넬(Patricia McConnell) 등이 있다. 최근에는 빅토리아 스틸웰(Victoria Stilwell) 등이 대표적이라고 할 수 있다. 이들은 모두 1990년대에 인지심리학적 발견을 개에 대한 훈련을 적용시켰다고 할 수 있다. 이 중 이안 던바는 애견훈련 강의를 위해서 국내에도 자주 방문하고 강의를 한 적이 있다.

하지만 현재에도 모든 학자들이 처벌이 없는 훈련법이 효과적이라고 생각하는 것은 아니며 적절한 처벌은 교육에 도움이 된다고 믿는 사람도 있다. 하지만 처벌을 찬성하는 사람도 동물행동에 대하여 오랜 경험을 가진 전문가가 아니라면 처벌을 이용한 훈련은 삼가는 것이 바람직하다고 권고한다.

진 도널드슨   이안 던바   카렌 프라이어   소피아 인   패트리샤 맥코넬

최근에는 BAT(Behavior Adjustment Training)이나, PRT(Progressive Reinforcement Training)와 같은 새로운 훈련법이 출현하고 있으며 이것은 지금까지의 행동주의 훈련법만으로 충분하지 않은 점을 보완하고 있다.

이외에도 헝가리의 아담 미크로시 동물행동학 팀에서는 DAID(DO as I DO)라는 훈련법을 개발하기도 했다. 이 방법은 주인이 먼저 시범을 보이고, 그 시범을 개가 따라하는 것이다. 이 방법이 흥미롭기는 하지만, 아직은 훈련법이 완전히 체계가 잡혀 기존의 훈련법을 대체하기에는 무리라고 생각되기 때문에, 기존의 훈련법을 더 풍부하게 해주는 하나의 방법으로 간주된다.

하지만 최근에는 반대의 경향도 문제가 되고 있다. 즉, 개를 지나칠 정도로 의인화해서 개를 마치 아기처럼 다루고 있는 것이다. 이러한 행동은 긍정강화를 하기는 하지만, 오히려 아무 때나 먹이를 주는 것과 같은 효과를 나타내기도 한다. 그러므로 애견교육에 있어서 가장 중요한 것은 지나치게 감성적인 것이 아니라, 명료한 것과 즐거움을 추구하는 것이다.

● 행동주의 심리학에는 문제는 없는가?

현대의 개를 훈련하는 방법의 기본적인 이론이 행동주의 심리학에서 온 것은 맞지만, 실제로 현재의 훈련법은 인지심리학이 발전하고 나서 부정적인 훈련방법이 안 좋다는 것이 알려진 것이기 때문에 현재의 애견훈련법이 완전히 행동주의 심리학만의 업적이라고 하기는 어렵다.

행동주의 심리학의 가장 큰 문제점은 동기를 부여하기 위해서 일단 결핍시켜야 한다는 것이다. 즉 개를 훈련시키기 위해서는 일단 굶겨야 한다. 마우스를 훈련시키기 위해서 역시 먹이양을 줄였기 때문에 실험에 사용한 마우스의 체중은 항상 정상보다 낮았다. 이것은 동물에게는 그나마 문제가 되지 않았지만, 사람에게는 심각한 윤리적인 문제를 야기했으며 최종적으로 동물에서도 그다지 권장할 만한 일이 아니다.

그 외에도 행동주의 심리학에서는 해결하기 어려운 2가지 문제점이 있다.

첫 번째는 보상의 문제이다. 행동주의 심리학에서는 보상은 좋으면 좋을수록 좋다. 하지만 이것은 과잉 정당화 효과를 일으킬 수 있다. 과잉 정당화 효과라는 것은 예를 들어 두 그룹의 아이들 중 한 그룹은 책을 한 권 읽을 때마다 돈이나 선물을 주고 또 한 그룹의 아이들에게는 책을 읽더라도 아무런 보상이 없을 때 실험이 끝나고 책이 가득한 공간에 있으면서도 보상을 받던 아이들은 더 이상 책을 읽지 않고 방관하는 현상이 벌어지는 효과를 말한다. 반대로 아무런 보상을 받지 않던 아이들은 계속 즐겁게 책을 읽는다. 이 경우처럼 외적인 보상을 받으면 내적인 욕구가 줄어드는 현상을 과잉 정당화 효과라 부른다.

개들에게 좋은 간식으로 보상을 해서 훈련할 경우, 이보다 낮은 가치의 보상물을 가지고 훈련하면 급격히 관심이 낮아지는 것을 알 수 있다.

두 번째는 훈련의 시간에 관한 문제이다. 행동주의 심리학에서는 훈련은 시행착오를 거쳐서 강화되므로 하면 할수록 좋은 것이다. 그러나, 한 연구에서 개에게 바스켓에 들어가 "기다려!(개에게 움직이지 말라고 하는 명령)"라는 명령을 가르치는 데 있어서 매일 3세션씩 가르치는 것과 일주일에 한 번 1세션 가르치는 것의 효과를 비교했는데, 놀랍게도 일주일에 한 번 한 세션만 훈련하는 것이 오히려 효과가 좋았다. 가장 효과가 나빴던 것이 반복적으로 지속해서 훈련하는 것이었다.

왜 이러한 일이 발생했을까? 이러한 반성에서부터 새로운 훈련법이 나왔다. 바로 저자 자신은 유대관계 기반의 훈련이라고 부르는 훈련법으로 심리학적으로 본다면 행동주의 다음에 발달한 인지심리학을 기초로 하고 있다.

● 유대관계 기반의 훈련

훈련에 처벌이 사라졌다는 것은 중요한 발전이고, 인지심리학적인 발견이 애견 훈련사들에게 잘 알려졌지만, 이것을 각 개인의 훈련 과정에서 개인적인 체험으로 강조가 되었지 클리커 훈련을 제외한다면 구체적인 훈련법으로 체계화되었다고 보기는 어려웠다. 사실 클리커 훈련은 개에게 도움이 된다기보다는 훈련하는 사람에게 도움이 되는 것이다.

하지만 최근에 유대관계 기반의 훈련이 알려지게 되었는데, 이는 제니퍼 아놀드라는 미국 훈련사의 노력이 크게 작용했다. 그녀는 행동주의 심리학의 문제점을 알게 되었고, 기존의 훈련법이 문제가 있다는 것을 깨달았다.

그녀는 설사 보상기반의 긍정 강화 훈련을 하더라도 그 훈련으로 복종 훈련 시 우수한 결과를 보이는 개들이 막상 서비스견으로 성장하는 데 있어서 성적이 나쁘다는 것을 알게 되었고 유대관계 기반의 훈련법으로 대체하면서 우수한 결과를 얻게 되었다.

그녀의 훈련법은 기본 개념 자체는 기존의 훈련법과는 매우 다르다. 기존의 훈련법은 처벌과 부정적인 강화를 줄인다고 해도, 결과적으로는 명령어나 신호(이를 Cue라고 한다)를 보내면 개가 이에 따르는 방식이다. 좋게 말하면 개들을 항상 주인이 돌봐주어야 하는 상황으로 만들지만, 반대로 생각하면 개들은 주인의 명령이 없으면 무엇을 해야 할지 모르는 불안 상태에 빠지기도 한다.

이 문제는 매우 심각해서 훈련소에 개를 맡기고 난 이후에 개가 훈련소에서는 제대로 행동하지만 집에서는 어느 정도 시간이 지나면 다시 원래대로 돌아가는 일이 반복되기도 한다. 이는 개가 스스로 행동하는 법을 익히지 못했기 때문이다.

유대관계 기반의 훈련은 단순히 명령을 하고 개가 따르는 것이 아니라, 개에게 무엇을 해야 할지를 깨닫게 하고 이것을 습관화시키는 것이다. 그러므로 이러한 훈련은 개에 대한 인지심리학적인 지식을 기반으로 하고 있으며, 개의 자발적인 행동 변화를 요구한다. 제니퍼 아놀드는 서비스 독을 훈련시키기 때문에 일반적인 가정견의 훈련보다는 매우 고난이도의 훈련이라고 할 수 있다.

이에 반해서 국내의 방송에서 보이는 개의 훈련은 대부분 가정견 수준이므로 종종 틀린 이야기도 많으며, 일부 훈련사의 경우는 지나치게 개를 인간화시키는 오류를 범하기도 한다. 또한 일부 행동교정을 하는 프로그램은 의도적이지는 않지만, 개의 주인을 지나치게 불편하게 하는 것 역시 바람직하지 않다고 할 수 있다. 그들이 제시한 방법은 동물 행동 교정의 기본에 속하지만, 방송 역시 훈련사나 수의사가 친절하게 설명하도록 하지 않고 오히려 마치 신을 받드는 것처럼 편집하는 것은 바람직하지는 않는 것이다.

국내의 방송에는 최고 수준의 훈련 전문가가 거의 없지만, 유튜브에는 '멍멍이 삼촌 Dog TV 채널'을 운영하는 박병준 씨가 가장 개와의 교감능력이 뛰어난 훈련사라고 할 수 있다. 그는 일반개가 아니라 사냥개를 훈련했기 때문에 개의 상태와 감정에 매우 예민하다. 그의 채널에서 다루는 내용 중 동물 행동에 대한 내용은 비록 일부는 오류가 있을 수가 있지만, 낮은 조회수에 비해서는 개에 대한 가장 정확한 훈련법을 제시한다고 할 수 있다.

그 외 이 책을 쓰는 데 많은 도움을 준 삼성 에버랜드에서 애견훈련을 담당했던 김영규 훈련사의 경우도 영국왕립 West Midlands Police Dog Training Center에서 선진 애견훈련법을 배워왔고 국내 많은 훈련사에게 이를 전파한 바가 있다. 그도 리더쉽과 유대관계가 훈련에 매우 중요하다는 것을 지적하고 있다.

이와 같이 국내의 우수한 훈련사들이 이론적으로는 행동주의 심리학을 따르는 것 같지만, 경험적으로는 유대관계 기반의 훈련을 하고 있음을 알 수 있으며, 이것을 표현하기 어렵기 때문에 자신의 노하우로 생각하고 있다.

이들 훈련사들은 오랜 교감을 통해서 개들이 어떤 상황에서 어떻게 생각하는지를 거의 정확하게 알 수 있기 때문에 교감을 근거로 훈련이 가능한 것이다.

개의 행동학관련 기초 상식

● 오늘날 개의 서열과 우월성에 대한 잘못된 인식

최근까지도 서열에 대해서 매우 강하게 주장을 하는 사람들이 많은데, 현재 방송에서 이러한 주장을 하는 가장 대표적인 사람이 시저 밀란(Cesar Millan)이라고 할 수 있다.

그는 현재 미국에 살고 있지만 멕시코에서 성장하였다. 서열을 중요시 하는 이유는 그의 주장에 의하면 사람이 강력하게 통제하는 경우에는 집단에서 개들끼리 싸움이 없지만, 사람이 통제하지 않는 집단에서는 개들끼리 흔하게 싸우기 때문이라고 한다.

시저 밀란. 프로그램 광고 사진

애견훈련에 처벌이 사용되어서는 안 되는 이유

미국 소동물행동학연구회(AVSAB)에서는 아래와 같은 이유로 애견 훈련에 처벌을 사용하지 말것을 권장하고 있다.[99] 아래의 내용은 번역이 아니라 요약한 것이다.

처벌은 특정한 사례에서는 효과가 있을 수가 있다. 그러나, 긍정강화에 비해서 적절하게 사용하기 위해서는 매우 어렵고 부작용을 야기할 가능성도 있다.

1) 처벌을 적절하게 사용하기가 어렵다. 동물에게 무엇이 잘못인가를 알려주기 위해서는 처벌은 1초 이내 최소한 다른 행동을 하기 전까지 즉시 이루어져야 한다.

2) 처벌은 부적절한 행동을 강화시킬 수가 있다. 처벌을 이용해서 장기적인 변화를 유도하기 위해서는 부적절한 행동을 할 때마다 처벌해야 한다. 만약 동물이 매번 처벌받지 않는다면, 처벌을 받지 않는 경우는 보상을 받은 것이다. 부정기적인 보상은 오히려 행동을 강화시켜 오히려 부적절한 행동이 증가한다. 예측할 수 없는 보상은 긍정강화 훈련에서 사용하는 매우 강한 긍정보상 효과를 나타낸다. 동물들은 결국 언젠가는 보상을 받을 것을 알고 있으며, 다만 언제 보상받을지 모를 뿐이다. 동물들은 보상을 받기 위해서 계속 부적절한 행동을 지속한다.

3) 처벌의 강도는 충분히 강해야 한다. 처벌이 효과가 있기 위해서는 처음부터 충분히 강한 처벌을 해야 한다. 만약 처벌의 강도가 약하다면, 이 처벌에 대해서 습관화(순화)가 되며 더 이상 처벌의 효과가 나타나지 않는다. 그렇게 되면 주인은 처벌이 효과적이기 위해서 강도를 점점 높여야 한다. 처벌을 강하게 할 경우에는 신체적인 상해가 발생할 수 있고, 훈련에 대하여 두려움을 느끼게 될

수 있다.

4) 강한 처벌은 신체적인 피해를 입힐 수가 있다. 많은 처벌이 신체적인 피해를 입힌다. 쵸크체인은 기관(Trachea)에 문제를 일으킬 수 있으며 일부 개들은 호너 증후군(눈으로 가는 신경의 손상)을 일으킬 수 있다. 특히 단두종의 개들은 갑작스럽게 상기도를 막기 때문에 생명을 위협하는 폐수종이 일어날 수 있다. 녹내장에 걸린 개들은 특히 목띠를 당기면서 안압이 올라갈 수 있으므로 매우 주의해야 한다(전문가들은 쵸크체인을 매우 섬세하게 사용하기 때문에 문제가 없을 수가 있다).

5) 처벌의 강도와 관련하여 일부 개들은 극도로 두려움을 느끼게 되고 이 두려움이 다른 상황으로 일반화 된다. 일부 처벌은 신체적인 손상을 주지 않고 심각하지는 않지만, 이러한 처벌은 동물들이 두려움을 느끼게 할 수 있으며, 이러한 두려움은 다른 상황으로 일반화될 수 있다. 예를 들어 시트로넬라 혹은 전기충격용 목띠를 하는 경우 만약 충격이 가해지기 전에 특정한 소리가 난다면 알람시계소리, 연기 검출기, 부엌용 타이머 등에도 두려움을 느낄 수가 있다.

6) 처벌은 공격적인 행동을 유발하거나 조장할 수 있다. 처벌은 많은 종의 동물에서 공격적인 행동을 증가시키는 것으로 보인다. 처벌이 즉각 행동을 억제하지 못한다면, 이 처벌을 피하기 위하여 공격적이 된다. 이미 공격적인 행동을 보인 개들은 이러한 행동이 더욱 강화되고 상처를 입히는 공격행동으로 발전할 수 있다.

7) 처벌은 물기 전의 위협행동(경고동작)도 억제할 수 있다. 효과적으로 사용되면 처벌은 두려움이나 공격적인 행동을 억제할 수 있으나, 그러한 행동을 일으키는 원인과의 연관관계를 끊을 수는 없

다. 그러므로 처벌은 근본 원인을 감출 수가 있다. 예를 들어 만약 동물이 두려움 때문에 공격성을 보인다면 두려움을 멈추게 하기 위해서 강압적인 방법을 사용하면 두려움을 겉으로 드러내지 않으려고 하면서 동시에 두려움이 훨씬 강해질 수 있다. 만약 이러한 두려움을 억제하지 못하게 되면 그 동물은 갑자기 공격성이 증가하고, 공격 직전의 경고 동작을 보이지 않고 바로 공격성을 보일 수가 있다.

8) 처벌은 잘못된 연합학습을 유도할 수 있다. 처벌의 강도와 상관없이 처벌은 처벌을 주는 사람 혹은 처벌이 일어나는 상황에 대해서 부정적인 연합학습(Association)을 유발할 수 있다. 예를 들어 부르면 오도록 하는 훈련에서 개들은 주인에게 즐거운 마음으로 빠르게 달려오지 않고 빠른 걸음(Trot)이나, 느린 걸음(Walk)으로 다가오거나 혹은 움추리며 다가올 수 있다. 혹은 다른 개들과 복종훈련과 어질리티 훈련 중에서 다른 개와 경쟁하는 경우 열심히 하지 않을 가능성도 있다. 이러한 부정적인 연합은 개가 훈련이 끝나고 자유롭게 놀 때 활기찬 모습을 보면 확실하게 알 수 있다. 주인도 마찬가지로 부정적인 연합학습이 될 수도 있다. 처벌할 때 주인의 행동은 화가 일시적으로 감소하는 것을 경험하게 된다. 이것은 개가 잘못된 행동을 할 경우 화를 내는 습관으로 이어지고 이것은 사람과 반려동물 간의 유대관계를 손상시킨다.

9) 처벌은 바람직한 행동을 가르칠 수 없다. 처벌의 가장 중요한 문제점은 부적절한 행동이 강화(의도적일 수도 있고 아닐 수도 있음)되어서 나타난 것인지 아닌지 알 수 없다는 것이다. 주인이 어떤 경우에는 부적절한 행동을 하면 처벌을 하고, 어떤 경우에는 오히려 의도하지 않게 보상을 했다고 하면 개의 입장에서 본다면

주인은 일관성이 없고, 언제 폭력적이며 난폭해질지 예측할 수 없다고 생각할 것이다. 이러한 성격은 반려동물·사람 간의 유대 관계에 걸림돌이 된다. 문제를 해결하기 위한 보다 적절한 접근 방식은 적절한 행동에 대해서 긍정 강화를 중점적으로 해야 한다. 주인은 어떠한 긍정 강화가 부적절한 행동을 강화시켰는지 확인해야 하고, 부적절한 행동을 야기한 긍정 강화를 더 이상 하지 말아야 하며 다른 적절한 행동에 대해서 긍정 강화를 해야 한다. 이러한 행동을 통해서 왜 개가 그렇게 행동했는지 더 잘 이해하게 되고 그 개와 더 나은 관계를 이끌어갈 수 있다.

복종이란 단어의 문제

개들을 복종 훈련시킨다는 말은 아직도 널리 사용되고 있다. 사실 '앉아–엎드려'와 같은 기본 훈련을 복종훈련이라고 한다. 사람의 의지에 따라서 개들을 복종시키는 것으로 보이기 때문에 복종훈련이라는 말은 계속 사용되기는 하지만, 이 복종훈련은 단순히 명칭일 뿐, 개가 사람

의 말에 절대 복종하도록 가르치는 것이라고 생각하는 것은 사람들의 착각이다.

일반적으로 사람들은 서열이 높은 사람의 말을 복종한다는 의미로 생각한다. 복종훈련을 하면, 주인이 서열이 높아 개들은 복종해야 한다는 생각을 하는데, 그런 의미가 전혀 아니다. 개들은 사람에게, 리더에게 무조건적인 복종을 하는 것이 아니라는 점을 알아야 한다.

예를 들어 개들은 훈련 시에 같은 훈련을 받는데 다른 개들이 더 좋은 보상을 받는다면 훈련을 받지 않으려고 한다. 이것은 훈련에 대한 호기심을 극도로 떨어뜨리는 행위이고 훈련이 호기심을 바탕으로 이루어진다는 것을 암시한다. 사람 사이의 복종은 존경심이 아닌 두려움을 바탕으로 이루어지는 경우가 많지만, 개들을 훈련시킬 때는 그러한 관점이 아니라 오히려 예절 교육에 가깝다는 생각을 해야 한다. 개들은 복종훈련 자체도 하나의 호기심을 충족하는 놀이로 생각하는 경향이 있으므로 만약 보상이 없으면 일단 훈련된 개라고 해도 점차 그 훈련의 효과가 사라지기 시작한다.

현재 복종훈련이라는 말을 대체할 마땅한 단어가 없는 것도 사실이다. 이제는 오히려 복종훈련의 의미를 예절 교육으로 바꾸어서 생각하는 것이 바람직할 것으로 생각된다.

강아지는 사람에게 의존하려고 한다

사람에게 의존하려는 것을 복종심으로 착각하지 않아야 한다.

개들에게 답이 없는 문제 해결 퍼즐 훈련을 하면, 개들은 문제를 풀다가 풀지 못하면 뒤를 돌아 주인을 본다. 하지만 대개 늑대는 그 횟수가 매우 적고 스스로 문제를 풀려고 노력한다.

개들은 사람에게 의존하여 문제를 해결하려는 경우가 많으며 이러한 태도를 복종심으로 착각해서는 안 된다. 개가 늑대와 다른 점은 개를 인간이 선별하면서 말을 잘 알아듣고 사람과 잘 어울리는 개체를 선발해왔다는 점을 기억할 필요가 있다.

개들은 다른 동물보다 호기심이 많아 훈련도 잘되고 문제를 잘 풀어낸다. 헝가리의 유명한 동물행동학자인 아담 미클로스 연구팀의 연구결과에 따르면,[100] 개들에게 2개의 그릇 중 한 곳에만 고기를 넣어두고 사람이 이것을 어느 쪽인지 눈짓으로 알려주면 개들은 주인의 눈짓을 보고 고기가 들어 있는 그릇을 찾을 수가 있었다. 여기까지는 상식적인데, 재미있는 것은 그다음 실험이었다. 만약 두 그릇 안에 모두 고기가 없다면, 개들은 아무것도 발견하지 못하고 당황할 것이다. 이때, 개들은 잠시 문제를 풀다가 새로운 도움을 얻기 위해서 주인을 쳐다본다는 것이다. 그런데 사람에게 길러진 같은 시기의 늑대는 사람을 거의 쳐다보지 않는다.

이것은 개들이 사람과의 의사소통을 매우 능숙하게 할 수 있다는 것

을 보여주는 좋은 연구이다. 그 뒤 연구를 살펴보면 문제 풀이 훈련을 받은 개들은 사람을 쳐다보는 횟수가 줄어들고 스스로 문제를 해결하려고 한다는 것도 알 수 있다. 민첩성 훈련을 받은 개들은 사람을 더 많이 뒤돌아보고, 수색 구조견은 짧은 시간만 돌아볼 뿐이었다. 수상 구조견은 특이하게도 거의 모든 개가 뒤돌아보는 것으로 알려져 있다. 그 개들은 매우 스트레스가 강한 상황에서 핸들러의 신호에 맞게 항상 신뢰할 만한 행동을 해야 하기 때문일 것이다. 이 개들은 또한 물에 빠진 사람들에 대해서도 정확하게 파악을 해야 하므로 위의 문제 풀이를 하다가 막힐 경우에 핸들러를 더 자주 쳐다본다는 것을 알 수 있다.

맹인안내견도 마찬가지였다. 이제 막 훈련을 마친 개들은 사람에게 집중하기 보다는 좀 더 독립적으로 주변의 환경에 더 많이 신경을 쓰기 때문에 문제를 풀다가 도움을 요청하는 비율도 적었다. 하지만 1년 이상 지난 맹인안내견은 주어진 환경보다는 주인을 쳐다보고 마치 일반 애완동물처럼 행동하는 비율이 높아졌다.

이러한 연구 결과는 재미있기도 하지만 근본적으로 개들을 훈련시키면 개들이 자신감이 생기고, 보다 독립적인 행동을 할 수 있다는 것을 보여주는 것이라서 개들이 나이가 들어도 새로운 훈련을 하는 것이 좋다는 것을 다시 한 번 보여준다.

사람들이 가축화시킨 동물들은, 대개 특정한 특징을 과잉으로 발달시킨 과잉 진화된 상태라서 자연으로 돌려보내면 대개는 생존하기 어렵다. 집에서 키우다가 다시 야생에서 살게 된 개를 '야생 개(Feral dog)'라고 하는데, 대개는 금방 죽는 것으로 알려져 있다. 특히 작은 푸들이나, 말티즈 같은 소형견들은 먹이를 주는 사람이 없다면 생존하기 어렵다.

개들이 사람과 의사소통 할 수 있는 독특한 능력은 개를 특별한 반려동물로 만들었다. 이것은 개에게 있어서도 꽤 많은 희생을 감수한 것이라고 할 수 있다. 하지만 개를 이렇게 만든 것이 사람이기 때문에 이에 대한 책임감도 역시 중요하지만, 개들은 책임을 묻지 않는다. 왜냐하면 그들은 사람들이 책임감으로는 오랫동안 자기들을 키울 수 없다는 것을 알기 때문이다. 그 결과 개들은 사람들에게 행복감을 주는 방향으로 태도 및 행동을 바꾸었다.

한 가지 추가하면, 말(馬)도 마찬가지로 풀 수 없는 문제를 마주치면 사람에게 신호를 보낸다고 한다.

우리나라 사람은 개를 키우면서 개와 사람이 친구관계이기를 바란다. 그것은 바람직하지만 항상 좋은 것은 아니다. 기본적으로 사람은 개의 부모 역할을 해야 하기 때문이다. 아이들이 자기 전에 사탕을 먹으려고 하면 못 먹게 하면서 개를 키우면서 좋지 않은 습관을 계속 유지시키는 것은 바람직 하지 않다.

개들은 무조건적인 친절을 싫어하는 것은 아니지만, 스스로 판단하는 것은 두려워할 때가 많다. 그렇기 때문에 개들을 이끌어줄 수 있는 리더십을 가진 사람을 원하는 경향이 있다. 개들이 만약 건강이 좋지 않거나 뭔가 파괴적인 행동을 할 때는 이것을 고쳐주어야 한다.

22장

애견 훈련 이론

개를 훈련하는 과정과 관련된 용어에는 습관화, 감작화, 고전적 조건화, 조작적 조건화, 소거 등이 있다.

습관화

우리말의 습관화라고 하면 개가 동일한 일을 매일 시키면 개가 알아서 습관적으로 하는 것을 생각한다. 사실 이것은 습관화라기보다는 고전적 조건화에 더 가깝다. 행동학에서 말하는 습관화는 처음에는 큰 관심을 가지다가, 점차 익숙해지고 그 결과 관심을 잃어버리는 것을 말한다. 보통 순화 혹은 순치라는 말을 사용하기도 한다. 개가 장난감을 가지고 놀더라도 일반적으로 5~6회를 연속으로 가지고 놀고나면 더이상 그 장난감에 관심을 보이지 않는다. 그렇기 때문에 개들에게는 장난감을 여러 개를 한 번에 주는 것이 아니라, 돌아가면서 주어야만 한다. 개들이 처음에는 장난감을 가지고 열심히 놀지만, 곧 장난감에서 뭔가 새로운 것이 없다는 것을 알게 되면 더이상 관심을 가지지 않는다. 개들의 장난감은 사냥 행위를 충족시키는 것이 대부분이다. 사냥을 했는데 혹은 사냥감을 잡았는데, 전혀 먹을 수가 없고, 먹으려고 해도 먹을 것이 없다면 빨리 포기하고 새로운 사냥을 하는 것이 생존에 도움이 될 것이다. 그렇기 때문에 개들은 새로운 것이 아니면 별로 관심을 보이지 않는다.

하지만 개들은 기본적인 것은 거의 같고 조금만 바뀌어도 새로운 것처럼 생각하고 열심히 재미있게 논다.

습관화에 대한 사례는 아주 많다. 예를 들어 물고기들도 옆의 어항에 포식자를 넣어두면 겁을 내기 시작한다. 하지만 포식자가 자신들 쪽으로 이동하지 않으면 점차 두려움이 줄어들고 마음 편하게 돌아다니기 시작한다.

감작화

번역하기 상당히 어려운 단어인 "감작"은 어떠한 자극에 점차 민감해지는 것이다. 민감화라고 하기도 하지만, 일반적으로 감작이라는 용어를 사용한다. 예를 들어 천둥소리에 놀란 강아지는 비슷한 소리가 나면 점차 민감하게 반응한다. 처음에는 별로 민감하게 반응하지 않다가 이렇게 점차 민감하게 반응하는 것을 감작이라고 한다. 강아지가 천둥 공포증을 가지면 치료하기가 매우 어렵다. 그러므로 이러한 반응을 보인다면 바로 행동치료를 해주는 것이 좋다. 외국에는 특히 소리에 감작된 개들이 많은데 이는 아마도 사냥개들이 많아서 총소리에 감작되면서 천둥소리 혹은 유사한 소리, 예를 들어 폭죽소리 등에 감작되는 것으로 생각된다.

고전적 조건화

고전적 조건화는 흔히 파블로프의 개의 실험에서 보이는 현상을 말하는 것이다.

즉 처음에 고기를 주면 침을 흘리는 무조건 반응을 하는 개에게, 벨소리와 고기를 같이 주면, 나중에는 벨 소리만 들어도 침을 흘린다는 것이다. 파블로프의 이 실험은 자유롭게 개를 풀어놓고 실험한 것이 아니라, 침의 양을 측정하기 위한 장치까지 마련된 매우 정교한 것이었다.

고전적 조건화는 개가 2가지 상황을 연관 짓는 과정이라고 할 수 있다. 예를 들어, 벨 소리가 나면, 집안에서 한 사람이 문을 열어주고, 주인이 들어온다는 것을 알게 되는 것도 고전적 조건화이며, 주인이 옷을 입으면 밖으로 나간다는 것을 알게 되는 것도 고전적 조건화라고 할 수 있다. 개들이 병원에서 주사를 맞은 경험이 있다면 주사와 알코올솜만 봐도 벌벌 떨게 되는 것 역시 고전적 조건화이다.

파블로프의 후속실험에서 개들은 사람들이 사료를 주기 전에 하는 행동 즉, 사료그릇(Bowl)을 꺼내는 행동에는 침을 흘리지 않았고, 음식 냄새에만 침을 흘렸다. 이는 아마도 개가 후각적인 동물이기 때문으로 생각되었다.

이러한 고전적 조건화는 개의 입장에서는 관찰을 바탕으로 이루어진다.

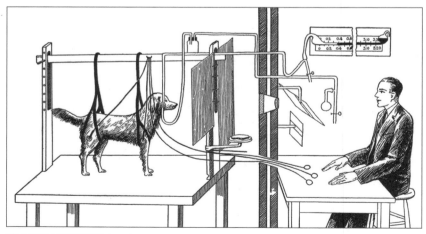

파블로프의 실험과정 (출처 : https://commons.wikimedia.org/wiki/File:Pavlov_experiments_with_dog_Wellcome_M0014738.jpg)

1. 조건화 전

먹이를 보면 개가 무조건 반응으로
침을 분비한다.

2. 조건화 전

벨소리(중립자극)의 경우에는
개가 침을 분비하지 않는다.

1. 조건화 과정

벨소리(중립자극)와 먹이를 같이 제공하면
개가 침을 분비한다.

2. 조건화 결과

벨소리(중립자극)의 경우에는
개가 침을 분비하지 않는다.

개의 기질과 실험

파블로프는 동물실험을 할 때, 개의 성격이라고 할 수 있는 기질을 같이 고려한 것으로 알려져 있다. 하지만 성격이 비슷한 개들끼리 모아서 실험하는 것은 바람직하지만, 기질을 나눠서 분석하는 것은 좀 특이하다면 특이하다고 할 수 있겠다.

미국과는 달리 유럽은 아직도 4원 소설의 영향이 많이 남아있어서 4가지로 나눠서 생각하는 것을 좋아한다. 반대로 아시아권은 음양오행 중에서 5행을 중요시해서 성격을 나눌 때 5가지로 나누는 것도 불편해하지 않는다.

조작적 조건화

조작적 조건화는 한 마디로 시행착오와 보상, 처벌을 통해서 조건화가 이루어지는 것을 말한다.

행동주의 심리학의 대표적인 이론으로 조작적 조건화란, 영어로는 오퍼런트 컨디셔닝(Operant Conditioning)이라고 하며, 한글로는 그 의미가 잘 드러나지 않는 용어이다. 오퍼런트(Operant)는 예를 들어 쥐가 막대기를 눌러서 음식이 나오는 장치를 만들었다면, 막대기를 누르는 동작을 오퍼런트라고 한다.

당시의 사람들이 동물을 기계적으로 파악했기 때문에 이러한 용어가 만들어졌다.

일반적으로 쥐를 스키너 상자라고 불리는 상자에 넣어두고, 쥐가 우연히라도 특정한 레버를 누르면 먹이가 나오도록 하였다. 먹이는 보상이 되며, 이러한 보상과 처벌을 이용한 훈련을 연구하였다.

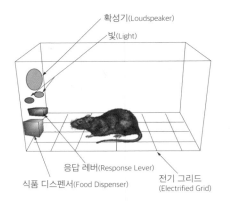

조작적 조건화에는 4가지가 있고, 각각을 영어로 긍정강화, 부정강화, 긍정처벌, 부정처벌이라고 부르기도 한다. 하지만 이렇게 부를 경우 용어의 의미가 매우 헷갈리며, 이는 전문가들도 종종 혼동하기도 한다. 그러므로 이 책에서는 다음과 같이 부르고자 한다.

우선 강화라는 단어의 의미는 동물이 어떤 행동을 했을 때, 그 동물에게 어떤 자극을 제공하여 원하는 행동을 더 많이 일어나게 하는 것을 말한다. 자극은 선호자극(보상)이나 혐오자극(불편)을 모두 사용할 수 있다.

보상에 의한 강화는 일반적으로 교과서에서는 정적강화로 표현되

조작적 조건화	내용
보상에 의한 강화 (Positive Reinforcement)	바람직한 행동을 하면 보상하는 것을 의미함. 예를 들어, 명령어를 잘 따를 데 칭찬하고 보상하는 것을 의미함.
불편제거형 강화 (Negative Reinforcement)	나쁜 자극을 스스로 피하는 것임. 예를 들어 여름철에 더우면 개가 알아서 그늘을 찾아가는 것을 불편 제거형 강화라고 함.
육체적 처벌 (Positive Punishment)	예를 들어 개가 줄을 당길 때 주인이 강하게 당겨서 육체적으로 처벌 하는 것을 의미함.
욕구무시형 처벌 (Negative Punishment)	예를 들어 개가 줄을 당길 때, 줄을 꽉 잡고 있어 개가 원하는 목적을 이루지 못하게 하는 것을 말함.

어 있는 경우가 많으나, 일반적으로는 긍정강화로 알려져 있다. 정적
강화라는 단어는 의미의 혼동이 유발되기 쉬운 용어이다. 하지만, 그
렇다고 긍정강화라는 용어도 정확하게 번역된 것은 아니다. 긍정강화
는 "Positive Reinforcement"를 글자 그대로 번역한 것이다. 여기서
"Positive"는 긍정적이라는 의미가 아니라 "Reinforcement" 자체가 긍
정강화라는 의미이고 "Positive"는 자극이 있다는 의미이고 "Negative"
라는 말은 자극을 없앤다는 의미이다.

또한 보상을 통해서 강화를 시키는 것을 긍정강화라고 하면, 부정강
화는 보상을 없애서 강화를 시키는 것으로 착각할 수도 있는데, 보상
을 없애는 것은 부정강화가 아니라 소거라고 부른다.

흔히 교과서에서 부정강화라고 하는 것은 자극을 제거해주는 강화를
의미하는 것이며, 이때 제거하는 자극은 혐오자극 혹은 개가 싫어하는
자극이어야 한다. 즉 불편함을 제거해주는 것이 강화가 될 수 있으며
이것을 부정강화라고 하는 것이다. 즉 부정강화는 불편 제거형 강화를
의미한다.

처벌은 육체적인 처벌을 의미한다. 단순히 불편하게 하는 것이 아니
라, 육체적인 처벌을 하는 것이다. 이 처벌은 예전에는 많이 사용되기

도 했지만, 지금은 거의 사용하지 않는다. 하지만 개가 사람이나 자동차를 쫓아갈 때는 매우 위험하기 때문에, 전기 충격기를 이용해서 이러한 행동을 못하게 하는 것이 필요할 수도 있다. 일반적으로 처벌은 현대의 훈련에서 거의 사용되지 않지만, 아주 사용되지 않는 것은 아니고 상황에 따라서는 정당화될 수도 있다.

부정적 처벌은 욕구무시형 처벌이라고 할 수 있다. 이것은 현대의 훈련법에서 매우 중요한 방법중의 하나이지만 일반인들이 가장 못하는 것이기도 하다. 즉 개들이 특정한 행동을 하고 보상을 원할 때 그것을 들어주지 않음으로써 그러한 행동이 보상을 받지 못한다는 것을 알려주는 것을 말한다.

일반적으로 현대의 훈련법은 긍정적 강화, 즉 보상에 의한 강화와, 부정적 처벌 즉, 욕구무시형 처벌만을 주로 사용한다. 이것을 한 마디로 요약하면, '잘하면 칭찬하고 잘못하면 무시한다'라고 할 수 있다.

소거 및 소거폭발

소거는 긍정강화가 줄어들면서 훈련된 내용을 잊어버리는 것을 말한다. 이는 나쁜 습관을 없앨 때 그 습관을 일으키는 긍정강화 요인을 살펴보고, 긍정강화를 중단하여 행동을 교정할 때 사용된다. 개들은 주인이 화를 내더라도 관심을 보이는 것을 좋아한다. 예를 들어 개가 짖을 때, 반응하는 것은 긍정강화가 된다. 그러므로 개가 짖을 때는 우선 반응하지 않는 것이 바람직하다. 하지만 긍정강화시에 매번 간식을 주는 것은 아니기 때문에 한 두 번 반응하지 않는다고 바로 소거되는 것이 아니다. 개들은 오히려 더 적극적으로 어떻게 짖으면 주인이 반응하는지 탐구하면서 일시적으로 오히려 짖는 행동을 더 자주 하게 된다. 이러한 것을 소거폭발이라고 부른다.

　소거폭발은 언뜻 보면 불편하지만, 반대로 훈련시킬 때 보상의 횟수를 줄여도 완전히 줄이지만 않는다면 훈련된 내용을 기억하게 되는 이유이기도 하다.

탈감작화

　탈감작화란 감작된 공포나 두려움을 일으키는 것에 대해서, 미리 소리를 들려주고 천천히 적응시키는 작업이다. 예를 들면 천둥소리일 경우, 미리 녹음된 천둥소리를 아주 낮은 소리를 들려줘서 전혀 위협이 되지 않는다는 것을 인지시킨 후에 천천히, 그 자극을 강화시켜가면서 자극에 대해서 두려움을 느끼지 않게 하는 것이다. 이것은 생각보다는 매우 오랜 시간이 걸리는 작업이다. 대개 공포반응은 점차 강화되는 특징이 있으므로 탈감작화를 시켜서 공포감을 줄여주는 것이 일반적이다.

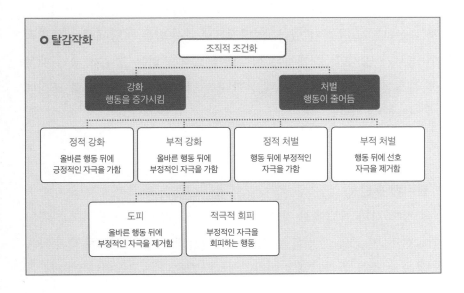

카운터 컨디셔닝(Counter-Conditioning)

카운터 컨디셔닝은 특정 자극을 매우 싫어할 경우, 그 자극과 관련되어 다른 좋은 보상을 해주었을 때 그 자극에 대해서 무감각해지고 오히려 좋아하게 되는 것을 말한다. 보통은 고양이의 발톱을 깎을 때 많이 사용하는 방법이지만 일반적으로 반려동물이 싫어하는 행동을 해야 할 경우에는 이 방법을 사용할 수 있다.

저명한 행동학자인 소피아 인 박사(Sophia Yin)[101] 동영상을 보면 동물이 생각보다 쉽게 카운터 컨디셔닝이 될 수 있음을 알 수 있다.

홍수법(Flooding)

행동수정 요법의 하나로, '체계적 탈감작법'을 거치지 않고, 가장 두려워하는 상황에 직접 노출시켜 격심한 불안과 공포를 경험하게 한다. 한편으로는 회피행동을 못하게 해서 좋든 싫든 그 장면에 직면하고 스스로 이겨낼 수 있도록 지시하고 강요함으로써 공포반응을 소거시키고자 하는 데 그 목적이 있다. 일반적으로 홍수법은 사람에게는 효과적인 경우가 많지만, 개에게는 생각보다 효과가 없는 경우가 많기 때문에 특정한 상황이 아니고는 동물학대가 될 가능성이 있으므로 조심해서 사용해야 한다.

클리커 훈련

긍정적 강화 방법에서 강화는 간식 한 가지뿐만 아니라 여러 가지가 가능하며 이 중에 클릭하는 소리를 긍정강화 도구의 신호로써 추가로 이용하는 것을 클리커 훈련이라고 한다. 개보다는 고양이나 말과 같은 사람의 말을 이해하지 못하는 동물에게 더욱 효과적인 훈련법이다.

먹을 것은 1차 강화물이라고 한다. 1차 강화물을 줄 때, 마치 고전적 조작화처럼 클리커를 이용해서 클릭소리를 내면, 점차 클릭 소리를 들으면서 1차 강화물인 간식을 먹을 수 있다고 생각하게 된다. 그렇기 때문에 클리커를 2차 강화물이라고 한다. 일반적으로 "잘했어", "Yes" 등으로 말해도 되지만 클리커를 사용하는 것은 항상 일정한 소리를 전달하기 위함이다. 이 소리를 들으면 개나 고양이는 "아하, 이 동작을 말하는구나"라고 생각하게 될 것이다. 클리커는 매우 효과적인 훈련법이라고 알려져 있으며, 많은 훈련사들이 클리커를 사용한다. 하지만 일단 클리커를 사용하면, 집안에 여기저기 클리커를 놓아두어야 한다는 단점도 있다.

강아지 훈련 시에, 훈련사는 바람직한 행동을 한 개에게 바로 간식을 줄 수 없는 상황이 발생한다. 예를 들어 물어오기, 혹은 먼 곳(비록 약간 먼 곳이지만)으로 이동시키기, 앞발을 달라고 하기 등의 상황에서는 바로 간식을 줄 수 없다. 이 문제를 해결하는 것이 바로 2차 강화물인 클리커이다. 이 신호는 동물들에게 명백하게 이 행동이 잘한 것이고, 곧 간식을 받을 것이라고 인식하게 한다. 수족관에서 돌고래를 훈련하는 사람들은 휘슬을 사용하고 개나 고양이를 훈련하는 사람은 클리커를 사용한다.

일반적으로 클리커 훈련을 하는 사람들은 클리커가 2차 강화물, 행동의 올바름을 알려주는 표식 및 자극을 연결하는 것의 3가지 기능을 가지고 있다고 생각한다. 하지만 2016년 호주에서 진행한 연구[102] 결과를 종합해본다면 클리커 훈련은 2차 강화물로서의 기능 효과가 가장 중요하다고 말할 수 있다. 그러므로 클릭 소리와 간식이 연결되는 것이 무엇보다 중요하다. 클릭 소리와 간식이 연결되지 않으면, 클릭 소리는 결국 아무 소용이 없게 된다. 뿐만 아니라 정확한 동작을 가르쳐 주는 기능이나 자극과 연결하는 기능의 효과는 그다지 크지 않다고 밝혔다. 이는 클리커 훈련에 있어서 타이밍이 매우 중요하다는 기존의 인식과는 좀 다른 결과이다.

클리커 훈련의 효과에 대해서는 이미 많은 연구가 있었으며, 특히 개와는 달리 말을 잘 알아듣지 못하는 동물들을 훈련시킬 때 많이 사용한다.

국내에서 종종 클리커 훈련을 긍정강화 훈련과 동일한 용어로 사용하는 사람들이 많으나, 사실 긍정강화 훈련의 한 방법론이 클리커 훈련일 뿐이다. 클리커 없이도 긍정강화는 가능하다.

여러 연구를 보면 클리커 훈련을 한다고 개가 더 빨리 학습하는 것이 아니라 클리커는 사람이 좀 더 뛰어난 트레이너가 되도록 도와준다.

● 훈련이 되기 위해서는 두 사건 사이의 간격은 얼마나 되어야 하는가?

일반적으로 스키너의 행동주의 관찰에 의하면 자극과 거의 동시에 보상이 이루어져야 한다. 클리커 훈련에서 타이밍이 중요하다고 말하는 이유는 바로 이 때문이다.

● 개는 어떤 것에 반응하는가? 소리? 동작?

1994년 이안 던바는 'Dog With Ian Dunbar'라는 프로그램에서 개가 얼마나 사람들을 잘 속일 수 있는가, 혹은 사람이 얼마나 쉽게 개를 오해하는가를 보여주는 실험을 했다. 그 프로그램에서 개가 "앉아" 명령어를 이해한다고 생각하는 개의 주인과 개가 같이 나와서 주인이 절대로 제스처를 하지 않고, 단순히 명령어로만 "앉아"를 시켰을 때, 대부분의 강아지가 주인의 명령어를 이해하지 못하고 명령어를 따르지 않았다. 또 일부의 개는 명령어를 완전히 이해한 것이 아니라, 유사한 발음이 나오면 "앉아" 명령어로 이해했다. 일반적으로 개들은 사람들이 명령어가 아니라 동작이나 제스처에 먼저 반응하는 편이다. 다만 개들에게 손동작으로 "기다려"를 하고 명령어로는 "이리 와"라고 하면 개들은 주인에게 달려간다. 이는 개가 주인에게 달려가고 싶은 충동이 훨씬 크기 때문이다.

때로는 야단치는 것을 놀이로 생각할 때가 있다

일부 사람들은 훈련 과정에서 개가 관심을 끌기 위해 하는 행동에 무심코 보상을 하기 때문에 그 행동이 점차 강화시키는 경우가 있다. 예를 들어 개가 짖으면 짖지 못하게 하려고 간식을 주게 되면, 개는 짖으면 간식을 얻어먹을 수가 있다는 것으로 잘못 인식할 수가 있다.

가장 난감한 것 중 하나가, 개가 사람이나 가구 등을 대상으로 교미 흉내(특히 마운팅)를 내는 경우이다. 이 경우, 사람들은 당황해하면서 개를 떼어놓게 되는데 이러한 행동이 개들에게는 자신의 행동이 주인의 관심을 끌게 되었다는 신호로 받아들여진다. 때대로 개들에게 약하게 야단을 쳐도 개들은 그것을 놀이로 생각하고 잘못된 행동을 계속하게 되는 경우가 많다.

항상 긍정강화는 훈련에서만 일어나는 현상이 아니라 일상적인 생활에서 계속 일어나기 때문에 동물이 잘못된 행동을 하면 그러한 행동을 하게 만든 주인의 긍정강화가 무엇인지 살펴볼 필요가 있다.

23장

훈련과 관련하여
기억해야 할 개의 심리

사람들은 흔히 개를 의인화하는 경향이 있고 그 결과 개의 성격과 특징에 대해서 많은 오해를 한다. 이러한 오해는 사람과 개의 관계에서 문제가 되는 경우가 많으며, 개의 의도를 전혀 다른 의미로 해석하여 결과적으로 훈련을 포기하게 되는 경우가 많다.

　이러한 문제점을 두고, 특히 개를 '훈련'시키거나, 개를 키우는 과정에서 개가 어떻게 생각하는 지 잘 모르는 경우가 많다. 서비스견 훈련계에서 현재 가장 유명한 제니퍼 아놀드는 그녀가 발표한 3권의 책에서 개의 행동에 대해서 다음과 같은 특징에 있다고 정리했다. 그녀의 글은 초보자들이 개를 이해하는데 많은 도움이 되므로 여기에 정리해본다.

개들의 행동을 이해하는 몇 가지 주요 특징

　● 개들은 단순히 주인을 화나게 하거나 좌절시키기 위해서 행동하지 않는다

　개들은 주인이 화나게 하거나, 좌절시키기 위해서 행동하지 않는다는 것은 매우 중요하다. 비록 개에게 화를 낸 이후 신발에 배변하는 경우라고 해도 이것은 화나게 한 것이 아니라 뭔가 좌절이나 두려움 때문에 한 행동일 가능성이 매우 높다. 남을 화나게 하는 행동을 한다는 자체가 상당히 고도의 지적능력을 필요로 하며, 남을 화나게 하는 행동

이 진화론적으로 거의 장점이 없기 때문에 이러한 행동은 사람과 같이 전두엽이 발달하지 않은 동물이 아니고서는 보통 발견하기 힘들다.

● 나는 당신이 나를 책임진다는 것을 안다

개의 입장에서 본다면 사람은 거의 신과 같은 존재로 보일 것이다. 개는 무리지어 사냥을 했던 회색늑대를 조상으로 가지고 있으므로 사냥에 필요한 의사소통 기술을 가지고 있다. 사냥에서는 추적과 추적 이후에 상대적으로 매우 큰 포식동물을 적당한 시기에 공격하기 위한 의사소통 능력이 필수적이기 때문에 개들은 이러한 능력이 발달되어 있다. 또한 모든 동물은 싸워야 할 상황에서 상대방의 능력을 파악하는 것이 매우 빠르다.

개들은 자신의 먹이를 사람이 구해온다는 것을 잘 알고 있다. 개들의 입장에서 본다면, 사람이 집을 나가서 사냥을 한 것 같지도 않고, 아마도 슈퍼와 같은 곳에서 먹을 것을 구해온다는 것을 잘 알고 있다. 개들은 항상 "와!, 이건 생각도 못했는데, 정말 저 사람은 대단해!"라고 생각하면서 살아갈 것이다. 개들이 사람들을 볼 때, 복잡한 거리를 안전하게 통과하는 법도 알고 있고, 어디에 가면 놀이터가 있는지, 어디 가면 친구가 있는지를 알고 있고, 아플 때 잠시만 참으면 불편함이 사라지는 곳이 어딘지도 알고 있다. 그리고 이러한 관계 때문에 개들은 사람을 신뢰할 수 있는 리더로 인정하는 것이다.

● 인간의 언어는 이해할 수 없다

아이들은 엄마가 말하면 점차 뇌가 발달하면서 사람의 언어를 이해하지만, 개는 그렇게 뇌의 언어중추가 발달된 동물이 아니다. 개에게 단어를 가르치면 약 1,000개 넘게 가르칠 수 있지만 문법구조가 있는 언어를 가르칠 수는 없다. 그럼에도 불구하고 개들은 간단한 추상 명사까지 이해할 수 있는 능력이 있다.

개가 사람의 언어를 알아듣지 못한다는 것은 잘 알려져 있다. 아래의 카툰은 개리 라슨(Gary Larson)이 《파 사이드(Far Side)》라는 잡지에 실은 것으로, 이 그림은 애견가 사이에서는 너무나 유명하다. 이 그림은 개에게 아무리 말을 해도 결국 자기 이름만 알아듣지 나머진 모른다는 의미이다.

개리 라슨의 카툰. 개는 자신의 이름만 이해하고 사람의 말은 이해 못하며, 고양이는 자신의 이름도 이해를 못한다는 의미이다.

물론 개에게 훈련을 시키면 단어는 알아듣지만, 개는 사고력이 뛰어난 동물은 아니다. 인간과 같이 살면서 사고력은 인간이 담당하고, 개는 행동을 담당한 경우가 많다.

● 먹을 수 있다면 바로 먹는다

개는 회색늑대에서 갈라져 나왔다. 회색늑대와 개 모두 청소동물의 특징을 가지고 있고, 특히 대부분의 포식동물은 굶어죽는 경우가 많기 때문에 먹을 것이 있다면 개들은 바로 먹어치우거나 혹은 나중에 먹기 위해서 숨기는 경향이 있다. 대부분의 개들은 언제라도 기아에 허덕일 수 있는 상황에 존재하고 있다.

회색늑대와는 달리 개들은 자기 스스로 먹이를 사냥하는 상황이 아니기 때문에 먹이는 개들에게는 매우 소중한 자산이다.

개들이 음식을 닥치는 대로 먹지 못하게 하기 위해서는 사람의 허락을 받고 음식을 먹도록 개들을 가르치는 것이 중요한데, 특히 이러한 훈련은 구조견의 경우에는 아무것이나 먹지 않는 것을 반드시 가르쳐야 하는 훈련이다. 그러나 이 훈련 즉, "Leave It"을 가르치는 것은 매우 힘들다고 한다. 특히 주인이 일관성 있는 훈련을 하는 것도 매우 어렵다고 알려져 있다.

그리고 두 번째는 개들이 먹고 싶어하는 음식에 개가 접근할 수 없도록 해야 한다. 이 방법은 쉽고 간단하지만 효과적이다.

● 강압적인 방법은 항상 가장 최후의 방법이다

사람에게 상처를 주기 위해서 공격을 하는 것은 대부분의 경우 개들이 원하는 행동이 아닌 경우가 대부분이다. 개들의 공격성은 대부분은 두려움에 의한 것이며, 개들은 공격성을 보이기 전에 이를 경고하는 신호를 보낸다. 강아지들은 어릴 적부터 한 배의 새끼들과 놀이를 하면서 너무 심하게 물면 문제가 된다는 것을 배우게 된다. 이것을 "물기 억제력(Bite Inhibition)"이라고 한다. 그러므로 개들이 사람을 공격한다면 이것은 자기 방어적인 경우가 대부분이다. 또한 개들이 위협적인 행동을 하는 이유는 그러한 행동에 사람들이 무의식적으로 보상을 한 경우가 많다. 즉 개가 짖으면 사람이 그곳을 떠나고, 위협하면 사람들이 자신을 불편하게 하지 않았기 때문인 경우가 많다. 그렇다면, 개들에게 다시 사람과 개의 올바른 관계를 가르쳐 주는 교육을 해야 한다.

● 내가 가지고 있다면 그것은 내 소유다

개들은 경쟁하는 경우가 아니라면, 작은 개가 가지고 노는 장난감을 자기가 가지고 싶다고 함부로 빼앗지 않는다. 즉 개들은 남들이 가지고 있으면 그것은 일단 그의 것으로 생각하고, 그만큼 자신의 것을 남에게 뺏기고 싶어 하지 않는다.

늑대의 경우도 암컷이 먹을 것을 가지고 있을 때 수컷이 이를 빼앗으려고 했지만, 암컷이 1시간이나 가지고 도망 다녀 결국 빼앗지 못한 사례를 데이비드 미치가 보고한 바가 있으며 이는 늑대들도 자신의 소유권을 이해하고 있다는 것을 의미한다.

자원이 부족하지 않다면 개들은 남의 소유를 건드리지 않으려는 성향이 있다. 종종 같은 집에 사는 개들이 이를 어기는 경우가 있지만, 이 경우에도 원래 가지고 있던 개가 양보하는 경우가 대부분이다.

사람은 거의 유일하게 개가 가지고 있는 것을 빼앗는데, 대부분 개들은 약간만 훈련되어도 순순히 넘겨준다.

하지만 수의사이며 동물행동 전문가인 니콜라스 도드맨은 개가 만약 주인의 양말이나 슬리퍼를 뺏으려고 할 경우, 경쟁하지 말고 잘 숨기는 것이 낫다고 한다. 만약 개가 이것을 주인 몰래 가져갔다면 이를 인정하는 것이 개와 사람의 관계에 도움이 된다고 생각하고 있다.[103]

● 허락을 받지 않고는 다른 개의 공간에 침입하지 않는다

개의 일부는 영역을 매우 중요하게 생각한다. 특히 개들은 종종 서열대로 자리에 앉는 등으로 이러한 공간에 대한 존중을 표현한다. 만약

개가 충분히 사회화가 되어 있지 않다면 이것을 어길 수 있는데, 어기면 응징을 당한다. 이것은 단순히 집안에서만 해당되는 것이 아니라, 공원에서도 마찬가지이며 개가 자신의 공간이라고 생각되는 곳에 다른 개들이 들어올 경우, 개는 가볍게 무는 등의 공격성을 보이는 경우가 있다. 이것은 그나마 가볍게 무는 쪽이 많이 참은 것이며, 남의 공간에 들어오면 심하게 싸울 수도 있다. 그렇기 때문에 개들은 서로 지나칠 때 약간 피하는 방식으로 움직이거나 위협의 의향이 없다는 카밍 시그널을 사용하기도 한다.

● 개는 잠자리나 시간을 보내는 곳에서는 배변을 하지 않는다

개들은 자신이 시간을 보내는 곳에서는 배변을 하려고 하지 않는다. 하지만 반대로 자신이 지내지 않았던 공간에서는 마구 놀기도 한다. 그래서 안 쓰는 방에 오래 들어가 있으면 방을 완전히 지저분하게 만들 수도 있다.

만약에 개가 부적절한 곳에서 배변을 했다면, 아마도 아프거나 스트레스를 받았거나, 마킹을 하고 싶었거나, 혹은 문을 열어주지 않아서 어쩔 수 없는 경우들일 것이다. 이러한 모든 상황이 개가 의도한 것은 아니며, 이러한 일이 발생했을 때는 야단치기 보다는 무시하는 것이 낫고, 배변실수를 한 곳을 깨끗이 청소하고, 개의 냄새를 없애고, 왜 개가 실수했는지 원인을 파악하는 것이 바람직하다. 개의 냄새를 없애기 위해서는 오줌을 분해하는 효소가 들어있는 세제를 사용하는 것도 좋지만, 그러한 것이 없을 때는 락스를 사용하거나, 락스가 위험하다고 생각하는 사람은 이산화염소 제품을 사용하는 것이 바람직하다. 효과는 락스가 더 우수할지 모르지만 안전성은 이산화염소 제품이 더 높다고 할 수 있으며, 이산화염소는 탈취효과가 뛰어나다.

추가적인 사항

제시카 아놀드는 위의 8가지 이외에도 추가적으로 몇 가지를 언급하였다. 아래의 문장은 개의 입장에서 쓰여진 것이다.
- 내가 사랑하거나 나를 돌봐주는 사람과의 유대관계가 가장 중요하다.
- 나는 다른 사람들을 쉽게 완전히 용서한다.
- 어떤 것이 나로부터 멀어지면 나는 그것을 따라가고, 그것이 나를 향해 다가오면 멀어지기 위해서 도망간다.
- 나는 다른 사람을 정면으로 쳐다보지 않는다. 이것은 매우 위협적인 행동이다.
- 누군가가 나를 위협하면 나는 크게 보이도록 하고, 그것이 나를 겁준다면 나는 가능하면 작게 보이도록 한다.

• 사람은 내가 아무리 노력해도 그들을 행복하게 해주기 어려울 때가 있다.

기타 훈련사들이 말하는 개의 특징

이외의 다양한 책을 종합해보면 개가 가지는 공통점을 추가할 수 있다.

● 개들은 리더를 원한다

개들은 몇 마리가 모여 있을 경우, 리더가 있어야 덜 싸운다. 리더는 강압적이지 않으며, 많은 사람들이 리더라는 말 때문에 많은 오해를 했지만, 개들이 원하는 것은 자신이 이해할 수 없는 상황에서 의지할 수 있는 사람이나 개를 말하는 것이다. 리더는 위기상황에서 신뢰할 수 있어야 한다.

● 개들은 생각보다 쉽게 두려워 한다

대부분의 개의 정신병적인 문제는 두려움에서 온다. 개는 작은 동물이며, 사람이 가지고 있는 다양한 능력에 비해서 그들의 능력이 부족하다는 것을 안다. 개가 사람에게 학대당하거나, 혹은 문제가 생겼을 경우 대부분은 두려움에서 문제가 시작된다.

● 많은 개들은 생각보다 외롭다

현대의 개들에게 두려움으로 인한 정신병 이외에, 위험한 정신병이 바로 지겨움과 단조로움에서 오는 정신병들이다. 동물원의 많은 동물들이 단조로움으로 인하여 정형행동과 같은 문제 행동을 일으킨다.

2011년 영국의 군견 부대가 아프카니스탄에서 한 군인이 사망했으며,

그 과정에서 그가 데리고 있던 테오라는 개는 상처를 입지 않았음에도 불구하고 그가 죽어가는 과정을 목격했다. 이 사건이 있은 후 몇 시간 후에 치명적인 발작이 와서 테오도 역시 죽음을 맞았다. 이와 유사한 사례는 매우 많다. 개가 외상후 스트레스 증후군을 앓을 수가 있다는 주장은 처음에는 잘 받아들여지지 않았지만, 현재는 대부분의 학자들이 받아들이고 있다.

개들이 걸릴 수 있는 다양한 정신병에 대해서는 매우 다양하지만, 분명한 것은 이것을 치료하는 가장 우선적인 방법으로 니콜라스 도드맨은 산책을 늘리는 것이라고 그의 책에서 지적했다. 그러므로 가장 먼저 산책을 늘리고 그다음에는 개에 대해서 이해를 하도록 해야 하며, 마지막으로 환경 풍부화를 하는 것이다. 특히 산책은 견종에 따라서는 개가 피곤하기 전까지는 결코 충분하다고 하기 어렵다.

개들을 외롭게 하지 않기 위해서는 결국 놀아주거나 환경풍부화 밖에 없으며, 개들은 달리기 위해서 태어난 동물이라고 할 수 있으므로 결국 산책과 환경풍부화가 중요하다.

그러나 증상이 심하면, 단순히 행동학적인 방법으로는 행동 수정이 매우 어렵기 때문에 수의사의 처방을 통한 의약품의 도움이 필요하다. 대부분 사람과 같은 종류의 약을 사용하면 된다.

24장

개의 문제행동에 대처하는 자세

개의 문제행동을 교정하는 방법은 너무나 다양하고 문제행동의 수정은 TV나 유튜브에서 흔하게 볼 수 있으므로 이 책에서는 일부를 어설프게 다루는 것보다는 차라리 기본적인 이론만 언급하고자 한다.

개의 문제행동의 대부분은 3가지를 가장 먼저 해결해야 한다.

우선 지나치게 단조로운 삶을 살지 않았는가라는 점이다. 지나치게 단조로운 경우는 약간의 자극 설사 그것이 사람에게서 야단맞는 것이라고 할지라도 놀이로 생각하고 계속 지속하는 경우가 있다. 이것은 환경풍부화로 해결해야 하며, 가장 우선적으로 산책을 늘리는 것이 좋다.

두 번째는 개의 문제행동의 대부분은 두려움 때문에 발생한다는 것이다. 그러므로 개가 무엇을 두려워하는가를 파악하고 개를 이해하는 방식으로 접근해야 한다.

마지막으로 개는 매우 쉽게 습관이 형성된다는 것이다. 즉, 뭔가 주인이 문제행동을 무의식적으로 강화를 하기 때문에 문제행동이 더 강화된다는 것이다. 그 행동을 했을 때 개는 무엇을 얻을 수가 있으며, 그러한 행동을 내가 강화시키는 것이 아닌지 살펴봐야 한다.

개의 행동을 고칠 때, 가장 기억해야 할 것은 잘하는 행동은 칭찬하고, 잘못하는 행동은 무시하는 것이다. 잘못하는 행동에 무시가 아닌 반응, 그것이 야단치는 것이라고 해도 개들은 관심을 얻는 것에는 성공했기 때문에 그러한 행동은 지속적으로 강화될 수 있다. 그러므로 문제행동을 강화시키지 않도록 주의해야 한다. 그리고 행동을 천천히 교정한다고 생각하고 끈기를 가지고 임해야 한다.

문제행동 교정(일반적인 원칙)

개의 행동을 교정하기 위해서는 기본 원칙을 알고 있어야 한다.
니콜라드 도드맨은 개를 행복하게 해주는 7가지 방법을 제시하였다.

1. 산책
2. 사료의 개선
3. 개의 몸짓 언어를 이해하는 것.
4. 올바른 목줄 사용하기
5. 리더십 훈련
6. 두려움을 극복하게 도와주는 것
7. 환경풍부화

● 산책

일반적으로 개는 산책을 매우 좋아하고 산책이나 운동을 할 수 밖에 없는 작업견(Working Dog)이었다. 최근에는 하는 일이 없어져서 개들이 많은 행동학적인 문제를 일으키고 있기 때문에 가능하면 산책을 시키는 것이 바람직하다. 이에 대해서는 다시 자세히 다룰 것이다.

● 사료의 개선

일반적으로 사료는 별 문제가 없을 것이라고 생각하지만, 의외로 사료가 품질이 나쁠 경우 행동상의 문제를 일으키는 경우가 종종 있다. 특히 항산화 성분이 부족하면 문제가 발생할 수 있다.

일반적으로 사료의 경우 미국사료협회(AAFCO)에 의해 제시된 성분 표 목록을 모두 충족하게 만든다. 그러므로 성분비율 보다는 어떤 조건으로 사료를 만들었는가를 살펴보는 것이 더욱 중요할 수도 있다. 이것은 해썹(HACCP)과 제조품질관리기준(GMP) 등의 인증을 받은 공장에서 생산되었는가 등을 통해서 확인할 수 있다.

사료의 품질이 나쁜 것이 문제를 일으키는 경우가 종종 발생하는데, 가장 대표적인 것이 신장의 손상이다. 신장이 손상되면 당연히 여러 가지 행동상의 문제를 일으킬 수 있다.

● 카밍 시그널의 이해

카밍 시그널의 종류 및 의미에 대해서는 이미 자세히 다뤘기 때문에 생략한다.

개들의 언어를 이해한다는 것은 특히 카밍 시그널을 이해하는 것이다. 개들의 카밍 시그널을 이해할 경우, 개들과 몸짓 대화가 어느 정도 가능해진다. 특히 잘못된 행동을 할 때, 이것을 처벌이 아닌 카밍 시그널로 보여줌으로 개들에게 사람의 의지를 표현할 수 있다.

● 올바른 목줄의 사용

많은 사람들이 매우 강압적인 목줄을 사용하거나, 혹은 너무 느슨하게 훈련하고 있는데 일반적으로는 짧은 목줄을 권장하는 것이 대부분의 훈련사의 입장이다. 초크체인은 권장하지 않는다. 전문가는 초크체인이 의사소통의 도구로 매우 좋고, 학대를 하지 않기 때문에 아무런 문제가 없지만, 일반인은 초크체인이 목을 조르는 방식으로 개를 통제하는 것으로 잘못알고 있어 비전문가는 초크체인을 사용하지 않는 것이 좋다.

● 리더십 훈련

일반적으로 복종훈련이 발달된 리더십 훈련은 사람마다 의견이 다르기 때문에 무엇을 의미하는가는 다르다. 그러므로 리더십 훈련의 내용을 잘 파악하고 개에게 주인이 신뢰할 만한 사람이라는 것을 인식시켜야 한다.

● 두려움에 의한 행동문제 해결

두려움은 앞의 방법만으로는 해결할 수 없거나 아예 적용하기 어려운 부분이 많다. 이러한 행동은 어떤 의미로는 자신감의 문제이며, 따로 자세히 다루었다.

● 환경풍부화

환경풍부화는 매우 단순하다고 할 수도 있지만, 자세히 다룰 필요가 있을 만큼 중요하다.

개의 행동수정은 일단 산책과 같은 활동을 증가시키고, 그다음은 리더십에 문제가 없는지 확인하고 그럼에도 문제가 지속될 것들은 각각 따로 문제 행동을 교정하는 전략을 수립하는 것이 바람직하다.

강아지를 행복하게 하는 것들은 문제 강아지들을 이해하는 방법이기도 하다. 환경풍부화는 다양한 방법으로 접근할 수 있다.

● 리더십 훈련

좋은 주인은 좋은 리더이다. 개들은 안정적으로 신뢰할 만한 리더를 원한다. 그러나 일부 사람들은 개와의 관계에서 이러한 역할을 하기보다는 작은 놀이기구처럼 생각한다. 가장 대표적인 것이 개를 쓸데없이 야단치는 것이다. 이때 개가 죄책감을 느끼는 것도 아니고 개들은 불편한 상황을 모면하기 위해서 죄책감을 느끼는 표정을 하는 것이다. 특히 쓸데없이 개와의 갈등을 야기하는 것은 백해무익한 것이다.

● 갈등의 회피

갈등의 회피 혹은 원인 제거란 사람들이 복종 훈련을 한다고 의도적으로 개를 도발하는 행위나, 개의 잘못된 행위의 원인을 미리 차단하여 가능하면 갈등을 일으키지 않도록 환경을 개선하는 것을 말한다.

만약에 개가 어떠한 상황에서 으르렁거리거나, 입술을 올리거나, 달려들거나, 혹은 물으려고 한다면, 이러한 상황을 일으키는 원인을 빨리 찾아야 한다. 개가 사람에게 갑자기 달려든다면 바로 직전에 한 행동이 맘에 안 들기 때문일 가능성이 높다. 개가 으르렁거린다면 주인은 개가 왜 으르렁거리는지 파악해야 한다.

일반적으로 개들이 달려들기 전에 이미 카밍 신호를 보냈을 것이다. 이때 주인은 그 신호를 무시하지 말아야 한다. 개들은 두려움을 가지고 있을 수도 있고 뭔가 불편할 수 있다. 이점을 존중해주지 않는다면 개들이 공격적인 성향을 보이는 것을 피하기 어렵다.

● 잘못된 행동

위의 행동의 일부는 개들에게 서열의식을 심어주고 사람이 주인이라는 것을 심어주기 위해서 제시하는 행동이기도 하다. 하지만, 이것은 단순히 확인용으로 시도해 볼 수는 있지만, 결코 따르지 않는다고 훈련을 시키는 것은 바람직하지 않다.

① 개가 먹이를 먹을 때 음식을 만지거나 추가함

사람도 음식을 먹을 때 다른 사람이 자기 음식에 손을 대면 기분이 좋지 않을 것이다. 우리말에 "개도 밥 먹을 때는 건드리지 않는다"라는 말이 있는데, 그 만큼 개의 먹이를 건드리는 것은 바람직하지 않다.

늑대도 사실 서열이 낮은 늑대의 음식을 빼앗아 먹지 않는다. 설사 빼앗으려고 해도 뺏기지 않으려고 노력한다. 예전에 미치(Mech)는 수컷 늑대가 암컷 늑대가 먹는 것을 빼앗으려고 하자 암컷 늑대가 약 1시간을 도망가면서 결국 지켜낸 것을 관찰한 적이 있다.

부모는 자식이 밥을 먹을 때 먹을 것을 뺏지 않는다. 그러므로 이러한 행동을 개에게 해서 자신이 서열이 높다고 말하는 것은 그냥 서열에 미친 사람일 뿐이지 개들의 존경을 받을 수는 없다.

② 개가 사료를 먹을 때 옆에 지켜봄

개가 사료를 먹을 때 그 주변에서 먹는 장면을 지켜봐야 하는 이유가 분명하지는 않지만, 개가 이러한 것을 받아들여야 한다고 주장하는 사람들도 있다. 만약에 개가 으르렁거리고 불편한 신호를 계속 보내는데도 내가 서열이 높아야 한다고 생각해 그곳에 계속 있는 것은 매우 안 좋은 행위이다.

이와 관련하여 안 좋은 습관은 개가 사료를 먹을 때 그 주변을 너무 가까이 지나가는 것이다. 이것이 전혀 문제가 되지 않는 강아지도 있지만, 문제가 된다면 그렇게 해서는 안 된다.

가장 좋은 방법은 개가 방해받지 않는 곳에서 사료를 주는 것이다. 개가 사료를 먹고 있는데 사람이 지나갈 때 으르렁거리는 것은 아마도 개가 아직 사람을 신뢰하지 않기 때문이다. 억지로 참고 한다고 신뢰가 생기는 것은 아니다.

③ 개가 좋아하는 뼈 및 다른 특별한 음식 아이템 때문에 으르렁거림

이러한 문제가 있다면, 가장 간단한 해결법은 개에게 이러한 음식을 주지 않는 것이다.

참고로 개에게 뼈를 주는 것은 권장하지 않는다. 이것은 이빨을 부러 뜨릴 수도 있고, 치근을 망가뜨릴 수도 있다. 또한 살모넬라와 같은 것에 감염될 수도 있고, 일부는 장폐색을 일으킬 수도 있기 때문에 일반적으로 수의사들은 생뼈를 주는 것을 반대한다. 하지만, 만약 이러한 점을 알고 조치를 취할 수 있다면 무조건 반대할 필요는 없다.

개에게 '내가 리더니까 이것은 내꺼야' 하는 식으로 뺏으면 개도 참지 못할 것이고 이러한 갈등은 일어나지 않아도 될 갈등이기 때문에 피하는 것이 바람직하다.

④ 훔친 음식을 내놓지 않으려 한다

사람들은 전두엽이 발달했지만 개는 그렇지 않아서 감정이 우선이다. 개에게서는 '훔쳤다'라는 개념이 없을 수도 있다. 괜히 이러한 상황에서 싸우려 들지 말고, 가능하면 개가 훔치지 못하게 음식을 절대로 테이블에 남겨두지 말아야 한다. 쓰레기통에 넣을 때도 개가 뚜껑을 열 수 없는 쓰레기통을 사용해야 한다. 절대로 피자나 핫도그 혹은 남은 고기 등을 아무도 없는 상태에서 놓아두지 않아야 한다. 만약에 그럼에도 불구하고 개가 이것을 훔쳐 먹었다면 개가 이긴 것이니 그냥 놔두어야 한다.

⑤ 훔친 물건을 내놓으려고 하지 않는다

양말이나 신발 혹은 속옷을 훔쳐간 후에 이를 내놓지 않으려는 개들이 있다. 이 행동은 아마도 개들이 관심을 받기 위한 경우가 대부분이

다. 개들이 이러한 행동을 하면 대부분의 주인들은 하던 일을 멈추고 가능하면 개가 좋아하는 다른 것을 주거나 보여주면서 교환을 하려고 한다. 이것은 별로 할 일없는 개들에게는 놀랄만한 경험이 될 수도 있다. 이에 대한 해결책은 간단하다. 양말은 서랍 안에 넣어두고, 신발은 신발장에 넣어두고, 모든 것은 개가 훔칠 수 없는 곳에 두어야 한다. 또한 이와 함께, 개가 즐길 수 있는 장난감을 같이 마련해 두는 것이 좋다. 그럼에도 불구하고 개가 훔쳐갔다면, 그냥 무시하고 싫증내거든 이것을 다시 회수하는 것이 좋다.

⑥ 욕실 물건을 훔친다

개 중에서 일부는 욕실의 화장지를 훔치는 경우도 있다. 이런 경우 반응을 해주지 말고 개가 꺼낼 수 없는 곳에 이러한 물건을 치워야 한다. 만약 그렇게 노력했음에도 불구하고 다시 개가 이것을 훔쳐냈다면, 개가 그것을 가지고 놀도록 하는 것이 낫다. 개는 기본적으로 욕실 물건이 필요하지 않음에도 훔친 것이며, 이것은 관심을 끌기 위한 행동이다. 그러므로 이러한 행동을 무시하면 개들은 훔칠 가치를 느끼지 못할 것이다. 같은 방식으로 훔칠 수 있는 모든 물건에 대해서 적용할 수 있다.

하지만 일부는 매우 위험할 수 있는 물건이기 때문에 이때는 매우 주의해야 한다. 예를 들어 안경, 리모트 컨트롤, 카드가 많이 들어있는 지갑 같은 경우는 이것을 씹고 삼키면 위험할 수 있어 주의해야 한다. 특히 신용카드를 삼키고 장에 문제가 생겨서 수술을 해야 할 때는 치료비를 지불할 방법도 없을 수가 있다. 특별히 조심해야 한다.

이럴 때는 관심을 다른 곳에 돌리는 방법을 택하는 것이 좋다. 예를 들어 영역에 대한 집착이 조금 있는 강아지라면 현관으로 가서 마치 손님이 온 것처럼 초인종을 울리는 것도 좋은 방법이다. 혹은 산책을 좋아하는 강아지라면, 리드줄이나, 하네스를 가져오는 것도 좋다. 아니면 개를 데리고 맛있는 사료나 간식이 있는 곳으로 데려가면 좋다. 하지만 주의할 것은 이때 훔친 물건과 간식을 서로 바꾸어서는 안 된다. 이것은 개에게는 앞으로 기회가 되면 더 훔치도록 자극할 뿐이다. 만약에 관심을 돌리는 데 성공했으며, 물건을 회수하고 산책을 하거나 사료나 간식을 주거나 해야지, 보여만 주고 말면 개들도 속았다는 것을 알게 된다. 특히 개들도 정의감과 공정함에 대해서 인식하고 있기 때문에 그것은 바람직하지 않다.

⑦ 개를 마구 만질 때 으르렁거린다

사람들을 개를 쓰다듬어주고 안아주고 싶어 한다. 하지만 이것을 싫어하는 개들에게는 하지 말아야 한다. 물론 개들도 배를 보이면서 쓰다듬어 달라고 할 때가 있다. 이러한 때는 아무런 문제가 없지만 대부분의 경우는 좋아한다기보다는 참을 만해서 참는 것이 대부분이다.

만약에 개에게 손을 대려고 할 때 개가 으르렁거린다면 손을 대지 말아야 한다. 만약 서열을 알려준다는 생각으로 심하게 행동하면 안 된다. 일반적으로 개들은 머리보다는 가슴 부위를 만져주는 것을 좋아하기 때문에 머리보다는 가슴을 만져주는 것이 낫다.

⑧ 개의 개인적인 공간에 들어간다

일부 개들은 사람이 너무 가까이 접근하면 매우 불편해한다. 만약 사람도 같이 있는 사람이 10cm 떨어진 곳에서 말을 한다면 매우 불편할 것이다. 대개 이러한 것은 상대를 겁주기 위한 장면에서나 볼 수 있다. 어떤 사람은 개에게 키스를 하려다가 3번이나 물리기도 했는데, 만져

주고, 키스하고 안아주는 것이 모든 개들이 항상 좋아하는 것만은 아니다. 일부 개들은 이러한 행동을 매우 무례하다고 생각한다.

⑨ 잠을 자고 있을 때 방해한다

사람도 잠을 자고 있을 때 깨우면 엄청 화가 나는데, 개도 마찬가지이다. 이러한 행동은 안 하는 것이 낫다. 일부 동물행동 교정사들은 개들이 이러한 행동을 참아야 한다고 말하기도 하지만 그것은 쓸 데 없는 갈등이다. 셰익스피어는 16세기에 "잠자는 개는 자도록 하라"는 말을 남겼다. 지오프리 초서도 역시 "잠자는 하운드를 깨우는 것은 정말 안 좋은 일이다"라고 했다. 옛날 현자들의 말을 무시하지 않는 것이 좋다.

⑩ 개를 사람보다 높은 위치에 올려놓지 않는다

대부분의 갈등 상황에서 개의 위치가 평소보다 높은 곳에 있을 때 이러한 갈등이 더 심해지는 것으로 알려져 있다. 특히 주인을 향한 공격성을 보이는 개들은 가능하면 높은 곳에 올려놓지 않는 것이 바람직하다. 이러한 공간은 소파, 침대 혹은 의자를 말한다. 개들이 공격성을 보인다면 크레이트에 있게 하고 다른 식구들이 절대 방해하지 않아야 한다. 후에 개가 불편해하지 않는다면, 이때는 주인을 향한 공격성은 사라졌을 것이다.

자원의 통제

개들은 생활에 필요한 모든 것이 오직 주인으로부터 온다는 것을 이해해야만 한다. 우리나라의 개와 달리 외국의 개들은 설사 노숙자의 개일지라도 공격성을 보이지 않고 주인과 같이 문젯거리를 만들지 않고 옆에 있을 수가 있다.

개가 사람들의 사회에서 안전하게 살기 위해서는 주인에 대한 믿음을 가져야 하고 주인은 개들을 적절하게 훈련시켜야 한다. 하지만 대체적으로 일반인들은 개들에게 필요한 이러한 정보를 제대로 알려주고 있지 않다. 설사 집안의 모든 식구에게 공격적인 개라고 할지라도 그 개를 먹여 살리는 것은 집안 식구들이다. 그럼에도 불구하고 아마도 그 개는 그 사실을 모르고 있거나, 주인을 레스토랑의 웨이터 정도로 생각하는 것이다. 주인은 개를 위해서 직장을 다니고, 사료를 구입하고 같이 놀아준다. 겨울에는 난방하고 여름에는 냉방을 하며 틈날 때마다 산책한다. 간식을 사주는 것도 역시 사람이다.

이 훈련의 목적은 모든 좋은 것은 주인에게서 온다는 것을 알려주는 것이다. 그리고 이러한 것은 공짜로 얻을 수 없다는 것을 알려주기 위한 것이다.

개에게 앉으라고 하면 몇 %나 명령을 따라하는지 알아볼 필요가 있다. 만약 약 70% 정도만 따라서 한다면 이 말은 자기가 원할 때만 한다는 말과 큰 차이가 없는 것이다. 즉 개들은 앉아라는 말을 이해하고 있지만, 이것을 따르지 않는 것은 개들이 주인을 존경하거나 지도자로 생각하지 않는 것이다.

만약에 개들이 이러한 명령에 따르지 않으면 그것에 대한 부정적인 반응이 뒤따르지 않으면 개는 자신이 무엇을 잘못하고 있는지 모른다. 그렇다고 해서 고함치고 때리는 것은 처벌이기 때문에 해서는 안 되는 행위이다. 이런 경우는 다만 개에 대한 관심을 끊어버리고, 주고자 했던 것이 간식이라면 간식을 주지 않으면 된다.

개들에게 모든 것이 주인에게서 온다는 것을 알려줄 수 있는 가장 간단한 방법은 사료를 그냥 주지 않고 항상 어떤 행위와 연결시키는 것이다.

사료를 준비하여 사료 그릇에 넣어준 다음에 개들에게 '앉아!', 혹은 '엎드려!'를 시킨다. 만약 이미 앉아 있다면 '엎드려!'를 시켜야 한다. 만약 엎드려 있다면 앉아를 시킨다. 그리고 이러한 명령에 따르는지 3초를 기다린 후에 사료를 준다. 만약에 이것을 따르지 않으면 사료를 주지 말아야 한다. 만약에 말을 들으면 바로 사료를 주고 방해하지 않아야 한다. 처음에는 명령을 듣기 싫어서 잠시 머뭇거릴 수가 있으므로 3초를 기다려 줘야 한다.

이러한 훈련이 필요한 개들은 처음에는 명령을 따르지 않을 수가 있지만, 12시간 뒤에 다시 다음 식사를 할 때 동일한 사람이 동일한 방법으로 훈련을 해야 한다. 개가 만약 앉아와 엎드려를 알고 있음에도 이것을 따르지 않는 것은 이것을 거부하는 것이다. 심한 경우는 3~5일간 먹지 않고 버티는 개들도 있다. 하지만 결국은 명령에 따르게 되어 있다. 일단 명령에 따르기 시작하면 다음에는 명령을 따르는 시간을 2초로 줄이고 그 다음 주는 1초 내지 즉시 반응하도록 해야 한다. 주인이 해야 하는 것은 명령에 따랐을 때 바로 먹이는 주는 것이다.

그리고 앞으로는 어떠한 간식을 주더라도 이러한 훈련을 통해서 개들이 노력을 해서 얻었다고 생각하도록 해야 한다. 이러한 훈련은 처음에는 매우 거칠어 보이지만 반드시 진행해야 하는 훈련이다. 이러한 훈련을 하고 나면 주인을 향한 공격성은 아마도 걱정하지 않아도 될 것이다.

개들을 쓰다듬어주는 것 역시 그냥 해주는 것은 바람직하지 않을 때가 많다. 물론 모든 쓰다듬어 주는 행위를 항상 개가 뭔가 요구한 것을 들어준 다음에 할 필요는 없지만, 반대로 마치 자판기처럼 항상 자기가 원하면 받을 수 있다고 생각하게 하는 것도 좋은 것은 아니다.

만약에 소파에 앉아서 신문을 보거나 책을 읽는데 개가 와서 자리를 잡고 코를 내밀며 만져 달라고 하면 일반적인 사람들은 대개 귀여워서 쓰다듬어 준다. 하지만, 이러한 것보다는 이러한 행위에 반응을 보이지 않고 잠시 서 있다가 조용해지면, 개에게 "이리와!" 혹은 "앉아!"라고 말한 후에 쓰다듬어주는 것이 더 리더십 훈련에 적합하다. 이렇게 함으로써 개는 주인의 말을 들어주면 더 좋은 일이 생긴다는 것을 배우게 되는 것이다.

개에게 장난감을 주는 것도 마찬가지이다. 항상 장난감이 주변에 널려 있다면 장난감의 중요성을 알지도 못하고 필요할 때 훈련이 되지도 못한다. 가장 좋은 방법은 개가 열수 없는 상자나 서랍 등에 넣어두고, 필요할 때만 번갈아가면서 개에게 주는 것이다. 개가 좋아하는 장난감은 그냥 줘서는 안 된다. 개는 새로운 장난감이 있다는 것을 알게 되고 주인이 이것을 꺼내려고 하면 바로 옆으로 와서 번득이는 눈을 하고 침을 흘리면서 쳐다볼 것이다. 주인은 장난감을 꺼낸 후에 "앉아!" 혹은 엎드려를 시킨 후에 이것을 따르면 바로 장난감을 줘야 한다. 개가 장난감을 가지고 놀다가 싫증이 나면 장난감을 다시 개가 꺼낼 수 없는 상자나 서랍 등에 넣어둔다. 그리고 개가 다시 이 장난감을 사용하기 위해서는 앞에서와 같은 순서를 따라야 한다.

개와 놀이를 할 때 주의할 점이 있다. 일반적으로 오래 전에는 줄다리기, 씨름과 같은 힘을 겨루는 등의 놀이를 하지 말라고 하는 경우가 있었다. 이것은 어느 정도는 맞는 말일 수도 있다. 하지만 최근에 와서는 만약 개가 줄다리기에서 항상 지기만 한다면 흥미를 잃어버릴 뿐만 아니라 설사 주인이 줄다리기에서 졌다고 해도, 주인을 무시하지 않는다는 것이 확인되었다. 그래서 이러한 놀이를 할 때 무조건 지기만 하는 것도 결국은 좋지 않을 것이다. 주인이 약한 사람이라고 생각하게 된다면, 리더십과 신뢰가 무너질 수도 있기 때문이다.

개와 놀이를 할 때 주인이 주도한다는 것을 가장 쉽게 알릴 수 있는 것이 바로 공을 던지고 집어오게 하는 것과 숨바꼭질이다. 주의할 것은 게임을 시작하고 끝내는 것을 주인이 결정해야 한다는 것이다. 만약 개가 공을 집어와서 주인 앞에 놓자마자 공을 다시 던진다면, 그 놀이는 개가 시작하는 것과 다름이 없다.

프리스비나 공놀이를 할 때 주인은 장난감을 항상 개가 접근할 수 없는 공간에 보관해야 한다. 놀이는 개가 좋은 행동을 했을 때 보상으로 할 수 있다. 개가 만약 공을 가지고 오지 않게 되면 그 게임은 개가 종료한 것이다. 이러한 일이 발생하지 않도록 가능하면 개가 피곤해지기 전에 "그만!"이라는 명령어와 함께 게임을 종료하는 것이 좋다.

결론적으로 개에게 어떠한 것을 해줄 때는 항상 뭔가 명령을 해서 그것을 들어주면 보상하는 것으로 인식시키는 것이 좋다.

행동관리

행동관리는 개의 문제 행동을 미연에 방지하는 것이다. 예를 들어 개가 손님이 오면 손님에게 달려들어 옷을 더럽힌다면, 아예 처음부터 초인종이 울리면 개를 다른 방에 데리고 가서 놀아준다거나, 간식을 주는 것과 같은 행위이다.

그 외에도 밖에 지나가는 행인을 보고 짖는 경우는 소리 때문이라면 마땅한 방법이 없지만, 시각적인 자극에 의한 것이라면, 커튼을 치거나 해서 개가 아예 그쪽을 볼 수 없게 만들어 버리는 것이다.

잘못된 습관을 들인 다음에 교정하는 것보다는 이러한 습관이 아예 형성되지 않게 미리 주의하는 것이 중요하다.

고치고 싶은 개의 행동	해결책
집에 찾아온 손님에게 뛰어 오른다.	초인종이 울리면 개를 다른 방에 넣어 둔다.
주인이 집에 오면 주인한데 뛰어 오른다.	개한데 선물을 던져 주거나 공을 던져 찾아오라고 시킨다.
밖에 행인이 지나가면 짖는다.	커튼을 치거나 개가 창가에 오지 못하게 한다.
개줄을 잡아 당긴다.	잡아당김 방지 헤드 홀터나 하네스를 입힌다.
물 호스를 공격한다.	물 주는 동안에 개를 방 안에 넣어 둔다.
가구를 씹어댄다.	개가 가구 근처에 오지 못하게 한다 - 펫 게이트(Pet Gate)나 크레이트를 사용한다.

하지만 일단 이러한 문제 행동이 생기면, 가능하면 그 행동보다는 다른 대안행동을 제안하여 그 문제 행동을 할 수 없도록 훈련시키는 것이 바람직하다.

환경풍부화

개들은 지겨움과 관련된 많은 문제 행동을 일으킬 수 있다. 개들은 자연에서는 먹잇감을 추적하고 포식하는 것이 일상적인 생활이므로 항상 이것을 하고자 하는 욕구가 있다.

● 환경의 중요성

인생에 있어서 이러한 보상의 중요함은 오래전부터 환경풍부화라는 이름으로 알려져 있었다.

동물의 삶의 질을 단순히 몇 가지 지표만으로 판단하기는 매우 어렵다. 하지만, 최소한 정신병적인 행동을 하는 것은 동물의 삶의 질을 악화시키는 것은 분명하다.

그러므로 최근에는 정형행동(Stereotypy)을 삶의 질이 악화된 지표로 보기도 한다.

● 정형행동

정형행동은 반복적으로 특정한 행동을 무의미하게 반복하는 것이다. 우선 이것이 정신과가 아닌 다른 의학적인 문제인지, 아니면 행동학적인 문제인지부터 확인해야 한다. 반복적 행동을 일으킬 수 있는 의학적 문제는 다음과 같다. 이것이 의학적인 문제가 있어서 발생하지 않은 것이 확실하다면 이를 개선하기 위해서 환경풍부화를 하는 것이 바람직하다.

● 환경풍부화가 필요한 이유

환경풍부화라는 것은 동물의 삶의 질을 높여주기 위한 방법이다.

예전의 개들은 현대의 아파트 문화가 아닌 시골에서 자유롭게 살았었다. 예를 들어 비글만 해도 사냥본능이 매우 강하다. 예전이라면 비글은 주인과 함께 여러 마리의 비글과 같이 무리를 이루어서 작은 동물들을 사냥했을 것이다. 비글이 산토끼 냄새를 맡으면 다른 개들과 주인에게 목소리(짖음)로 신호를 보내고, 산토끼를 몰고, 결국 좁은 굴로 들어가서 사냥감을 잡아 올 수 있었을 것이다. 비록 잡은 사냥감을 주인에게 주어야 했겠지만, 사냥을 하는 즐거움은 반드시 사냥감을 먹어야만 하는 것은 아니다. 이것은 현대의 많은 낚시꾼들이 잡은 물고기를 다시 놓아주는 것으로도 알 수 있다.

하지만 현대의 강아지들은 아파트에 살고 있으며, 주인은 바빠서 자신과 같이 놀아줄 시간이 부족하여 아주 가끔 산책 나갈 수 있을 뿐이다. 개들은 본능이 있고 주어진 환경에서 최선을 다하려고 노력한다. 시간을 보내고, 자신의 능력을 개발하기 위해서 러그를 핥고, 나무 가구를 씹어대고, TV에 나오는 동물을 보며 흥분하기도 하고, 집밖으로 지나가는 사람소리를 듣고 짖기도 한다. 이러한 행동은 개에게서는 아주 정상적이지만 사람의 입장에서는 문젯거리다. 이런 문제를 해결하기 위해서는 일단 산책을 오랫동안 하면서 실제 자연을 즐기게 하고, 개에게 좀 더 자유롭게 놀 수 있게 해야 하며, 실제 토끼를 볼 수 있게 해주어야 한다. 집에서는 음식 퍼즐, 씹는 장난감, 그리고 인터렉티브한 게임 등이 가장 좋은 대안이 될 수 있다.

동물원에서 환경풍부화를 위해서 가장 먼저 하는 것은 먹을 것을 먹을 때 스스로 노력하도록 하는 것이다.

개는 자연에서의 가장 중요한 본능이 먹이감을 향해서 달리고 추적해서 포식하는 행위이다. 이러한 개의 본능은 현대 사회에서는 거의 무시될 수 밖에 없다. 사료를 주기 때문에 굳이 사냥해서 먹이를 얻을 이유가 없어졌기 때문이다. 하지만 종종 이러한 무료함이 개들에게는 심각한 문제를 일으킬 수 있다.

포식행위는 크게 추적과 먹이를 잡아먹는 과정으로 나눌 수가 있다. 이 두 가지 행위를 충족시키지 못한 경우에는 심각한 행동학적인 문제를 일으킬 수 있다. 일부 개는 먹잇감을 찾기 위해서 온 초지를 헤매고 다니기도 한다. 이미 지나간 동물의 흔적을 추적하는 것은 개에게는 자연에서는 매일 매일의 일과였을 수도 있다. 만약 쓰레기 매립장소에서 날아다니는 수많은 새들을 찾았다면, 아마 개들은 이러한 경험을 잊지 못할 것이고, 그 어떠한 놀이보다 이러한 행위를 좋아할 것이다. 이러한 행위가 충족되지 않으면, 종종 산책하면서 쓰레기를 먹거나, 죽은 동물의 시체를 먹거나, 양말이나, 속옷을 먹으려고 하거나, 혹은 돌을 씹으려 하기도 한다. 이러한 것을 줄이기 위해서 개들을 위해서 여러 가지 놀이가 개발되었다. 트래킹, 루어 코싱, 플라이볼, 어스독 트라이얼 및 가축 몰이 등을 매우 좋아한다. 이러한 것들은 미국에서는 사실 비용만 지불하면 할 수 있는 곳이 많다. 만약 개가 실제 사냥과 유사한 행동을 해본 경험이 있다면, 다른 사람의 자동차나 스케이트보드 혹은 자전거를 따라가지는 않을 것이다.

종종 작은 동물을 추적하는 본능이 강한 개는 종종 그림자를 쫓거나, 빛을 따라다니기도 하며, 마치 먹잇감을 추적하듯이 따라다닌다. 실제 먹잇감이 없다면, 개들은 그것을 만들어낸다. 먹이를 추적하려는 본능이 강한 개들이 이러한 행동을 하기 시작한다면, 실제로 이러한 행동으로 인한 스트레스를 해결해 줄 수 있는 방법을 찾아주는 것이 바람직하다.

앞서 말했듯이 집 근처의 개를 위한 시설을 이용할 수 없다면, 집에서 이러한 충동을 해결해주는 것이 바람직하다. 일반적으로 공 던지기, 프리스비가 가장 좋은 방법이 될 수 있다. 일부 마당이 있다면, 작은 공간에서도 어질리티 코스를 만들어줄 수 있다. 이렇게 함으로써 개들이 달릴 수가 있고 생각할 수 있다.

- **테리어** : 테리어는 흔히 해롭다고 생각하는 동물, 즉 쥐를 비롯한 작은 동물을 찾아내서 잡기 위한 품종이다. 이들의 본능을 충족시키기 위해서는 어스독 시험(Earthdog Trial)이 개발되었다. 놀이기구 중 플라스틱 터널도 테리어와 같이 놀기 좋다.

위의 그림은 미로가 지표면 위에 드러나지만, 실제로는 지표면 아래에 미로가 숨겨져 있기 때문에 개들은 미로를 통과하면서 원하

는 목표물을 찾아야 한다.

- **하운드**: 역시 사냥을 위해서 만들어진 견종이지만, 기본적으로 사냥감을 찾거나 추적하기 위한 목적을 가지고 만들어진 견종이다. 냄새를 통해서 추적하는 후각 하운드와 눈으로 보고 찾는 시각 하운드 두 종류로 나눈다. 후각 하운드 경우는 외국에서는 멸종위기종 동물, 특히 거북을 찾는데 도움을 주고 있다. 시각 하운드는 루어코싱을 매우 즐긴다.

- **목양견**: 현실적으로 목양견을 위해서 양을 키우는 것은 불가능하기 때문에, 플라이볼(Flyball)과 같은 경기를 통해서 목양견의 본능을 충족시키는 것이 바람직하다. 만약에 그것도 어렵다면, 테니스공을 주워오도록 하는 놀이도 매우 좋아한다.

- **조렵견**: 이 품종은 사냥꾼을 돕기 위해서 만들어진 개이다. 사냥한 동물을 물어오도록 하기 위해서 만들어진 견종들이기 때문에 이들의 호기심을 충족시키기 위해서는 사냥을 해야 하나 보통은 이와 유사한 프리스비와 같은 놀이를 한다.

- **비스포팅 독**: 이것은 다양한 부류가 포함되는데, 이 개들은 매일 매일 산책을 하고 마당이 있다면 마당 안에서 달리도록 해주고 움직이는 것을 추적하게 해주면 대부분의 문제가 해결된다.

- **사역견**: 이 계통의 견종은 대개 포식 본능이 강하지 않다. 하지만 몇몇 개들은 예외인데, 아키타는 원래 곰을 사냥하는 데 사용했고, 로트와일러는 보기와는 다르게 소를 몰던 개였다. 아키타는 트랙을 달리는 훈련을 좋아하고, 로트와일러는 슈츠훈트(Schutzhund)훈련이 도움이 된다. 슈츠훈트란 주로 셰퍼드를 대상으로 하는 훈련으로 셰퍼드(쇼독/워킹독)가 사역견으로서 갖추어야 하는 특성을 소유하고 있음을 증명하는 것이며 또 갖고 있

는 특성이 약할 때 그들을 강하게 만드는 운동이자 훈련이다. 자세한 것은 훈련 동영상을 보는 것이 이해가 빠르다.

- **토이 브리드**: 대개는 다른 분류에 포함되는 견종을 소형견으로 만든 것이다. 말티즈, 요크셔 테리어는 테리어계열이며 토이푸들은 사냥개이다. 이탈리안 하운드는 비록 몸은 작지만 하운드이다. 이들은 테리어와 사냥개의 본능을 가지고 있고, 좋아하는 추적놀이나, 트랙킹을 즐긴다.

● 사회적인 문제

개는 무리를 이루는 동물이다. 일반적으로 먹이가 풍부하면 무리를 이루지 않지만, 대개 자연에서는 먹을 것이 충분하지 않기 때문에 대부분은 무리를 이루어서 살게 된다. 그렇기 때문에 개들은 친구가 필요한 경우가 많다. 개에게서 가장 나쁜 경우는 혼자 키워지고 집에 혼자 있는 것이다. 개를 완전히 혼자서 키울 경우에는 배우는 것이 매우 늦고, 공격성을 보이며 지나치게 과민한 반응을 한다.

이러한 개들은 때때로 자신의 발 혹은 꼬리와 싸움을 하기도 한다. 인터넷에 보면 사람들이 이러한 개를 멍청하다고 표현하는 제목으로 올리는데, 이는 멍청한 것이 아니라 삶의 질이 낮아져서 발생한 문제이다. 이것을 플로팅 림 신드롬(Floating Limb Syndrome)이라고 하는데, 유튜브의 한 방송에서는 이것이 강아지 공장의 문제라고 언급했지만, 강아지 공장의 문제일 가능성은 매우 낮고, 오히려 개를 혼자 방치하고 지나치게 단조롭게 키웠기 때문일 가능성이 높다. 오히려 강아지 공장은 개를 여러 마리씩 같은 장에 넣어서 키우는 소셜 하우징을 하기 때문에 이러한 문제가 거의 없다. 뿐만 아니라 개를 안아주니까 심장 소리 때문에 안심한다고 하는데, 개를 안아준다고 해서 개가 심장소리를 듣는 것도 아니고, 개들의 몸에 압박이 가해지면 개들이 편안하게 느끼는 것일 뿐이다. 사실 많은 문제를 강아지 공장의 문제로 돌리는 방송의 대부분은 근거가 없다. 오늘의 문제는 어제에 원인이 있는 것이고 어제의 문제는 그 전날의 문제가 이어진 것이다. 오늘 생긴 문제를 태어날 당시의 문제로 환원하는 것은 프로이드 심리학의 특징이지만, 이러한 접근방법은 현대 심리학에서 사실이 아니라고 부정되고 있다.

● 물리적인 안식처

개들도 자기만의 공간을 가지고 싶어한다. 이것은 보통 개집이 될 수도 있지만, 크레이트 정도면 충분하다. 데니스 펫코(Dr. Dennis Fetko)는 개를 사랑한다면, ①건강을 관리해주고, ②중성화를 해주며, ③개들을 훈련시키고, ④크레이트를 제공하라고 조언했다. 개들은 굴(Den)과 같은 것이 아니라 크레이트로도 충분하다고 알려져 있으며, 크레이트를 사용하면 많은 문제들을 해결할 수 있다. 예를 들어 외부에서 손님 특히 아이들이 많이 왔을때 크레이트에 개를 놓아두면 개들을 보호할 수도 있다. 그렇기 때문에 크레이트 안에서는 결코 개를 불편하게 하거나 야단치면 안 된다. 크레이트는 너무 커도 안 되고 너무 작아도 안 된다. 개가 서있을 때 위, 앞, 뒤로 부딪치지 않아야 하며, 몸을 돌릴 수 있도록 옆으로 넓어야 한다. 가능하면 크레이트는 속이 보이지 않도록 되어 있는 것이 좋다. 만약 와이어로 되어 있으면 담요 등을 덮어두는 것이 좋다. 크레이트의 바닥은 가능하면 따로 분리하여 세척이 가능해야 한다. 비닐판도 괜찮고 쿠션이 있는 제품도 좋다.

개가 크레이트를 좋아하지 않으면 너무 강요하는 것은 바람직하지 않다. 크레이트 옆에 간식을 넣어두고 천천히 적응시켜야 하며 절대로 크레이트를 처벌의 도구로 사용해서는 안 된다.

개가 크레이트를 사용하더라도 문이 열려 있고, 창문을 통해서 밖을 볼 수 있으면 좋고, 그렇지 않다면 팻용 TV 채널을 볼 수 있으면 좋다.

일부 개들은 음악을 들으면 효과가 있다는 이야기가 있다. 개들이 소를 좋아하면 컨트리 음악이 좋다고 하지만, 아직 많은 연구가 된 것은 아니다. 일부 개들은 효과가 없다고 한다. 국내에서는 서울대에서 임상시험을 거친 헤르츠도그라는 제품이 있다.

외국에는 반려동물용 라디오 방송도 있지만, 아직 국내에서 이러한 방송은 없는 것으로 보인다. 이러한 소리가 효과가 있는가에 대한 연구도 부족한 상황이다.

개가 혼자 있을 때는 반드시 충분히 씹을 수 있는 장난감이 필요하다.

라벤더와 카모마일 향은 개들은 안정시키는 효과가 있는 것으로 알려져 있다. 일부는 DAP(Dog-Appeasing Pheromone)를 사용하기도 하지만, 이는 불안이 심한 개들이 아니라면 굳이 효과가 크지 않아서 권장할 만한 것은 아니라고 본다. 참고로 향기요법은 개에게서 확인된 치료요법이 아니다. 특히 일부 수의사들이 주장하는 배치요법은 과학계에서는 신뢰하지 않은 방법이고 일부는 사이비 요법이라고까지 생각한다.

야외 활동을 하는 것은 매우 권장할 일이지만, 그렇다고 숲에 혼자 놀 수 있도록 하는 것은 위험할 수 있다. 가장 좋기는 넓은 마당에서 개들이 자유롭게 노는 것이지만, 만약 시골이라면 동네를 돌아다니도록 하는 것 까지는 좋다.

● 개도 일이 필요하다(환경풍부화의 종류)

① 기본 장난감

공, 속을 채워 넣고 누르면 끼익 소리가 나는 장난감, 밧줄 장난감을 주어서 놀도록 한다. 개가 가장 좋아하는 장난감 몇 개를 준다. 다른 종류의 장난감도 시도하면 좋다. 못 먹는 장난감을 실제 먹어 치우지 못하도록 항상 확인해야 한다. 개가 장난감 속에 넣어 둔 먹이를 모두 먹기 전에 몇 번이고 장난감 속을 채워 넣어야 한다.

② 츄와 먹이 장난감

닐라본(Nyla Bone)처럼 먹을 수 없는 츄 장난감, 생가죽이나 불리스틱(Bullystick)처럼 두고두고 씹을 수 있는 먹이, 콩(Kong)처럼 속을 채워 먹는 먹이 장난감, 오메가 포 트리키 트리트 볼(Omega Paw Tricky Treat Ball)같은 건조식품, 먹이를 제공하는 장난감을 이용한다. 주의할 것은 닐라본은 그냥 줘도 되지만, 바닐라, 아니스(Anize)와 같은 냄새를 뿌려주면 더욱 좋다. 또한 드릴로 구멍을 뚫은 후에 음식을 넣어주는 것이 더 좋다.

못 먹는 장난감이나 먹을 수 있는 커다란 츄를 개가 다 씹어버려 삼키지 않게끔 감독해야 한다. 콩(Kong)속을 채워 넣는 장난감의 경우에는 캔에 든 개 음식, 으깬 과일, 조리한 야채, 저지방 크림치즈나 저지방 저염도 땅콩버터 등을 건조한 개 먹이에 소량 섞어 넣도록 한다. 속을 채운 후 냉동실에 얼려서 주면 훨씬 오래 씹을 수 있다는 장점이 있으며, 보통은 땅콩버터나 스프레이 치즈를 사용한다.

이외에도 다양한 인터렉티브 장난감이 개발되어 있다.

③ 놀이

먹이나 선물 찾기를 시도할 수도 있다. 개 먹이를 마당이나 크레이트, 개 침대, 장난감 상자 등에 건조 먹이를 흩뿌리거나 선물을 숨겨놓고 개한데 찾아보라고 할 수 있다. 종이에 사료를 싼 후에 이것을 숨겨도 된다. 이것을 노즈 웍이라고 하기도 하는데, 사람이나 다른 동물에게 먹이를 뺏기지 않으려는 개에게는 좋은 놀이가 아니므로 모든 개에게 적합한 활동은 아니라는 것을 알아둘 필요가 있다.

물건을 던져 갖고 오게 하는 놀이도 도움이 된다. 이때 도전과제를 늘려가며 다양성을 꾀해 본다. 개가 물체를 떨어트리지 않는다면, 장난감이나 공 두 개를 번갈아 사용하는 것이 좋다.

숨바꼭질도 널리 알려진 게임이다. 숨어 있는 사람이나 숨은 장난감을 찾는 놀이이다.

줄다리기(Tug Game) WWWWWWWWWWWW할 때는 사람의 손가락과 가정의 집기를 보호할 수 있도록 개한테 먼저 "뱉어"를 가르쳐야 한다. 지정한 줄다리기용 장난감만 사용하도록 하고, 절대로 양말과 같은 것을 사용하면 안 된다. 놀이를 어떻게 시작해서 어떻게 진행하고 마칠 것인지의 순서를 만들어 놓으면, 언제 줄다리기 놀이를 하고 언제 하지 않는지를 개가 쉽게 알 수 있다.

개가 과도하게 흥분하여 줄다리기 장난감이 아니라 주인을 물 경우, 일단은 바로 놀이를 중단해서 개가 이러한 행동이 바람직하지 않다는 것을 알려줘야 한다. 이뿐만 아니라 더 길쭉한 줄다리기 장난감(즉, 이빨과 손가락 사이의 거리가 더 먼 장난감)을 준비하고, 더 차분하게 놀아 주는 것이 바람직하다.

몹시 흥분한 개를 데리고 줄다리기 게임을 하는 것은 바람직하지 않을 수가 있다. 일부 훈련사는 결코 사람이 동물에게 질 경우 서열 문제가 있다고 생각하지만, 만약에 주인에 대한 공격성이 있는 것이 아니라면 종종 게임에서 져 줘야지 개들이 게임을 즐겁게 생각한다는 연구 결과가 있다.

④ 훈련

개 스포츠를 연습하는 것도 좋다. 재주 부리기나 기타 유용한 과제를 연습시킨다. 특히 노령견의 경우는 새로운 놀이를 가르치는 것이 좋다. 만약 개한데 어떤 재주를 가르칠지 모르겠다면 도서, 웹사이트, TV쇼 등을 찾아보기 바란다. 다양한 놀이를 가르칠 수 있다.

⑤ 운동

테리어 종이라면 산책, 하이킹, 조깅을 매우 좋아한다. 개가 탐색을 할 수 있도록 시간을 준다. 개가 냄새를 맡기 위해서는 킁킁거려야 하므로 이것을 잘 관찰한다. 국내에서는 목줄을 하거나 반드시 입마개를 해야 하는 경우도 있으므로 이를 잘 지켜야 한다.

⑥ 사회성 기르기

개들끼리 놀이 데이트를 하는 것도 좋다. 주의할 것은 개라고 모두 사회적인 것은 아니며, 사회적인 모든 개가 서로 잘 지내는 것도 아니다. 개가 공원에서 개의 카밍 시그널을 이해하지 못하는 낯선 사람을 만나게 하는 것은 바람직하지 않다. 개 친구들과 놀이 데이트를 하도록 주선한다.

⑦ 서비스 독으로 훈련

맹인 안내견으로도 동물매개치료를 시도할 수도 있다. 개들이 나이가 들어도 훈련을 좋아한다면, 동물매개치료용 훈련은 견주는 물론 개들도 훈련을 통해서 보상을 받을 수가 있다. 다른 사람들을 위한 봉사는 개와 견주에게 모두 도움이 된다.

⑧ 매일 출근하는 사람들이 개한데 할 수 있는 환경풍부화 요약
매일 출근해야 하는 사람들은 개를 위해서 다음과 같은 것을 생각해 볼 수 있다.

- 출근하여 집에 없는 동안 개가 열중할 수 있도록 특별한 장난감이나 츄나 콩(Kong)과 같은 간식을 먹을 수 있는 장난감을 준다.
- 출근 후에 개가 편안한 기분으로 지낼 수 있도록 아침 산책을 충분히 시킨다. 관절이나 몸에 무리가 없다면 충분한 것이 더욱 좋다.
- 개의 신체적 요구를 해소하여 준다. 이를테면, 대 소변을 보게 하고 깨끗한 물을 준비하며, 먹이를 충분히 준비해 여러분이 집에 돌아올 때까지 너무 굶주리며 지내지 않게 한다.
- 외출 시에 TV나 라디오를 켜 놓아서 개들이 무료하지 않고 관심을 가질 수 있도록 한다.
- 장시간 외출할 생각이라면 때맞춰 먹이를 주는 장치를 이용하거나, 펫시터를 고용하여 개를 데리고 놀아줄 사람을 구하는 방법도 생각할 수 있다.
- 개를 외부에 의탁하는 방법도 있으며, 이 경우 개가 선호하는지 확인할 필요가 있다.
- 매일 일정한 시간을 내서 이 시간만큼은 오로지 개한테만 관심을 쏟으며 개와 여러분 모두 즐거운 시간을 보낸다. 몇 분도 좋고 몇 시간도 좋다.

○ 참고문헌 및 자료

이 책은 많은 문헌을 참고하였으며, 본문에 일일이 참고문헌을 달지는 않았다. 대표적으로 참고한 문헌은 다음과 같다. 대부분 영문 책을 참고하였으나, 책을 출판하는 기간 동안 한글판이 출시된 것도 있어 이를 같이 표시했다.

- Miklósi, Á. (2018). The Dog: A Natural History. Princeton University Press.(아담 미클로시, 윤철희 역. 개 그 생태와 문화의 역사. 연암서가, 2018)

- Serpell, J. (Ed.). (2016). The domestic dog. Cambridge University Press.

- Bekoff, M. (2018). Canine Confidential: Why Dogs Do what They Do. University of Chicago Press.

- Coppinger, R., & Feinstein, M. (2015). How dogs work. University of Chicago Press.

- Coppinger, R., Coppinger. L (2017). What Is a Dog? University of Chicago Press.

- Hare, B., & Woods, V. (2013). The genius of dogs: How dogs are smarter than you think. Penguin.

- Bekoff, M., & Pierce, J. (2019). Unleashing Your Dog: A Field Guide to Giving Your Canine Companion the Best Life Possible. New World Library.

- Arnold, J. (2016). Love Is All You Need: The Revolutionary Bond-Based Approach to Educating Your Dog. Spiegel & Grau.

- Horowitz, A. (2014). Domestic dog cognition and behavior. In The Scientific Study of Canis familiaris. Springer Science & Business Media.

- Arnold, J. In a Dog's Heart: A Compassionate Guide to Canine Care, from Adopting to Teaching to Bonding. (Spiegel & Grau, 2013).

- Kaminski, J., & Marshall—Pescini, S. (2014). The social dog: behavior and cognition. Elsevier.

- Bradshaw, J. (2012). Dog sense: How the new science of dog behavior can make you a better friend to your pet. Basic Books.

- Grandin, T., & Deesing, M. J. (Eds.). (2013). Genetics and the behavior of domestic animals. Academic press.

- Coren, S. (2012). Do Dogs Dream?: Nearly Everything Your Dog Wants You to Know. WW Norton & Company.

- Arnold, J. (2011). Through a Dog's Eyes. Spiegel & Grau.

- Miklósi, Ádám. Dog behaviour, evolution, and cognition. OUP Oxford, 2014.

- Dodman, Nicholas. "The Well—Adjusted Dog: Dr. Dodman's 7 Steps to Lifelong Health and Happiness For Your Best Friend." 2008.

- Grandin, Temple, and Catherine Johnson. Animals make us human: Creating the best life for animals. Houghton Mifflin Harcourt, 2010.

- Dodman, Nicholas. Pets on the Couch: Neurotic Dogs, Compulsive Cats, Anxious Birds, and the New Science of Animal Psychiatry. Simon and Schuster, 2016.

- Case, Linda P. Canine and Feline Behavior and Training: A Complete Guide to Understanding our Two Best Friends (Veterinary Technology). Delma Sengage Learning, 2009.

- 미수의행동심리학회(장정안 옮김) 강아지와 대화하기, 처음북스, 2014.

- 김윤정. 당신은 반려견과 대화하고 있나요? RHK, 2015.

- Braitman, L. (2015). Animal Madness: Inside Their Minds. Simon and Schuster.

- Rugaas, T., 2006. On talking terms with dogs: calming signals. 2nd ed. Dogwise publishing, Wenatchee, WA.

- https://www.youtube.com/watch?v=_E9uafYxODk

1. 니콜라스 틴베르헌(Nikolaas Tinbergen)

2. Grandin, T. (2012). Avoid being abstract when making policies on the welfare of animals. Species Matters. Columbia University Press, New York, NY, 195−217.

3. http://www.themoderndogtrainer.net/sparcs−2015−when−a−stray−is−not−a−stray−with−kathryn−lord/

4. http://www.themoderndogtrainer.net/sparcs−2015−when−a−stray−is−not−a−stray−with−kathryn−lord/

5. Stafford, K. (2006). The Domestication, Behaviour and Use of the Dog. The Welfare of Dogs, 1−29.

6. McDonald, P., et al. "Animal nutrition." 7th edition. Prentice−Hall, Inc. London 11 (2010).

7. Paul, M., Sen Majumder, S., Sau, S., Nandi, A. K. & Bhadra, A. High early life mortality in free−ranging dogs is largely influenced by humans. Sci Rep 6, (2016).

8. Czupryna, A. M. et al. Ecology and Demography of Free−Roaming Domestic Dogs in Rural Villages near Serengeti National Park in Tanzania. PLOS ONE 11, e0167092 (2016).

9. Ruiz−Izaguirre, E., Hebinck, P. &Eilers, K. (C. H. A. M.). Village Dogs in Coastal Mexico: The Street as a Place to Belong. Society &Animals (2018) doi:10/ggkz4x.

10. https://www.dailymail.co.uk/news/article−3706664/A−20−000−tonne−sea−rubbish−rat−people−call−home−Scavengers−live−mountains−rotting−garbage−sift−metal−plastic−needles−CORPSES−earn−1−50−day.html

11. Pet? Companion animal? Ethicists say term matters (2011, May 4) retrieved 17 February 2018 from https://phys.org/news/2011−05−pet−companion−animal−ethicists−term.html

12. https://www.psychologytoday.com/blog/canine−corner/201105/is−the−language−we−are−using−describe−our−pets−sending−the−wrong−message

13. http://news.donga.com/3/all/20120713/47758474/1#csidxacce56e8d1ab3d1bb76784856d8c0c2

14. Laveaux, C.J. & King of Prussia, F (1789). The life of Frederick the Second, King of Prussia: To which are added observations, Authentic Documents, and a Variety of Anecdotes. J. Derbett London.

15. http://eaglevet.1983.co.kr/?mod=document&uid=58

16. Hart, L. A. in Handbook on Animal-Assisted Therapy 59-84 (Elsevier, 2010). doi:10.1016/B978-0-12-381453-1.10005-4

17. Walsh, F. Human-Animal Bonds II: The Role of Pets in Family Systems and Family Therapy. Family process 48, 481-499 (2009).

18. http://www.petzzi.com/bbs/board.php?bo_table=ency_info&wr_id=438&sca=%EA%B0%95%EC%95%84%EC%A7%80

19. http://news1.kr/articles/?3663562

20. https://news.joins.com/article/23438266

21. 예전에는 호미니드라고 불렀으나, 최근에는 호미닌이라고 부름. 인류의 조상집단을 의미하며, 호미니드는 과(family)의 단위이고, 호미닌은 속(genus) 단위의 명칭이다.

22. Germonpré, M. et al. Fossil dogs and wolves from Palaeolithic sites in Belgium, the Ukraine and Russia: osteometry, ancient DNA and stable isotopes. Journal of Archaeological Science 36, 473-490 (2009).

23. 은여우 길들이기, 루드밀라 트루트, 듀가킨 저/서민아 역, 필라소픽 2018

24. http://www.pbs.org/wnet/nature/dogs-that-changed-the-world-what-caused-the-domestication-of-wolves/1276/

25. vonHoldt, B. M. et al. Structural variants in genes associated with human Williams-Beuren syndrome underlie stereotypical hypersociability in domestic dogs. Science Advances 3, e1700398 (2017).

26. Goodwin, D., Brawshaw, J. W. S. & Wickens, S. M. Paedomorphosis affects agonistic visual signals of domestic dogs. Animal Behaviour 53, 297-304 (1997).

27. Amadori, M., Zanotti, C., Immunoprophylaxis in intensive farming systems: the way forward. Vet. Immunol. Immunopathol. (2016), http://dx.doi.org/10.1016/j.vetimm.2016.02.011

28. Pérez-Guisado, J., Lopez-Rodriguez, R. & Muñoz-Serrano, A.

Heritability of dominant-aggressive behaviour in English Cocker Spaniels. Applied Animal Behaviour Science 100, 219-227 (2006).

29. Podberscek, A. L. & Serpell, J. A. The English Cocker Spaniel: preliminary findings on aggressive behaviour. Applied Animal Behaviour Science 47, 75-89 (1996).

30. Arons, C. D. & Shoemaker, W. J. The distribution of catecholamines and/3-endorphin in the brains of three behaviorally distinct breeds of dogs and their F1 hybrids. 9.

31. Ritchie, Carson IA. The British dog: Its history from earliest times. Robert Hale, 1981.

32. vonHoldt, B. M. et al. Genome-wide SNP and haplotype analyses reveal a rich history underlying dog domestication. Nature 464, 898-902 (2010).

33. Lord, Kathryn, Lorna Coppinger, and Raymond Coppinger. "Differences in the behavior of landraces and breeds of dogs." In Genetics and the Behavior of Domestic Animals (Second Edition), pp. 195-235. 2014.

34. http://nautil.us/issue/41/selection/only-street-dogs-are-real-dogs

35. New, J.C.J. et al. Characteristics of Shelter-Relinquished Animals and Their Owners Compared With Animals and Their Owners in U.S. Pet-Owning Households. Journal of Applied Animal Welfare Science 3, 179-201 (2000).

36. https://janedogs.com/kennel-clubs-and-stud-books/

37. 켄넬(Kennel)은 개를 맡기는 곳, 혹은 개를 번식시키는 곳이라는 의미이며, Kennel Club 은 '애견협회'로 번역된다.

38. 세계애견연맹(www.fci.be)

39. 영국 켄넬클럽(www.thekennelclub.org.uk)

40. 세계애견연맹(FCI)이 주관하는 월드 도그쇼

41. 미국켄넬클럽(www.akc.org)

42. 웨스트민스터커널클럽(www.westminsterkennelclub.org)

43. https://www.youtube.com/watch?v=Cy1MjtZ1-ME

44. https://www.youtube.com/watch?v=LXzxNg_L-9Y

45. https://www.youtube.com/watch?v=m2zcJQXNybg

46. Hubel, David H., and Torsten N. Wiesel. "Receptive fields of single neurones in the cat's striate cortex." The Journal of physiology 148.3 (1959): 574-591.

47. Hubel, David H., and Torsten N. Wiesel. "The period of susceptibility to the physiological effects of unilateral eye closure in kittens." The Journal of physiology 206.2 (1970): 419.

48. Blakemore, Colin, and Grahame F. Cooper. "Development of the brain depends on the visual environment." (1970): 477-478.

49. Fox MW (1978). The Dog: Its Domestication and Behavior. Malabar, FL: Krieger.

50. 예전에는 시이튼 동물기로 알려졌음.

51. Burghardt, G.M., 2005. The Genesis of Animal Play: Testing the Limits. MIT Press, Massachusets.

52. Plonek, M. et al. Evaluation of the occurrence of canine congenital sensorineural deafness in puppies of predisposed dog breeds using the brainstem auditory evoked response. Acta Veterinaria Hungarica64, 425-435 (2016).

53. 발굽을 가지고 있는 포유동물인 유제류에 속한 산양, 염소, 말, 소와 같은 동물들은 번식기에 도달하면 페로몬에 의해 특이한 행동을 보인다. 번식 기에 페로몬이 포함되어 있는 암컷의 소변 냄새를 맡은 수컷이 머리를 하 늘 방향으로 쭉 쳐들고 윗입술을 위로 말아서 걷어 올리는 것이 그 예이 다. 이러한 행동을 플레멘 행동(flehmen behavior)이라고 한다. 수컷은 페로몬 농도에 따라 암컷의 발정상태를 파악할 수 있다.

54. Norman, K., Pellis, S., Barrett, L. & Henzi, P. S. Down but not out: Supine postures as facilitators of play in domestic dogs. Behavioural processes 110, 88-95 (2015).

55. https://www.psychologytoday.com/blog/canine-corner/201604/the-data-says-dont-hug-the-dog

56. https://www.psychologytoday.com/blog/animal-emotions/201604/hugging-dog-is-just-fine-when-done-great-care

57. Freedman, D. G., King, J. A. & Elliot, O. Critical Period in the Social Development of Dogs. Science 133, 1016-1017 (1961).

58. Lord, K. A Comparison of the Sensory Development of Wolves (Canis lupus lupus) and Dogs (Canis lupus familiaris). Ethology 119, 110-120 (2013).

59. Fox, M. W. Behavioral Effects of Rearing Dogs with Cats during the 'Critical Period of Socialization'. Behaviour 35, 273-280 (1969).

60. http://terms.naver.com/entry.nhn?docId=2078161&cid=44546&categoryId=44546

61. Coppinger, L., Coppinger, R., 1993. Dogs for herding livestock. In: Grandin, T. (Ed.), Livestock Handling and Transport. CABI, Wallingford, UK, pp. 179196.

62. Paul H. Morris , Christine Doe & Emma Godsell (2008) Secondary emotions in non-primate species? Behavioural reports and subjective claims by animal owners, Cognition and Emotion, 22:1, 3-20

63. https://ko.wikipedia.org/wiki/%EC%98%A4%EC%BB%B4%EC%9D%98_%EB%A9%B4%EB%8F%84%EB%82%A0

64. Harris CR, Prouvost C (2014) Jealousy in Dogs. PLoS ONE 9(7): e94597. doi:10.1371/journal.pone.0094597

65. Serpell, J. A. Jealousy? or just hostility toward other dogs? The risks of jumping to conclusions. 4.

66. 1.Macpherson, K. & Roberts, W. A. Do dogs (Canis familiaris) seek help in an emergency? Journal of Comparative Psychology 120, 113-119 (2006).

67. 알렉산드라 호로비츠. 개의 사생활. 21세기북스, 2009.

68. http://edition.cnn.com/2015/10/29/opinions/klitzman-children-understand-death/index.html

69. Horowitz, A. Fair is Fine, but More is Better: Limits to Inequity Aversion in the Domestic Dog. Social Justice Research 25, 195-212 (2012).

70. 도그 센스 p185

71. Sylvain Fiset, Claude Beaulieu, and France Landry, "Duration of dogs' (Canis familiaris) working memory in search for disappearing objects," Animal Cognition 6 (2003): 1-10

72. Pilley, J. W. & Reid, A. K. Border collie comprehends object names as verbal referents. Behavioural Processes 86, 184-195 (2011).

73. Kaminski, J., Call, J., Fischer, J., Word learning in the domestic dog: evidence for "fast mapping.". Science 304, 1682-1683. (2004).

74. Bloom, Paul. How children learn the meanings of words. Vol. 377. Cambridge, MA: MIT press, 2000.

75. Tolman, E. C. Cognitive maps in rats and men. Psychological Review 55, 189-208 (1948).

76. Bensky, M. K., Gosling, S. D. & Sinn, D. L. The World from a Dog?s Point of View. in Advances in the Study of Behavior 45, 209-406 (Elsevier, 2013).

77. https://www.youtube.com/watch?list=UU40ktPZovMjkswsXxVB7N Wg&v=csOyIww39kw

78. Erdőhegyi, Á., Topál, J., Virányi, Z. & Miklósi, Á. Dog−logic: inferential reasoning in a two−way choice task and its restricted use. Animal Behaviour 74, 725-737 (2007).

79. Range, F., Viranyi, Z. & Huber, L. Selective Imitation in Domestic Dogs. Current Biology 17, 868-872 (2007).

80. Kaminski, J., Pitsch, A. & Tomasello, M. Dogs steal in the dark. Anim Cogn 16, 385-394 (2013).

81. Melis, A. P., Call, J. & Tomasello, M. Chimpanzees (Pan troglodytes) conceal visual and auditory information from others. Journal of Comparative Psychology 120, 154-162 (2006).

82. Catala, A., Mang, B., Wallis, L. & Huber, L. Dogs demonstrate perspective taking based on geometrical gaze following in a Guesser-Knower task. Anim Cogn 20, 581-589 (2017).

83. 당신은 반려견과 대화하고 있나요? 60페이지

84. Mariti, C. et al. Analysis of the intraspecific visual communication in the domestic dog (Canis familiaris): a pilot study on the case of calming signals. Journal of Veterinary Behavior: Clinical Applications and Research doi:10.1016/j.jveb.2016.12.009

85. Svartberg, K. & Forkman, B. Personality traits in the domestic dog (Canis familiaris). Applied Animal Behaviour Science 79, 133-155

(2002).

86. Turcsán, B., Kubinyi, E. & Miklósi, Á. Trainability and boldness traits differ between dog breed clusters based on conventional breed categories and genetic relatedness. Applied Animal Behaviour Science 132, 61-70 (2011).

87. Serpell, J. A. & Duffy, D. L. in Domestic Dog Cognition and Behavior(ed. Horowitz, A.) 31-57 (Springer Berlin Heidelberg, 2014). doi:10.1007/978-3-642-53994-7_2

88. https://www.researchgate.net/publication/271826897_Dog_Breeds_and_Their_Behavior

89. Eken Asp, Helena & Fikse, Freddy & Nilsson, Katja & Strandberg, Erling. (2015). Breed differences in everyday behaviour of dogs. Applied Animal Behaviour Science. 10.1016/j.applanim.2015.04.010.

90. http://news.chosun.com/site/data/html_dir/2019/10/29/2019102900598.html

91. http://www.sophiegamand.com/flowerpower/

92. 위키 백과사전에는 이 책이 1910년에 쓰여지고 1954년 번역되었다고 되어 있고, 책의 표지에도 그렇게 표현되어 있으나, 책의 내용에는 1911년 쓰여졌다고 언급하고 있다.

93. http://www.dogwise.com/ItemDetails.cfm?ID=dgt223

94. McLean, A. L. (2014). Cinematic canines: dogs and their work in the fiction film. Rutgers University Press.

95. Weatherwax, Rudd B., and John H. Rothwell. 1950. The Story of Lassie: His Discovery and Training from Puppyhood to Stardom. New York: Duell, Sloan and Pearce.

96. McLean, A. L. (2014). Cinematic canines: dogs and their work in the fiction film. Rutgers University Press.

97. http://www.whole-dog-journal.com/issues/14_12/features/Alpha-Dogs_20416-1.html

98. 2002년 노벨 경제학상 수상자, 그는 경제학자가 아니라 심리학자이며, 행동경제학의 토대를 세운 공로로 노벨상을 수상했다.

99. http://www.vetmed.ucdavis.edu/vmth/local_resources/pdfs/behavior_pdfs/AVSAB_Punishment_Statements.pdf

100. Miklósi, Á. et al. A Simple Reason for a Big Difference: Wolves Do Not Look Back at Humans, but Dogs Do. Current Biology 13, 763-766 (2003).

101. https://www.youtube.com/watch?v=sI13v9JgJu0

102. Feng, L. C., Howell, T. J. & Bennett, P. C. How clicker training works: Comparing Reinforcing, Marking, and Bridging Hypotheses. Applied Animal Behaviour Science 181, 34-40 (2016).

103. Dodman, N. H. (2009). The Well-Adjusted Dog: Dr. Dodman's 7 Steps to Lifelong Health and Happiness for Your Best Friend. Houghton Mifflin Harcourt.

반려견의 행동이해

반려견과 소통하기

초판 1쇄 발행 2022년 6월 5일
초판 2쇄 발행 2023년 2월 5일

지은이 김진영 · 김진만
펴낸이 김기호

펴낸곳 한가람서원
등록 제2-1863호
주소 서울특별시 중구 마른내로 72, 504호
전화 02-336-5695 팩스 | 02-336-5629
전자우편 bookmake@naver.com
홍보마케팅 | 김덕현

ISBN 978-89-90356-49-9 (03490)